A. P. Winogradow

Geochemie seltener und nur in Spuren vorhandener chemischer Elemente im Boden

Geochemie seltener und nur in Spuren vorhandener chemischer Elemente im Boden

von

A. P. Winogradow

Mit 5 Textabbildungen und 119 Tabellen

1954

AKADEMIE-VERLAG · BERLIN

А. П. Виноградов

Геохимия редких и рассеянных химических элементов в почвах

Erschienen im Verlag der Akademie der Wissenschaften der UdSSR Moskau 1950

Übersetzt aus dem Russischen von Nikolai Ziabkin

Wissenschaftliche Redaktion: Prof. Dr. phil. M. Trénel

Institut für Bodenkunde der Universität Berlin

Erschienen im Akademie-Verlag GmbH., Berlin W 8, Mohrenstraße 39

Lizenz-Nr. 202 · 100/273/54

Satz, Druck, Einband: Buchdruckerei Frankenstein GmbH, Leipzig III-18-127

Bestell- und Verlagsnummer 5133

Printed in Germany

Vorwort des Herausgebers

Auf den *geochemischen Anschauungen* von W. J. Wernadski aufbauend, faßt A. P. Winogradow die Ergebnisse der Untersuchungen über Vorkommen und Verbindungsformen der Spurenelemente in Gesteinen und Böden zusammen und vergleicht die erhaltenen Werte mit der internationalen Literatur. In 119 Tabellen wird der Gehalt an Spurenelementen in Gesteinen und Böden der osteuropäischen Tiefebene angegeben. Bestimmt wurden Bor, Halogene, Schwefel, Selen, Arsen, Lithium, Rubidium, Cäsium, Strontium, Barium, Titan, Seltene Erden, Vanadium, Chrom, Mangan, Nickel, Kobalt, Kupfer, Zink, Cadmium, Blei, Zinn, Molybdän und die radioaktiven Elemente.

Die *analytischen Methoden* werden nur kurz beschrieben; hinsichtlich der methodischen Einzelheiten wird auf die angeführte Literatur verwiesen. Die Untersuchung der Böden erfolgte zonal und im einzelnen Bodenprofil horizontweise, so daß gewisse Gesetzmäßigkeiten in der Anreicherung bestimmter Spurenelemente sowohl allgemein in verschiedenen Bodenzonen als auch in besonders ausgezeichneten Horizonten des Profils erkannt werden konnten. Die organische Substanz erwies sich hier von großem Einfluß auf die Anreicherung bestimmter Spurenelemente.

Der Verfasser fühlt sich auf Grund seiner Untersuchungen berechtigt, „*bio-geochemische Provinzen*“ zu unterscheiden. Er stellt die Beziehungen dieser „bio-geochemischen Provinzen“ sowohl zur Pflanzenassoziation als auch zu endemischen Erkrankungen von Mensch und Tier heraus, so z. B. zur Verbreitung der Zahnkaries, der Anämien, des Kropfes, der Lecksucht und der Rachitis des Weideviehs und bestimmter Ernährungsstörungen bei Tier und Mensch, die selten vorkommen. In dieser Weise wird versucht, sogar eine „Chemische Ökologie“ zu entwickeln. Schließlich weist Vf. auf die große Bedeutung dieser Tatsachen auch für die Gesteinsbildung in den verschiedenen geologischen Epochen hin.

Die Forderung, diese „Biologische Trias“ — Boden, Vegetation, Zoon — als Einheit zu betrachten und als Ganzes zu untersuchen, ist unabweisbar.

Prof. Dr. phil. M. Trénel,

Direktor des Instituts für Bodenkunde und des Instituts für Pflanzenernährung, Bodenchemie und Bodenbiologie der Humboldt-Universität zu Berlin

Inhaltsverzeichnis

Verzeichnis der Tabellen

Einleitung

Die Erforschung des Bodens vom geochemischen Standpunkt aus ist zuerst von W. J. Wernadskij im Jahre 1911 begonnen worden. Die größte Beachtung schenkte er der Geochemie der selten vorkommenden Elemente im Boden, der sogenannten Spurenelemente. In dem auf dem III. Internationalen Kongreß für Bodenkunde in Oxford 1935 gehaltenen Bericht über *Herkunft und Anreicherung der Spurenelemente* sind die grundlegenden Fragen herausgestellt worden, die in der Bodenkunde von Interesse geworden sind. Verfasser hat sich zur Aufgabe gestellt, die Gesetzmäßigkeit der Verbreitung, der Verteilung, der Verbindungsformen und der Anreicherung der Spurenelemente im Boden zu untersuchen. Dadurch werden sich neue Erkenntnisse und neue Folgerungen für die Bodenkunde ergeben. Der Verfasser ist der Meinung, daß der Boden in der natürlichen Entwicklungsreihe: Gestein, Boden, Nährlösung, Organismus, von größter Bedeutung ist. Diese geochemische Forschung in Verbindung mit der Bodendynamik kann deshalb viel Neues unmittelbar zur Bodenkunde beitragen, besonders deshalb, weil in der Biologie und auch in der Bodenkunde immer mehr die Bedeutung der Spurenelemente erkannt wird. Es ist darauf hinzuweisen, daß außer der physiologischen Funktion der Spurenelemente verschiedene Gruppen von Wirkstoffen wie Vitamine, Hormone und Fermente in den Organismen nachgewiesen sind, die oft an selten vorkommende Elemente gebunden sind, so z. B. die Karbohydrase an Zink, Hämocyanin und Hämocuprein an Kupfer, Schilddrüsenhormone an Jod, der antianämische Wirkstoff der Leber an Kobalt, Oxydasen an Mangan, die Blutkörperchen der Ascidien an Vanadium. Die große Rolle der Spurenelemente ist im Leben der Pflanzen, der Tiere und der Menschen nunmehr klar erkannt. Es ist jetzt allgemeines Erkenntnisgut der Wissenschaft, daß Ernteerträge, Gesundheit der Haustiere und des Menschen von der Gegenwart nahezu *aller* chemischen Elemente abhängig sind. Schon früher ist der Verfasser auf die Beziehungen der „bio-geochemischen Provinzen“ zu den floristischen Endemismen aufmerksam geworden, die besonders auf Böden auftreten, in denen Spurenelemente entweder mangeln oder im Übermaß angereichert sind. Aus diesen Gründen sind unsere Forschungen auf diesem Gebiete, das ich „Chemische Ökologie“ nennen möchte, von größter Bedeutung. Es steht fest, daß die geochemische Erforschung der Bodenbiologie auch neue, tiefere Erkenntnisse für die Pflanzen- und Tierwelt geologisch vergangener Zeiten vermittelt, zumal, da die bio-geochemischen Provinzen nur Etappen in der Entwicklung der Pflanzen-

und Tierwelt darstellen. Die hier dargestellten Ergebnisse unserer Forschungen sind nur als eine erste Einführung in die Lehre von den „bio-geochemischen Provinzen“ zu betrachten, die vom Verfasser zum Druck vorbereitet wird.[1]) In der vorliegenden Arbeit sind sämtliche Ergebnisse unserer Untersuchungen über die Verteilung der Spurenelemente in den zonalen Böden der osteuropäischen Tiefebene zusammengefaßt. Die experimentelle Erforschung ist vor dem Großen Vaterländischen Kriege begonnen und erst jetzt beendet worden. Teilergebnisse sind daraus in den letzten Jahren bereits veröffentlicht. Über 20 Bodenprofile aus den verschiedenen osteuropäischen Bodenzonen — und zwar jeder Bodenhorizont einzeln — kamen zur Untersuchung. Bestimmt wurden: Kalzium, Magnesium, Natrium, Kalium, Aluminium, Silizium, Phosphor, Schwefel, Chlor, Kohlenstoff, Stickstoff und von den Spurenelementen folgende: Bor, Fluor, Jod, Arsen, Selen, Tellur, Lithium, Rubidium, Caesium, Strontium, Barium.
Außer den Seltenen Erden wurden bestimmt: Titan, Zirkonium, Vanadium, Chrom, Mangan, Kobalt, Nickel, Kupfer, Zink, Kadmium, Blei, Zinn, Molybdän, Radium, Thorium, Uran.
Die auf Grund unserer Analysen erkannte Verbreitung dieser Elemente ist mit der vorhandenen Literatur verglichen worden. Als Ergebnis werden die gefundenen geochemischen Gesetzmäßigkeiten dargelegt.
Die Bodenproben wurden auf den Expeditionsreisen von unseren technischen Mitarbeitern unter Leitung der Bodenforscher gesammelt, die auch die Bodenprofile beschrieben haben. Bei der Durchführung der Untersuchungen wirkten mit: N. F. Lewykin, D. P. Maljuga, K. P. Florensky. Große Hilfe beim Durchmustern der Proben und bei ihrer Beurteilung haben J. W. Tjurin, J. P. Nowopokrowskij, Kawaleridse und die Bodenforscher der Kolska-Station der A. N. UdSSR geleistet. Ich spreche ihnen allen meinen Dank aus. Besonders erwähnen möchte ich die Laborantin E. B. Jewdokimowa, die mir mit außergewöhnlicher Gewissenhaftigkeit und Sorgfalt bei der Herrichtung für die Untersuchung der Böden zur Hand gegangen ist. Es ist zu hoffen, daß Bodenforscher, Agrikulturchemiker und Tierzüchter, die sich mit der Erforschung der Biologie der Spurenelemente im Boden befassen, die große Bedeutung auch für die genetische Entwicklung der Pflanzen und Tiere unter verschiedenen „naturhistorischen“ Verhältnissen hat, zu der Lösung der von Stalin gestellten gewaltigen Aufgabe der Umwandlung der Natur unserer Heimat in erheblichem Umfange beitragen werden.

[1]) Inzwischen erschienen. (Anmerk. des Herausgebers.)

I. Die analytischen Methoden

Hier sollen die Methoden, die wir angewendet haben, nur kurz beschrieben werden. Die ausführlichen Anweisungen sind in den einzelnen Veröffentlichungen des Verfassers und seiner Mitarbeiter zu finden.[1])

Aus den gesammelten Bodenproben — etwa 1 kg — wurden Mischproben für 2 und mehr Parallelanalysen entnommen. Die Bodenproben wurden bei 105° C getrocknet und nach Bedarf zerkleinert.

1. *Bor.* Die Bestimmung des Bors wurde nach der von uns verbesserten Bor-Methylmethode durchgeführt. 5 g der Bodenprobe werden mit Soda aufgeschlossen. Man löst in Schwefelsäure auf und verestert mit Methylalkohol am Rückflußkühler. Die Borsäure im Bormethylester wird mit Barytlauge nach S. J. SINJAKOWA titriert.

2. *Fluor.* Fluor wurde kolorimetrisch mit Alizarin-S nach dem Aufschluß des Bodens bestimmt (nach A. P. WINOGRADOW und W. W. DANILOWA).

3. *Brom.* Zur Bestimmung des Broms werden die Böden mit Salzsäure und Alkali behandelt. Der Rest wird mit Alkali aufgeschlossen. In den Lösungen wird Brom durch zwei Methoden bestimmt:

   a) durch Oxydierung zu BrO_3^- mit Hypochlorit und nach Zerstörung des Überschusses jodometrisch bestimmt.

   b) durch Entziehung der Bromide und Jodide mit Alkohol; weiterer Analysengang wie oben. Von der Summe wird das gesondert bestimmte Jod abgezogen. (L. S. SELIWANOW.)

4. *Jod.* Aus dem Sodaaufschluß des Bodens werden die Jodide mehrmals mit Alkohol ausgezogen, zu JO_3^- oxydiert und mit Thiosulfat und Kalijodid titriert. (Nach A. P. WINOGRADOW und M. A. DRAGOMIROWA.)

5. *Arsen.* Durch Behandlung des Bodens (5—10 g) mit Bromwasserstoffsäure und Wasserstoffsuperoxyd wird das Arsen in Arsenbromid übergeführt, durch Salpetersäure zu Arsensäure oxydiert und nach der Molybdatmethode kolorimetrisch bestimmt.

---

[1]) Vergleiche das Literatur-Verzeichnis am Ende des Buches.

6. *Selen.* 50 g Boden werden mit Bromwasserstoffsäure und Wasserstoffsuperoxyd behandelt und Selen als $SeBr_4$ bestimmt. Rotes Selen wird kolorimetrisch bestimmt. Die Empfindlichkeit dieser Methode gestattet, noch 1 mg zu bestimmen.

7. *Lithium, Rubidium, Cäsium.* Die Bestimmung erfolgte spektralanalytisch. Linie 7800,23 und 7947,68 Å für Rb und 6707,9 Å für Li. (Nach T. F. Borowik-Romanowa.)

8. *Strontium und Barium.* Spektralanalytisch im Ca-Niederschlag und unmittelbar in der Bodenlösung mit der Linie 3464,57 Å und 4934,086 Å für Ba. (Nach T. F. Borowik-Romanowa.)

9. *Seltene Erden.* Die Seltenen Erden wurden aus dem Boden isoliert und nach J. D. Starynkewitsch der Röntgenspektralanalyse unterworfen.

10. *Titan.* Nach Aufschluß des Bodens und Behandlung mit Wasserstoffsuperoxyd kolorimetrisch in schwefelsaurer Lösung und daneben durch das Thymolverfahren bestimmt. (S. E. Kaminskaja.)

11. *Vanadium.* Nach der Methode des Verfassers kolorimetrisch als Vanadium-Phosphor-Wolfram-Komplex und spektralanalytisch mit den Linien 4379,2, 4384,7 und 4390 Å. (A. P. Winogradow.)

12. *Chrom.* Spektralanalytisch mit den Linien 4354,3 und 4274,8 Å. Die Genauigkeit der Bestimmung ist gering.

13. *Mangan.* Kolorimetrisch nach dem Ammoniumpersulfat-Verfahren bei Gegenwart von Silber.

14. *Nickel und Kobalt.* 2—3 g Boden werden mit Königswasser ausgezogen und der Rückstand mit Soda aufgeschlossen. Nickel und Kobalt setzen sich in der Rubeanatform mit Kupfer ab. Nach der Trennung des Nickels vom Kobalt werden beide polarographisch nach D. P. Maljuga bestimmt.

15. *Kupfer* wird im Rhodanid-Pyridin-Komplex in Chloroform kolorimetrisch und spektral-polarographisch nach A. P. Winogradow und D. P. Maljuga bestimmt.

16. *Zirkon und Cadmium* wurden nach dem bekannten Dithizon-Verfahren bestimmt. Die Bodensilikate sind durch Schwefelsäure und Flußsäure zu zerstören und der Rückstand nach G. G. Bergmann in Lösung zu bringen.

17. *Blei.* Nach Aufschluß des Bodens wird das Blei nach S. J. Sinjakowa polarographisch bestimmt.

18. *Molybdän.* Nach Aufschluß des Bodens mit Alkali wird das Molybdat mit Wasser extrahiert und kolorimetrisch mit Rhodan nach C. G. Winogradow bestimmt.

19. *Radioaktive Elemente.* Nach den im Laboratorium von W. J. Baranow angewandten Methoden.

II. Die bodenbildenden Gesteine und die Böden der UdSSR

Die osteuropäische Tiefebene grenzt im Osten an den Ural und im Süden an das alpidische Faltengebirge der Krim und des Kaukasus, im Norden und Nordwesten an die skandinavischen Gebirge. Die ganze Fläche ist mit einer mächtigen Schicht normaler Sedimente verschiedenen Alters bedeckt. Die obersten Schichten bestehen aus den Sedimenten des Tertiärs und der Eiszeit. In den Eiszeiten ist die Ebene mit dem Gletscherschutt wie Geschiebemergel, Geschiebesand, Talsand und Löß bedeckt worden. Im nördlichen Teil der Ebene, nördlich der Endmoränen, sind die Böden der Grundmoräne — Geschiebesand, Geschiebemergel und Bändertone — weit verbreitet. Im nordwestlichen Teil der europäischen UdSSR dagegen sind eiszeitliche Ablagerungen entweder sehr selten oder fehlen ganz. Als bodenbildende Gesteine stehen hier verwitterte kristalline Urgesteine an. Im Süden und Südwesten der Tiefebene vor der südlichen Geschiebegrenze ist der Löß in weiter Verbreitung abgelagert. Im Südosten finden sich die Kaspi-Sedimente. Die Herkunft der Geschiebe, mit denen der größte Teil der Fläche bestreut ist, liegt auf der Kola-Halbinsel mit ihrem Nephelinsyenit, im Weißmeergebiet mit vorherrschendem Granit und Gneis und in Karelien am Ufer des Onega-Sees mit Diabasen und Graniten. Aus dem Ural stammen verschiedenartige terrigene Schuttmassen, die durch die Verwitterung der Urgesteine des Urals entstanden sind. So treten z. B. stellenweise typische Roterden aus Ufa auf. Die verwitterten Andesite und Dazite sind die bodenbildenden Gesteine im Nordkaukasus. Auch salzhaltige Gesteine des Kaspi-Gebietes treten als bodenbildende Gesteine dieser Umgebung auf. Stellenweise kommen — wie z. B. im Donezbecken — uralte Sedimente zusammen mit quartären Sedimenten als Material für die Bodenbildung in Betracht. Wie kompliziert die Böden zusammengesetzt sind, zeigen am deutlichsten die Vermengung und Überlagerung der Horizonte. Bei näherer Betrachtung der petrographischen, mineralogischen und chemischen Eigenschaften dieser verschiedenen Böden sind jedoch gemeinsame Merkmale hervorzuheben. So sind z. B. Moränen verschiedener Herkunft durch einen hohen Gehalt an Quarz, fein zerteiltem Urgestein und durch den Gehalt an Feldspat und Kalk gekennzeichnet. Die nördlichen und nordwestlichen Lehme und Tonböden sind oft reich an kohlensaurem Kalk. Die Herkunft des Lößes, der im Süden und Südwesten der Tiefebene in mächtiger Schicht zur Ablagerung gekommen ist, ist noch umstritten. Sehr wahrscheinlich stammt er aus den Schmelzwässern des Eisrandes. Der Löß ist nicht immer gleichartig. Der Löß ist reicher an kohlensaurem Kalk und ärmer an zerriebenem Urgestein als die Grundmoräne. Alle bekannten Bodentypen sind in der osteuropäischen Tiefebene vertreten. Wie bekannt, sind sie zonenweise nach den klimatischen Bedingungen verbreitet. Von Norden nach Süden sind folgende Bodenzonen zu unterscheiden:

1. Zone der Tundra,
2. Zone der Podsole[1]),
3. Zone der graubraunen Waldböden,
4. Zone der Schwarzerden,
5. Zone der kastanienbraunen Böden,
6. Zone der Grauerden der Wüste,
7. Zone der graubraunen Böden,
8. Zone der Roterden.

Im Bereich jeder Zone sind häufig alle Umwandlungen der Bodentypen anzutreffen. So sind in der Zone der Podsole vermoorte, lehmige und sandige Abarten zu finden. Im Bereich der Kaspi-Niederung zeigen die Böden Merkmale der Versalzung. Auch reine Salzböden treten auf. Die Bodenproben stammen aus 20 Bodenprofilen, die grundsätzlich auf 40° östl. Länge gezogen worden sind. Außerdem wurden auch einzelne Bodenproben aus 60 Profilen, die uns von Bedeutung erschienen, untersucht. Im folgenden wird eine kurze Beschreibung der wichtigsten Bodenprofile gegeben.

Die Böden der Chibinsk-Tundra (Tabelle 1)

Die charakteristisch podsolierten Bodentypen stammen aus jungfräulicher, trockener und feuchter Tundra, also abseits bewohnter Gebiete. Das Muttergestein besteht aus verwittertem Syenit, in dem Aluminiumoxydhydrate angereichert sind. Die oberen Horizonte der Gebirgstundra sind infolge Auswaschung an SiO_2, Al_2O_3 und Basen verarmt. In allen Horizonten sind diese Böden jedoch basenreicher als die anderen Bodentypen (Profil Nr. 44). Alle Bodenproben weisen einen hohen Torfgehalt auf.

Die Podsolböden (Tabelle 2)

Zwei Proben stammen aus dem Bänderton und dem Geschiebelehm bei Leningrad, eine andere aus der Gegend von Moskau. Alle drei Proben zeigen typische Podsolmerkmale.

---

[1]) Der Begriff „Podsol" hat in diesem Buch in verschiedenen Fällen nur eine bedingte Bedeutung; er umfaßt auch die „podsolierten Rasenböden". Verfasser hat es vermieden, Verbesserungsvorschläge in der Terminologie der Böden vorzunehmen, die aus der bodenkundlichen Literatur stammen, weil derartige Verbesserungen zu Irrtümern Anlaß geben könnten.

Die A-Horizonte zeigen einen geringen Gehalt an organischer Substanz. Die tieferliegenden Horizonte sind noch ärmer an organischer Substanz.
Der B-Horizont der Probe 38 weist eine sprunghafte Anreicherung der Sesquioxyde auf. Die Probe 37 aus dem Bänderton hat einen höheren Eisenoxyd- und Tonerdegehalt und einen etwas geringeren Kieselsäuregehalt als die Probe 35 aus Moskau.

Graue und braune Waldböden (Tabelle 3)

Die grauen Waldböden (Profil Nr. 2) sind typische Vertreter des Podsols: Sie zeigen eine Anreicherung von SiO_2 im A_1-Horizont und eine Anreicherung von Ca und Mg in den tieferen Horizonten. Der B-Horizont ist reich an Fe_2O_3, Al_2O_3 und MgO. Der Humusgehalt ist nicht auf den A_1-Horizont beschränkt, auch der B-Horizont enthält noch Humus. Eine andere Probe des grauen Waldbodens (Profil Nr. 1) stammt aus dem Lößlehm von Jasnaja-Poljana (Bezirk Tula). Bodenprofil Nr. 61 ist 500 m nördlich der Eisenbahn Kasan-Stolbistsche angelegt worden (mit Mischwald bestellte Hochfläche zwischen Kasanka und Wolga). Der braune Waldboden von Maikop zeichnet sich durch die Tiefgründigkeit des Humus aus.

Schwarzerden (Tabelle 4)

Die Schwarzerden sind durch drei Profile vertreten:

Gewöhnliche lehmige Schwarzerde,
anlehmige Schwarzerde von Woronesch,
tiefgründige Schwarzerde von Asow.

Der Übergang des Humushorizonts nach der Tiefe erfolgt in allen drei Profilen allmählich. Das N : C-Verhältnis schwankt in den Humushorizonten zwischen 1 : 9 bis 1 : 14. Der Nährstoffgehalt in den verschiedenen Horizonten ist nahezu der gleiche. Eine Ausnahme macht der Gehalt an kohlensaurem Kalk, der in den tieferen Horizonten höher ist als in den oberen. In der Schwarzerde von Asow (vergl. Bodenprofil Nr. 9) ist kohlensaurer Kalk erst in einer Tiefe von 50—70 cm nachweisbar. Im Bodenprofil Nr. 3 tritt der kohlensaure Kalk in 80 cm Tiefe auf. In den Humushorizonten ist der Gehalt an Fe, Al und K verhältnismäßig hoch.

Kastanienbraune Böden (Tabelle 5)

Nur die Analyse der hellen kastanienbraunen Böden des Semitschnij-Bezirks (Nordkaukasus) ist vollständig. Die übrigen kastanienbraunen Böden der jungfräulichen Steppe (das salzfreie Profil Nr. 10 und das salzhaltige Profil Nr. 11) sind also unvollständig untersucht. Die Böden des Profils Nr. 15 sind in Hinsicht

Tabelle 1

Die Böden der Tundra

Nr. der Boden-profile	Boden	Ort der Probe-entnahme	Boden-hori-zont	Tiefe in cm	Na_2O	K_2O	CaO	MgO	SiO_2	Fe_2O_3	Al_2O_3	SO_3	P_2O_5	Glüh-verlust
42	Boden der Gebirgs-Tundra													
	Wenig zersetzte Böden mit einem großen Gehalt an dunkelbraunen Pflanzenresten	Ost-Abhang des Berges Chibina in 600 m NN	A_0 A_1	0—25	1,82	2,87	1,47	0,81	34,51	3,59	12,60	0,51	0,29	41,63
	Bräunlichgrauer Boden, stark sandig mit Findlingen und grober Beimischung		B	25—45	2,40	3,37	2,11	1,21	47,39	5,32	20,06	0,34	0,27	17,09
	Gelbbraun. Sand, mittelkörnig, mit groben Findlingen (moränenartig)		C	45—65	1,97	3,11	2,31	1,61	51,91	6,25	21,25	0,19	0,34	9,96
43	Torf-Gley-Boden													
	Moor-Tundra. Wenig zersetzte Böden mit einem großen Gehalt an dunkelbraun. Pflanzenresten	Niederterrasse am Nordufer des Sees (Chibina)	A_0	0—15	2,06	3,12	1,90	1,04	43,44	5,18	16,51	0,46	0,33	26,16
	Dunkler, fast schwarzer schmieriger Torf,		A_1	15—25	—	—	—	—	—	—	—	—	—	—
	schwarz, körnig und stark humushaltig mit Findlingen		B	25—50	1,68	4,36	1,13	0,58	50,25	3,10	17,45	0,39	0,17	20,54

Fortsetzung von Tabelle 1

Die Böden der Tundra

Nr. der Boden-profile	Boden	Ort der Probe-entnahme	Boden-hori-zont	Tiefe in cm	Na_2O	K_2O	CaO	MgO	SiO_2	Fe_2O_3	Al_2O_3	SO_3	P_2O_5	Glüh-verlust
44	Podsolierter Humus-illuvial-Boden													
	Terrassen-Diluvium von dem Wudjawtschorr-Berg. Torfartig, mit hohem Wurzelgehalt, dunkelgrau mit brauner Schattierung	Terrasse am Chibinaberg	A_0 A_1	0—3	0,46	1,24	0,66	0,38	9,13	0,84	1,66	0,82	0,24	85,93
	Hellgrauer, fast weißer Sand		A_2	3—6	2,02	6,47	2,02	1,18	—	5,25	13,68	0,17	0,05	5,11
	Dkelbraun, bröckig und sandig, stark humushalt.		B	6—25	1,09	3,83	1,08	0,61	33,34	3,87	21,30	0,50	—	34,96
	Gelber Sand mit Findlingen		C	25	1,95	5,05	1,99	1,21	51,62	5,05	21,72	0,20	—	10,56

Tabelle 2

Podsol-Böden

Nr. der Boden-profile	Boden	Ort der Probe-entnahme	Boden-hori-zont	Tiefe in cm	Na_2O	K_2O	CaO	MgO	SiO_2	Fe_2O_3	Al_2O_3	SO_3	P_2O_5	Glüh-verlust
35	Podsol (anlehmig)	Waldhaus der Temirjasew-Landwirt. Akademie in Moskau	A_1	0—10	0,81	2,04	0,55	0,58	79,97	1,72	8,47	0,16	0,11	6,01
			B_1	35—45	0,46	1,55	0,41	0,48	85,32	1,99	7,50	0,11	0,05	1,89
			B_2	55—65	0,40	1,72	0,52	0,61	81,31	2,27	10,11	0,12	0,05	2,16
			C	99—105	0,49	1,87	0,42	0,23	83,47	2,82	8,05	0,12	0,08	2,33
37	Podsol auf Bänderton	Lessinsk-Försterei der Forstakademie	A_1	—	1,00	3,10	0,71	0,91	68,40	3,03	12,23	0,18	0,13	10,10
			A_2	—	1,09	3,61	0,74	1,14	71,30	3,14	14,15	0,13	0,10	4,89
			B	—	1,25	3,79	0,87	1,74	62,96	6,56	17,63	0,13	0,12	4,13
38	Podsol auf Geschiebelehm	Park-Viertel in Leningrad	A_1	—	1,02	2,94	0,76	0,58	75,76	1,90	9,73	0,16	0,10	7,47
			A_2	—	1,09	3,41	0,70	1,13	71,94	3,30	14,36	0,12	0,08	3,53
			B	—	1,08	3,77	0,87	1,72	64,82	5,58	17,93	0,13	0,08	4,30

Tabelle 3

Graue und braune Walderden

Nr. der Boden-profile	Boden	Ort der Probe-entnahme	Boden-hori-zont	Tiefe in cm	Na_2O	K_2O	CaO	MgO	SiO_2	Fe_2O_3	Al_2O_3	SO_3	P_2O_5	Glüh-verlust
2	Ausgelaugte graue Waldböden													
	Dunkelgraue, bröcklige Erde	1 km westlich der Jasnaja-Poljana (Tula-Gebirge)	A	0—5 (17)	0,93	2,81	1,26	0,82	71,11	2,27	10,28	0,20	0,20	10,03
	dito		A_1	20—25 (16)	1,00	3,00	0,88	0,82	76,05	2,97	11,45	0,12	0,09	4,12
	Bräunlichgraue Erde, besteht aus Klumpen, als ob mit Asche bestreut (nußartiger Horizont)		B	40—45 (32)	0,93	3,07	0,88	1,09	72,85	4,02	12,76	0,11	0,09	4,16
	Verdichtete, braune, lehmige Erde		B_2	75—80 (35)	0,93	2,91	0,98	1,26	71,86	3,62	14,77	0,14	0,12	3,97
	Lehmiger Mergel		C	100-105	0,94	2,90	1,01	1,38	70,93	4,86	14,58	0,11	0,10	3,90
23	Braune Waldböden													
	Braune, bröcklige bestehend aus vereinzelten Körnchen, mit Rasen durchwachsen	0,5 km südöstlich der Tulskaja-Station (Maikop-Geb.) Abhang des Waldgebirges	A	0—5 (32)	0,92	2,02	0,59	0,75	76,62	3,35	10,67	0,15	0,13	5,57
	Lehmig, hellbraun		B	32—40 (32)	0,80	2,34	0,60	0,93	73,85	4,28	13,33	0,11	0,09	4,02

Tabelle 4

Schwarzerden

Nr. der Boden-profile	Boden	Ort der Probe-entnahme	Boden-hori-zont	Tiefe in cm	Na_2O	K_2O	CaO	MgO	SiO_2	Fe_2O_3	Al_2O_3	SO_3	P_2O_5	Glüh-verlust
3	Lehmige, gewöhnliche Schwarzerde aus der jungfräulichen Schonung (seit 1832) Mächtige, von Maulwürfen durchgrabene und mit Wurzeln durchwachsene Schwarzerde	Versuchs-Station „WJR" in Talowaja (Woronesch-Gebiet)	A_1	0—5 (24)	0,74	2,64	1,81	1,56	58,07	4,45	13,77	0,30	0,22	16,74
	dito		A_2	24—32 (28)	0,82	2,60	1,89	1,71	61,09	4,30	15,05	0,29	0,19	11,50
	Stark durch Maulwürfe zerwühlt		B_2	80—88 (56)	0,77	2,13	11,68	2,12	82,84	4,13	12,86	0,17	0,09	12,46
	Blaßgraue, verdichtete und $CaCO_3$-haltig		C	128—144 (64)	0,86	2,22	9,38	2,22	55,64	4,35	13,99	0,19	0,10	9,82
5	Lehmige Schwarzerde *(sehr alte Ablagerung)*, dunkelfarbig, bröcklig	1 km nördlich der Talowaja-St. (Woronesch-Gebiet)	A	0—5 (40)	0,80	2,52	2,06	1,64	61,78	4,00	14,17	0,26	0,20	12,66
	Von bräunlicher Färbung, prismaartige Struktur		B	45—50 (44)	0,78	2,48	6,29	1,94	58,52	4,50	13,00	0,19	0,17	11,14
	Untergrund			100	—	—	—	—	—	—	—	—	—	—

Fortsetzung von Tabelle 4

Schwarzerden

Nr. der Bodenprofile	Boden	Ort der Probeentnahme	Bodenhorizont	Tiefe in cm	Na_2O	K_2O	CaO	MgO	SiO_2	Fe_2O_3	Al_2O_3	SO_3	P_2O_5	Glühverlust
9	Mächtige Asow-Schwarzerde. Dunkelfarbiger Lehm, nicht aufbrausend	Abt. II des Budjonny-Gestüts Nord-Kaukasus, Salsk-Vers.-Station	A_1	0—5 (40)	1,16	3,04	1,44	1,66	63,41	4,65	14,40	0,21	0,18	10,00
	dito, aber $CaCO_3$-haltig, von Maulwürfen durchgraben		A_2	40—45 (42)	1,13	2,87	4,68	2,01	61,16	4,53	15,51	0,20	0,17	8,02
	Strohgelber, lößartiger Lehm, stark $CaCO_3$-haltig		B	90—95 (41)	1,16	2,42	8,47	2,44	57,45	4,15	13,67	0,25	0,14	9,02
	Lehmiges, lößartiges Diluvium		C	130—140	1,08	2,57	8,93	2,32	56,22	4,86	13,75	0,15	0,15	10,65

Tabelle 5

Kastanienbraune Böden und Grauerden der Wüste

Nr. der Boden-profile	Boden	Ort der Probe-entnahme	Boden-hori-zont	Tiefe in cm	Na_2O	K_2O	CaO	MgO	SiO_2	Fe_2O_3	Al_2O_3	SO_3	P_2O_5	Glüh-verlust
15	Kastanienbraune Erden													
	(jungfräuliche Steppe, Abhang zum Sal-Fluß)	Dubowskij-Zentral-Gestüt, Abtlg. II, 2,5 km östlich des Gurejew-Vorwerks. Semitschnaja-St. (Nord-Kaukasus)	A_1	0—5 (17)	1,44	2,67	1,01	1,11	70,73	3,72	11,78	0,17	0,15	6,69
	In den Horizonten ist $CaCO_3$ festgestellt		A_2	30—35 (23)	1,27	2,75	1,02	1,99	67,28	5,22	15,19	0,27	0,15	4,76
	Übergang vom Lehm zum lößartigen Alluvium		B	60—65 (63)	1,12	2,38	11,44	2,24	55,19	3,79	11,90	0,14	0,14	9,92
			C	110—115 (107	1,40	2,64	6,71	2,49	61,16	4,46	13,16	0,14	0,14	7,90
19	Grauerden der Wüste (Auf der Höhe salzfrei) Horizont A_1 ist dunkelbraun Horizont A_2 ist strukturloser, hellgrauer Sandboden	8 km südlich der Bakres-Sowchose, 150 km von der Stadt Budjonnowsk entfernt	A	0—5 (63)	1,60	2,34	0,87	0,82	80,23	2,19	9,37	0,14	0,06	2,72
	Gelber Sandboden		B	160—170 (71)	1,59	2,14	5,85	1,36	70,13	2,77	10,13	0,17	0,10	5,85
	Sandiges Diluvium		C		1,63	2,31	8,69	2,22	59,31	3,43	11,63	2,56	0,11	7,77

Tabelle 6

Roterden

Nr. der Boden-profile	Boden	Ort der Probe-entnahme	Boden-hori-zont	Tiefe in cm	Na_2O	K_2O	CaO	MgO	SiO_2	Fe_2O_3	Al_2O_3	SO_3	P_2O_5	Glüh-verlust
32	Roterde	Tropische Abteilung des Batumer Botanischen Gartens	A	0	0,11	0,52	0,43	1,08	47,41	9,78	27,05	0,19	0,14	13,30
			B	40—50	0,11	0,22	0,17	0,96	39,31	10,11	36,40	0,19	0,14	13,40
			C	90—100	0,01	0,22	0,13	0,78	40,30	13,33	33,52	0,21	0,20	12,82
34	Roterde	Aus dem dichten jungfräulichen Rhododendron-Wald im Batumer Botanischen Garten entnommen	A	0	0,11	0,29	0,29	1,67	31,75	12,70	15,28	0,36	0,30	29,15
			B	40—50	0,41	0,22	0,22	2,27	40,12	14,86	34,52	0,20	0,13	12,03

auf die gleichmäßige Verteilung von Fe, Al und Basen in den verschiedenen Horizonten den Schwarzerden ähnlich. Der Basengehalt, besonders auch von Kali, nimmt in den tiefer liegenden Horizonten ab. Der verhältnismäßig hohe Gehalt an Na und Ca, insbesondere in den B- und C-Horizonten, zeigt die Versalzung an. In den tieferen Horizonten, insbesondere im C-Horizont, ist der Gehalt an Karbonaten stark erhöht.

Grauerden, Solonetz und Solontschak der Kaspi-Steppe

Die auf sandigem Alluvium lagernden Grauerden des Prikumje-Bezirks sind humusarm mit stark wechselndem Salzgehalt. Die B- und C-Horizonte sind reich an $CaCO_3$, $CaSO_4$ und Magnesia. Der A-Horizont — aus durch Wind verfrachtetem Sand bestehend — ist reich an SiO_2. Auch sind die Solonetz- und Solontschak-Proben und die Grauerden des Don-Gebietes hinsichtlich ihres Salzgehaltes untersucht worden. Die solonetzartige Grauerde der Prikumsk-Halbwüste (Profil Nr. 20) zeigt einen grauen, verdichteten, strukturlosen, sandigen A-Horizont. Der B-Horizont besteht aus verdichtetem, braunem Sand und der C-Horizont enthält Gipsausscheidungen. Die Krusten-Solonetz der jungfräulichen Artemisia-Steppe zeigen folgende Merkmale: Der A-Horizont ist strukturlos und blaß gefärbt. Der dunkelbraune B-Horizont ist verdichtet. Der gipshaltige C-Horizont ist krümelig.

Die Roterden des Kaukasus (Tabelle 6)

Diese Roterden sind durch zwei Profile, die nach Anweisung des Bodenforschers Kawaleridse beim Seljonij-Kap und im Botanischen Garten von Batum entnommen sind, vertreten. Die oberen Schichten sind humushaltig, der C-Horizont ist verwittert. Der C-Horizont ist verwittertes Basalt- und Andesitgestein.

Wie bekannt, gehören die Böden Adschariens zu den Roterden. Obwohl sie wesentliche Merkmale einer Laterisierung zeigen, stellen sie keinesfalls echte Laterite dar, weil sie kein freies Al_2O_3 enthalten. Unsere Analysen haben folgendes festgestellt: Anreicherung der Sesqui-Oxyde bis zu 50%, Auswaschung der Kieselsäure, deren Gehalt bis auf 32% sinkt und Basenverarmung. Die Roterden Adschariens haben sich unter dem Einfluß der Wärme und der Feuchtigkeit eines subtropischen Klimas gebildet. Die leicht löslichen Basen sind durch das Regenwasser ausgewaschen worden.

III. Die physikal-chemischen Grundlagen des Vorkommens der Spurenelemente

Die mannigfaltigen Ablagerungen und die daraus hervorgegangenen Sedimentgesteine können grundsätzlich etwa wie folgt klassifiziert werden:

1. Arkosen und Quarze, die der Verwitterung unterlegen haben.
2. Durch Hydrolyse entstandene Aluminosilikatgesteine (Tongesteine). Der Tongehalt dieser Gesteine hängt von der Zusammensetzung des Muttergesteins, von der Art und Intensität der Verwitterung, die sich bis zur Bildung von freien wasserhaltigen Oxyden des Fe und Al erstrecken kann (Laterisierung und Ortsteinbildung in den Tropen und im feucht-gemäßigten Klima), ab.
3. Oxyde und Hydroxyde des Fe^{III}, Al^{III} und des Mn^{IV}. Die Anreicherung von $Fe(OH)_3$ führt zur Bildung von Ortstein und Raseneisenstein (Sumpferz). Bei dieser Anreicherung spielt die selektive Absorption von Ni^{II}, Co^{II}, Mn^{II}, V, PO_4 durch Eisenhydroxyd und Kieselsäure und nach dem Ausfällen der Oxyde von Mn^{III} und Mn^{IV} die Sorption von Ba, Ra, Li, Co^{III} eine besondere Rolle.
4. Karbonate, Phosphate und Sulfate.
   Die verschiedenen Karbonate bewirken die Mitfällung von Mg, Sr, Pb und Mn. Durch die Phosphate werden TR[1]), Zn, Cd und F konzentriert.
5. Salzausscheidungen in den Becken des Südens und in den abflußlosen Halbwüsten als Chloride, Nitrate mit Borsäuregehalt.
6. Organische Sedimente wie Torf, Schlick, Sapropel, Bitumen und Kohlen. Mit ihnen ist die Bildung von Methangas und Schwefelwasserstoff verbunden, wodurch die Schwermetalle als Sulfide ausgefällt werden.

Als Spurenelemente werden vom Verfasser angesehen:

1. Solche, die nur in kleinsten Mengen in den Gesteinen und Mineralien vorkommen und
2. alle weiteren, deren Vorkommen in der Erdkruste ebenfalls sehr selten ist.

Die Spurenelemente sind allgemein verbreitet, wie z. B. Jod und Radium. Manche Spurenelemente sind nicht als chemische Verbindungen, sondern auch als freie Elemente verbreitet, wie z. B. Au, Hg, S, Te.

[1]) TR = Summe der Seltenen Erden.

Wie die folgende Tabelle zeigt, kommen als freie Elemente diejenigen Elemente vor, deren Abscheidungspotential aus der Lösung positiv gegenüber der Wasserstoffelektrode ist.

Spannungsreihe

Se	– 0,77 Volt	
S	– 0,51 „	
Co	– 0,28 „	
Ni	– 0,25 „	
Sn	– 0,14 „	Bildungsbereich freier Metalle und Metalloide
Pb	– 0,13 „	
H	– 0,00 „	
Bi	+ 0,28 „	
Cu	+ 0,34 „	
Ag	+ 0,81 „	
Hg	+ 0,85 „	
Pd	+ 0,83 „	
Au	+ 1,38 „	
Pt	+ 1,6 „	

Außer elementarem Pt und Au mit hohen Oxydierungspotentialen kommen auch solche Elemente frei vor, die negative Potentiale gegen Wasserstoff zeigen. Die Verteilung der Spurenelemente in den Sedimenten hängt hauptsächlich noch von der Natur des Muttergesteins ab. Der Gehalt an Spurenelementen in den Urgesteinen hängt ebenfalls von der Art des Gesteins ab. Basalt, Gabbro, Peridotit und Dunit enthalten in der Regel Spurenelemente, die sich bei der Erstkristallisation des Magmas den entstehenden Mineralien beigesellt haben. Die sauren Gesteine Granit, Granodiorit, Pegmatite enthalten, wie die Tabelle 7 zeigt, meist andere Spurenelemente als die basischen.

Tabelle 7[1])

Ionen-Radien der Elemente in den sauren Urgesteinen in Å				Ionen-Radien der Elemente in den basischen und ultrabasischen Urgesteinen in Å			
Cs^{+}	1,65	TR^{III+}	1,5[2])	Cu^{II+}	0,83	Fe^{II+}	0,83
Rb^{+}	1,49	Zr^{IV+}	0,87	Ni^{II+}	0,78	Mn^{II+}	0,91
K^{+}	1,33	Sr^{II+}	1,27	Co^{II+}	0,82	Ti^{III+}	0,69
Li^{+}	0,78	Ba^{II+}	1,43	Cr^{III+}	0,64	Ti^{IV+}	0,64
Th^{IV+}	1,10			Fe^{III+}	0,67	Mn^{IV+}	0,52
U^{IV+}	1,05			V^{III+}	0,65	V^{IV+}	0,61
Pb^{II+}	1,32			Zn^{II+}	0,83		
Ra^{II+}	1,52			Cd^{II+}	1,03		

[1]) Empirische Werte nach GOLDSCHMIDT (Anmerkung des Herausgebers).

[2]) Die Seltenen Erden haben einander sehr ähnliche Ionenradien zwischen 0,99 bis 1,18 (Anmerkung des Herausgebers).

Die Spurenelemente haben in den sauren sowohl als auch in den basischen Gesteinen annähernd die gleichen Ionengrößen. In den sauren Gesteinen entsprechen ihre Größen den in diesen Mineralien führenden Basen: für Kalzium = 1,06 Å, für Kalium = 1,33 Å. In den basischen und ultrabasischen Gesteinen sind Magnesium mit 0,78 Å und Fe^{III} mit 0,67 Å führend und bilden eine Reihe von Eisenmagnesium-Mineralien wie Olivin, Pyroxene und viele andere. Eine Quelle der Spurenelemente können auch die Erzlager bilden, als Ergebnis ihrer Dispergierung. Die genaue Erforschung der Urgesteine, aus denen die Sedimente entstanden sind, ermöglicht eine gewisse Orientierung über die mögliche Verteilung der Spurenelemente. Die annähernde Gleichheit der Ionengrößen gegebener Elemente bedingt ihre gemeinsame Herkunft aus dem Magma und ihr Schicksal in der Biosphäre in wäßriger Lösung.

In diesem Sinne sind verschiedene „Paare" von Wichtigkeit, die in ihren chemischen Eigenschaften verwandt sind:

K/Rb, Ca/Sr, Co/Ni, Zn/Cd, Br/Cl, Zr/Hf, Nb/Ta und auch andere benachbarte Elemente in den Reihen oder Gruppen des Periodischen Systems.

Man könnte behaupten, daß bei den oben aufgeführten „Paaren" die geochemischen Prozesse, die manche Gehaltsverhältnisse in den Gesteinen, Mineralien und Bodenlösungen stören, bedeutend schwächer ausgeprägt sind als bei willkürlich gewählten „Paaren".

Um einen Prozeß, z. B. den der Bodendynamik, zu verstehen, ist die genaue Kenntnis der Eigenschaften der vorkommenden ähnlichen Elemente notwendig. Je kleiner die Zahl der physikalisch-chemischen Vorgänge ist, welche die normale Verteilung verwandter Elemente im Boden stören, desto genauer werden unsere Schlußfolgerungen sein können. Bei unserer Untersuchung der Verteilung der Spurenelemente haben wir vorliegende Angaben verwertet.

Zunächst gehen wir kurz auf einige geochemische Gesetzmäßigkeiten über die Verteilung der Spurenelemente in den Gesteinen ein. Der aus Sedimenten hervorgegangene Boden muß nach Herkunft, Zusammensetzung, Verteilung und Verbindung der Spurenelemente den geochemischen Gesetzen gehorchen, weil die Böden die geochemischen Merkmale des Muttergesteins erben. Da die Muttergesteine verschiedenen grundlegenden Umwandlungen unterworfen sind, wird das auch hinsichtlich der Verteilung der Spurenelemente im Bodenprofil gelten müssen. Wir haben uns die Aufgabe gestellt, den Einfluß der verschiedenen bodenbildenden Vorgänge auf die Verteilung der Spurenelemente im Boden im Vergleich zum Muttergestein zu untersuchen. Da die Faktoren der Bodendynamik allgemein bekannt sind, und ihre Rolle bei der Entwicklung der Böden planmäßig erforscht wird, können wir uns darauf beschränken, diese Frage kurz zu behandeln. Wir besprechen deshalb nur das, was für die Geochemie der Spurenelemente von Bedeutung ist:

1. Die verschiedenen Korngrößen der Böden, besonders die feinen Fraktionen.
2. Den Einfluß des Wassers.
3. Die Einwirkung von Kohlensäure und Sauerstoff.
4. Die Anreicherung der einzelnen Spurenelemente.
5. Den Bios und die organische Substanz.

Von den Korngrößen interessieren uns nicht die Vorgänge, die zu ihrer Bildung geführt haben, sondern vielmehr die Eigenschaften der Ton- oder Kolloid-Fraktion $<$0,02 mm, weil diese wesentlich die Sorption und den Austausch der Basen bestimmen. Infolge der großen inneren Oberflächen der Bodenkolloide sorbieren sie erhebliche Mengen von Ionen aus der Bodenlösung. Die Sorptionsfähigkeit der Böden gegenüber den Ionen der Bodenlösung ist verschieden. Die Sorption der Kationen ist im Verhältnis zu der der Anionen gründlicher erforscht worden. Je alkalischer die Reaktion der Bodenlösung ist, um so höher ist die Basenabsättigung. Ferner hängt die Sorptionskapazität auch von der Natur der Kationen und vermutlich auch von der der Anionen ab. Zahlreiche Versuche haben gezeigt, daß die Erdalkalien stärker sorbiert werden als die Alkalien. Aus diesem Grunde werden die letzteren durch die Erdalkalien aus den Bodenkolloiden verdrängt. Ihre Sorption nimmt von den leichteren bis zu den schwereren Atomgewichten zu. So bleibt deshalb bekanntlich Kalium im Boden erhalten, während Natrium nahezu restlos ausgewaschen wird. Noch intensiver werden Rubidium und Cäsium festgehalten. Somit hängt die Verteilung der Spurenelemente im Boden von der Sorptionsfähigkeit der Bodenkolloide ab.

Das Bodenwasser ist von größtem Einfluß auf die Verteilung der Spurenelemente im Boden. Als Hauptquelle der Spurenelemente ist die Bodenlösung zu betrachten. Ihre Zusammensetzung ist noch wenig erforscht. Sie weicht vermutlich aber nicht sehr von der Zusammensetzung des Flußwassers eines größeren Einzugsgebietes ab. Die Beziehungen zwischen den verschiedenen Ionen und den Wassermolekülen sind von dem Ionendurchmesser und der Größe ihrer elektrischen Ladung abhängig. Je kleiner die Entfernung des Ionenzentrums vom Wassermolekül und je größer seine elektrische Ladung ist, um so fester ist das Wassermolekül mit dem Ion verbunden. Nach Cartlege ist von großer Bedeutung das Verhältnis der elektrischen Aufladung zum Radius der Ionen. Die Ionen, die einen großen Radius haben, wie z. B. die Alkalien, sind als Ionen in echten Lösungen beständig, werden durch das Wasser fortgeführt und kristallisieren erst bei der Verdunstung des Wassers aus. Die Ionen mit einem mittleren elektrischen Potential verbinden sich fester mit den Wassermolekülen, worauf die Hydrolyse und das Ausfällen der Hydrate beruhen. Die Ionen mit besonders hohem Potential binden den Sauerstoff und das Wasser noch fester. Die dadurch entstehenden Säuren sind wasserlöslich. Das sind die Anionen Cr_2O_7, SeO_4 und UO_2. Die Verhältniszahl $\frac{\text{elektrische Ladung}}{\text{Ionenradius}}$ erlaubt das Verhalten der Spurenelemente gegenüber dem Wasser zu beurteilen und ihre Sorptionsfähigkeit unter bestimmten Bedingungen festzustellen.

Von großer Bedeutung für die Anreicherung der Spurenelemente im Boden ist die Wasserstoffionenkonzentration. Der p_H, bei dem die verschiedenen Verbindungen ausfallen, ist gut bekannt. Der p_H ist ferner von Bedeutung für die Reihenfolge der Auflösung und der Ausfällung der verschiedenen Verbindungen. Der p_H der Bodenlösung bestimmt also die Wanderfähigkeit bestimmter Verbindungen.

Im alkalischen Gebiet (über p_H 7) sind löslich:

Vanadium^{IV}, Vanadium^{V}, Arsen^{III}, Selen^{V}, Uran^{VI}, Chrom^{VI}, Molybdän^{V}, Molybdän^{VI}.

Im sauren Gebiet ($p_H < 7$) sind löslich:

Strontium, Barium, TR, das ist die Summe der Seltenen Erden, Radium, Thorium, Kupfer, Zink, Kadmium, Titan, Zirkon, Chrom^{III}, Mangan^{II}, Mangan^{III}, Eisen^{II}, Eisen^{III}, Kobalt^{II}, Kobalt^{III}, Nickel^{II}, Blei^{IV}, Zinn^{II}.

Im ganzen p_H-Bereich bleiben löslich:

Lithium, Rubidium, Cäsium, Fluor, Chlor, Brom, Jod, Bor.

In den Urgesteinen liegen die Spurenelemente in der niedrigen Valenz vor. Bei der Zersetzung werden Vanadium^{III}, Uran^{IV}, Arsen^{III}, Mangan^{II} oxydiert. Durch die Atmosphäre und durch den Bios befinden die Böden sich dauernd unter dem Einfluß von Sauerstoff und Kohlensäure. Die Sauerstofftension bestimmt das Redox-Potential der Bodensubstanz:

$$E = E_0 + \frac{0{,}058}{n} \cdot \log \frac{C_{Oxyd}}{C_{Red}}.$$

Oxydation und Reduktion verschieben das natürliche Redox-Gleichgewicht. Das ist besonders für die pBeschränkung oder Erweiterung der Beweglichkeit und damit für die Anreicherung der Ionen von Bedeutung.

Als Kationen sind in der Regel die niedrigen Valenzen von Fe^{II} und Mangan^{II} im Gegensatz zu den höheren Valenzen von Fe^{III} und Mangan^{IV} leichter beweglich. Dagegen sind als Anionen die höheren Valenzen von Uran^{VI}, Vanadium^{V}, Molybdän^{V}, Chrom^{VI} leichter löslich als ihre niedrigen Valenzen. In der Tabelle 8 sind einige verwandte Ionen mit ihren Redoxpotentialen im sauren Gebiet ($p_H < 7$) aufgeführt.

Tabelle 8

Redoxpotential von Ionenumladungen im sauren Gebiet

Ti^{III}	→	Ti^{IV+}	+ 0,04 Volt
Cu^{+}	→	Cu^{II+}	+ 0,17 „
Ti^{II+}	→	Ti^{III+}	+ 0,36 „
V^{III+}	→	V^{IV+}	+ 0,4 „
U^{IV+}	→	U^{VI+}	+ 0,42 „
As^{III+}	→	As^{V+}	+ 0,57 „
Fe^{II+}	→	Fe^{III+}	+ 0,75 „
Mo^{V+}	→	Mo^{VI+}	+ 0,78 „
Sc^{IV+}	→	Sc^{VI+}	+ 1,09 „
V^{IV+}	→	V^{V+}	+ 1,24 „
Cr^{III+}	→	Cr^{VI+}	+ 1,30 „
Mn^{II+}	→	MnO_2	+ 1,28 „
Mn^{II+}	→	MnO_4	+ 1,52 „
MnO_2	→	MnO_4	+ 1,59 „
Mn^{II+}	→	Mn^{III+}	+ 1,51 „
Ce^{III+}	→	Ce^{IV+}	+ 1,60 „
Co^{II+}	→	Co^{III+}	+ 1,84 „

Wie aus dieser Tabelle zu entnehmen ist, wirkt ein gegebenes Element entweder oxydierend auf das elektro-negative oder reduzierend auf das elektro-positive gegenüberstehende System ein. Wie wir bereits erwähnt haben, nimmt das Oxydierungspotential im alkalischen Gebiet ab. Das ist wichtig in Verbindung mit der bekannten Tatsache der raschen Oxydierung fester Metallhydrate, die unter natürlichen Verhältnissen eintreten kann. Die Hydrate können sich nur bei hoher p_H-Zahl bilden. Das Oxydierungs-Potential der Ionen unterscheidet sich stark von dem ihrer Ausfällung, was folgende ausgewählte Beispiele zeigen:

Fe^{II+}	→	Fe^{III+}	+ 0,75 Volt
Mn^{II+}	→	Mn^{III+}	+ 1,51 „
Co^{II+}	→	Co^{III+}	+ 1,84 „
Cr^{III+}	→	Cr^{VI+}	+ 1,30 „
$Fe(OH)_2$	→	$Fe(OH)_3$	− 0,56 Volt
$Mn(OH)_2$	→	$Mn(OH)_3$	− 0,40 „
$Co(OH)_2$	→	$Co(OH)_3$	+ 0,2 „
$Cr(OH)_3$	→	Cr_2O_4	− 0,12 „

Es erscheint notwendig, darauf hinzuweisen, daß das Redoxpotential der Böden eine komplexe Erscheinung ist und deshalb nur vergleichende Bedeutung hat. Da dieser Vorgang das Ergebnis verschiedener miteinander reagierender Systeme ist, kann das Redoxpotential der Böden nicht theoretisch behandelt werden.

Die verschiedenen Böden werden durch verschiedene Umweltbedingungen beeinflußt. Nitrathaltige Wüstenböden sind Gebiete starker Oxydierung, Moor- und Torfböden dagegen Reduktionsgebiete. Der Sauerstoff dringt in den Boden gewöhnlich nur bis zur Grundwasserzone ein. Obwohl der Gehalt an Kohlensäure in der Atmosphäre und in der Bodenluft erheblich kleiner ist als der an Sauerstoff, so spielt die Kohlensäure doch eine wichtige Rolle im Verhalten der Spurenelemente. Im Boden ist der Kohlensäuregehalt erheblich höher als in der freien Atmosphäre. Seine Höhe hängt von den Bodeneigenschaften, der Jahres- und Tageszeit ab. Infolge des Kohlensäuregehalts in der Bodenlösung entstehen Bikarbonate, die ein Puffersystem darstellen.

Auch die Eigenschaft einer Reihe von Kationen wie Ca, Sr, Ba, Pb, Fe^{+II}, U, Bikarbonate oder auch komplexe Verbindungen mit CO_2 zu bilden, ist hier von großer Bedeutung. Ein Überschuß an CO_2 erhöht die Löslichkeit der Karbonate. Darum ist der Kohlensäuregehalt der Bodenluft so wichtig. Er bewirkt die Löslichkeit der u. a. Bedingungen schwer löslichen chemischen Verbindungen und begünstigt dadurch die Wanderfähigkeit und Auswaschung dieser Substanzen aus dem Boden. Herabsetzung der CO_2-Tension führt zur Verschiebung des Bikarbonatgleichgewichtes, damit zur Zersetzung der Bikarbonate und der Ausfällung der Karbonate des Ca, Fe, Mn und Ni, infolge ihrer geringeren Löslichkeit.

Die Rolle des Bios für die Bodenbildung ist wohlbekannt. Die organischen Substanzen enthalten sämtliche stabilen und radioaktiven Elemente mit ihren Isotopen.

Den Hauptbestandteil bilden solche chemischen Elemente, die entweder Gase sind oder leicht lösliche Verbindungen bilden. Die übrigen Elemente, die in der Biosphäre schwer lösliche Verbindungen darstellen, sind in einer Menge enthalten, die ihrer Löslichkeit proportional ist. Hierbei sind die Kationen niedriger Valenzstufen und die Anionen höherer Valenzstufen den Organismen leicht zugänglich, so z. B. Fe^{II+}, Mn^{II+}, nicht aber Fe^{III+} und Mn^{III+}. Bei den Anionen ist es genau umgekehrt. Es würde in diesem Rahmen zu weit führen, hierauf näher einzugehen. Durch die Organismen, besonders durch die Pflanzen, werden viele Elemente, insbesondere die Spurenelemente, wanderfähig gemacht und auch angereichert. Hierfür kommen besonders Zn, Mn, Li, Cu und Se in Frage. Da die Mikroflora sich außerordentlich schnell vermehren kann, spielt sie eine außerordentliche Rolle bei der Anreicherung der Spurenelemente im Boden. Nicht minder wichtig ist die Wirkung des Humus, eine komplexe organische Substanz, deren chemische Zusammensetzung unvollkommen bekannt ist. Sie ist das Ergebnis der Verwesung und Zersetzung hauptsächlich pflanzlicher Organismen. Neben dem Humus enthalten die Böden eine ganze Reihe einfacher organischer Verbindungen wie z. B. Zitronensäure, Oxalsäure, Äpfelsäure und Amine. Sie bilden mit verschiedenen Schwermetallen leicht lösliche Komplexverbindungen. Schon der Laubfall führt dem Boden eine Reihe von Spurenelementen zu, die durch die tiefgehenden Baumwurzeln emporgeholt worden sind. Das Maß der Zersetzung der organischen Substanz der Vegetation, also das Alter des Humus ist von Bedeutung für sein Verhalten den Spurenelementen gegenüber, jedoch wissen wir hierüber noch nichts Näheres. Auch die Struktur der organischen Komplexverbindungen der Schwermetalle ist uns nicht bekannt. Wir wissen nur, daß ein und dieselbe Substanz je nach den vorliegenden Bedingungen entweder Zn und Cu festlegen oder auch beweglich machen kann. Auf As, Se, Cu und Zn wirkt die organische Substanz des Bodens fixierend ein. Die Verbindungen dieser Elemente mit Jod und Brom sind in manchen Fällen für die Pflanze nicht aufnehmbar. Oft können Humus und in ihm enthaltene organische Säuren lösend auf verschiedene Mineralien wirken. Die Bedeutung der organischen Substanz im Boden auf die Beweglichkeit der Spurenelemente bedarf weiterer eingehender Untersuchungen.

IV. Die Verbreitung der Spurenelemente im Boden

1. Vorkommen von Bor

Zur Zeit ist bekannt, daß die Sedimentgesteine borhaltiger als die Urgesteine sind. Besonders borhaltig sind die marinen Sedimentgesteine, wenn es sich um wasserlösliche Borverbindungen handelt. Bor wird auch oft in stehenden Gewässern angereichert. Die Hauptquelle des Bors ist der Vulkanismus, besonders in der Form von Fumarolen, Soffionen, Thermen und Geysiren. Die Borverbindungen werden dampfförmig abgegeben. Bekannt sind die borhaltigen Seen im Westen der USA und die Verwerfungen in Italien, im Süden der UdSSR (Kaukasus-Aral-Kaspische Niederung) und in Indien. Auch marine Tone, Eisenerze, und andere Meeressedimente enthalten reichlich Bor. Folgende Tabelle gibt den Borgehalt in Prozenten an:

Granit	$1 \cdot 10^{-3}$
Basalt	$5 \cdot 10^{-4}$
Mariner Ton	$5 \cdot 10^{-2}$
Marine Eisenerze	$5 \cdot 10^{-2}$
Vulkan. Eisenerze	$5 \cdot 10^{-4}$
Kalkgestein	$5 \cdot 10^{-4}$

Nach Sindergren sind archäische Sedimente besonders reich an Bor. Das gilt vermutlich auch für Fluor, Selen und andere flüchtige Elemente, die mit dem Bor gemeinsamen geologischen Ursprung haben. Böden aus archäischen Sedimenten sind deshalb auch reich an Bor und Fluor. Auch Böden aus Gesteinen, die Borsilikate enthalten wie Turmalin und Datolit sind stark borhaltig. Vulkanische Sedimente, archäische Tongesteine und alle marinen Sedimente sind stets borhaltig. Da das Bor leicht lösliche Verbindungen bildet, ist es leicht auswaschbar. Auch die Atmosphäre spielt für die Verbreitung des Bors eine Rolle, doch wissen wir hierüber noch nichts Sicheres. Seit dem vorigen Jahrhundert ist bekannt, daß die Böden Bor enthalten. In der jüngsten Zeit hat sich die Wissenschaft, so z. B. W. M. Goldschmidt, mit der Verbreitung des Bors beschäftigt. Die Gründe dafür sind:

1. Die verbesserten Methoden seiner quantitativen Analyse.
2. Seine biogene Bedeutung.

Über die Bedeutung des Bors für das Pflanzenleben herrscht heute kein Streit. Sein Schicksal in den Pflanzen ist an die Kohlehydrate gebunden. Ohne Bor tritt

Tabelle 9

Borgehalt der Tundra-Böden

Nr. der Boden-profile	Die Böden	Boden-horizont	Tiefe in cm	Borgehalt in % des trock. Bodens	Mittlerer Borgehalt in %	Bemerkungen
44	Humus — illuvial. Podsolierte Böden					
	Torfartig, wurzelhaltig, dunkelgraue Farbe mit bräunlicher Schattierung	$A_0 - A_1$	0—3	—	Nur Spuren	Vegetation: Spärlicher Tannenwald. Beimischung: Birken und Ebereschen. Die Böden sind mit Heidelbeersträuchern bewachsen und bemoost
	Hellgrauer, fast weißer Sand	A_2	3—6	$3 \cdot 10^{-4}$	$3 \cdot 10^{-4}$	
	Dunkelbraun, bröcklig, sandig und stark humushaltig	B	6—25	$2 \cdot 10^{-4}$	$2 \cdot 10^{-4}$	
	Gelber Sand mit Findlingen (moränenartig)	C	25	$2 \cdot 10^{-1}$	$2 \cdot 10^{-4}$	
43	Torf-Gley-Boden. Moor-Tundra					
	Schwach zersetzte Böden mit starker Beimischung pflanzlicher Reste, dunkelbraun	A_0	0—15	—	Nur Spuren	Spärliche Vegetation. Tannen und Zwerg-Birken, Moos, Flechte, Heidel- und Blaubeersträucher
	Dunkelfarbiger, fast schwarzer und schmieriger Torf	A_1	15—25	$1 \cdot 10^{-4}$	$1 \cdot 10^{-4}$	
	Schwarzer, körniger und stark humushaltiger Boden	B	25—50	$0{,}5 \cdot 10^{-4}$	$0{,}5 \cdot 10^{-4}$	
42	Gebirgs-Tundra-Böden					
	Schwach zersetzte Böden, reich an pflanzlichen Resten, dunkelbraun	$A_0 - A_1$	0—25	—	Nur Spuren	Bewachsen mit verschiedenen Moosarten, Veronika- und Preißelbeersträuchern
	Bräunlichgrauer Boden, stark sandig mit groben Findlingen, dunkelbrauner Humus-Horizont	B	25—45	$1{,}2 \cdot 10^{-4}$	$1{,}2 \cdot 10^{-4}$	
	Gelbbrauner Sand, mittelkörnig mit groben Findlingen (moränenartig)	C	45—65	$0{,}5 \cdot 10^{-4}$	$0{,}5 \cdot 10^{-4}$	

keine Keimung ein. Seit vielen Jahren spielt das Bor auch in der Düngerindustrie eine große Rolle. Doch ist ein Borüberschuß von schädlicher Wirkung auf die Vegetation.

Böden der Chibinsk-Tundra

Uns standen die Bodenprofile der Humuspodsole, Torf-, Gleyböden und Gebirgstundraböden zur Verfügung. Die Bodenproben stammen aus jungfräulichen Flächen abseits bewohnter Gebiete. Das Ergebnis der Untersuchungen zeigt Tabelle 9. Die Horizonte A_0 und A_1 enthalten weniger als $5 \cdot 10^{-5}$% Bor. Daraus ist zu schließen, daß im Humus und Torf Bor nicht angereichert worden ist. Unsere Analysen haben gezeigt, daß nur eine geringe Sorption in dem an organischer Substanz reichen Boden erfolgt ist. Wenn man die Eigenschaft des Bors, leicht lösliche organische Komplexe zu bilden, berücksichtigt, so könnte man annehmen, daß im sauren Humus überhaupt kein Bor angereichert wird. Der Borgehalt der Mineralien ist gewissermaßen durch die organische Substanz verdünnt worden. Auch die anderen Horizonte sind arm an Bor, so daß festgestellt werden kann, daß die Böden der russischen Ebene den geringsten Borgehalt haben. Auch der Geschiebesand ist als Muttergestein nur schwach borhaltig. Aus den Tundraböden ist das Bor praktisch nicht mit heißem Wasser herauszulösen.

Podsole

Das Ergebnis der Analysen von drei Podsolprofilen enthält die Tabelle 10. Auch diese Böden sind schwach borhaltig. Die oberen Horizonte sind borhaltiger als der C-Horizont.

Tabelle 10

Borgehalt podsolierter Böden

Nr. der Boden-profile	Bodentyp	Boden horizont	Tiefe in cm	Borgehalt % der trockenen Böden	Mittlerer Borgehalt in %
35	Mittel-podsolierter leichter Lehm	A_1	0–10	$2{,}3 \cdot 10^{-4}$ $1{,}8 \cdot 10^{-4}$	$2{,}1 \cdot 10^{-4}$
		B_1	35–45	$3 \cdot 10^{-4}$	$3 \cdot 10^{-4}$
		B_2	55–65	$3 \cdot 10^{-4}$	$3 \cdot 10^{-4}$
		C	95–105	$1{,}5 \cdot 10^{-4}$	$1{,}5 \cdot 10^{-4}$
37	Podsolierte Böden auf Bänderton	A_1		$7{,}7 \cdot 10^{-4}$ $5{,}6 \cdot 10^{-4}$	$6{,}6 \cdot 10^{-4}$
		A_2		$3 \cdot 10^{-4}$	$3 \cdot 10^{-4}$
		B		$1{,}5 \cdot 10^{-4}$	$1{,}5 \cdot 10^{-4}$
38	Podsolierte Böden auf Geschiebelehm	A_1		$4{,}7 \cdot 10^{-4}$	$4{,}7 \cdot 10^{-4}$
		A_2		$5{,}2 \cdot 10^{-4}$	$5{,}2 \cdot 10^{-4}$
		B		$1{,}5 \cdot 10^{-4}$	$1{,}5 \cdot 10^{-4}$

Graue Waldböden

Das Ergebnis der Untersuchung enthält die Tabelle 11.
Außer den ausgelaugten grauen Waldböden aus dem Tula- und Kasan-Bezirk wurde auch eine graubraune Bodenprobe aus Maikop analysiert. Nach dem mittleren Borgehalt entsprechen diese Waldböden den Podsolen. Dagegen sind die A-Horizonte borhaltiger als die gleichen Horizonte der Podsole. Die Streu im Profil C 1 enthält 1,2 · p10^{4-}% Bor, eine für Gräser ausreichende Menge. Bei Umrechnung auf Rohasche erhöht sich dieser Wert fast um das 10fache. Es ist also anzunehmen, daß das Bor in der Waldstreu angereichert wird; im Illuvial-Horizont dagegen sammelt sich kein Bor an.
Der graubraune Waldboden aus Maikop (Profil Nr. 23) ist reicher an Bor.

Schwarzerde

Die Proben stammen aus dem Woronesch- und Asow-Bezirk. Das Ergebnis der Untersuchungen enthält die Tabelle 12. Schon die ersten Untersuchungen erbrachten in allen Horizonten einen hohen Borgehalt, der bedeutend höher lag als in den bisher beschriebenen Bodentypen.
Besonders der A-Horizont der Schwarzerde aus dem Asow-Gebiet ist stark borhaltig. Das gleiche gilt für die B- und C-Horizonte. Der letztere ist ganz besonders stark borhaltig mit 1,2 · p10^{3-}%. Er enthält auch erheblich größere Mengen an Ca und Cl. Entsprechend dem letzten Gesamtborgehalt dieser Schwarzerden konnten auch größere Mengen von wasserlöslichem Bor nachgewiesen werden.

Kastanienbraune Böden

Die Analysen der dunkel- und hellkastanienbraunen sowohl der versalzten als auch der salzfreien Böden enthält die Tabelle 13. Diese aus den noch weiter südlich liegenden Gebieten der UdSSR stammenden Böden enthalten in der Regel bis zu $1 \cdot 10^{-3}$% Bor. Die Verteilung nach Horizonten ist die gleiche wie bei den Schwarzerden.

1. Es ist bezeichnend, daß die kastanienbraunen Böden noch reicher an Bor sind als die Schwarzerden und daß der Borgehalt um so höher wird, je mehr man sich nach Süden den Halbwüsten nähert.
2. Mit der Zunahme des Borgehalts nimmt die Versalzung zu; der Chlorgehalt steigt von 10^{-3}% auf 10^{-2}% an. Daraus ergibt sich die Frage: Durch welche Ursachen wird der Borgehalt in diesen Böden erhöht? Durch die besondere Natur dieser Böden oder durch besondere geochemische Vorgänge? Wir werden auf die Beantwortung dieser Frage später zurückkommen.

Tabelle 11

Der Borgehalt in den grauen Waldböden

Nr. der Boden-profile	Die Böden	Boden-hori-zont	Tiefe in cm	Borgehalt in % der trock. Böden	Mittl. Borgehalt in %	Be-merkungen
61	*Graue Waldböden*					
	Streu, gemischter Wald	A_0	0—0,2	$1,2 \cdot 10^{-4}$	$1,2 \cdot 10^{-4}$	Mischwald: Eiche, Birke, Linde und Ahorn
	Humus - Akkumulativer (Rasen)-Horizont, graue Farbe, nußartig	$A_1—A_2$	2—22	$9 \cdot 10^{-4}$	$9 \cdot 10^{-4}$	
	Podsolierter Horizont (alluvial), hellgrau, klumpig, lehmig	$A_2—B_1$	22—48	$2 \cdot 10^{-4}$ $1,2 \cdot 10^{-4}$	$1,6 \cdot 10^{-4}$	
	Illuvial, graubraun, nußartige Struktur, lehmig	$B_2—B_3$	48—95	$2,5 \cdot 10^{-4}$	$2,5 \cdot 10^{-4}$	
	Muttergestein: gelber Lehm	C	95—201	$2 \cdot 10^{-4}$	$2 \cdot 10^{-4}$	
1	Ausgelaugter grauer Lehmboden	A_0	0—5 (14)[1]	$4,5 \cdot 10^{-4}$	$2,3 \cdot 10^{-4}$	
		A_1	20—25 (16)	—	—	
		B_1	04—45 (32)	—	—	
	Auf lößartigen Mergel-Lehmen lagernd	B_2	75—80 (24)	—	—	
		C	100—105	—	—	
2	*Ausgelaugte, graue Waldböden*					
	Dunkelgrauer, bröckliger Boden	A_0	0—5 (17)	$5,3 \cdot 10^{-4}$ $8,7 \cdot 10^{-4}$	$7,5 \cdot 10^{-4}$	Eichen-, Linden-, Nuß-, Ahornwald
	wie oben	A_1	20—25 (16)	$5 \cdot 10^{-4}$	$5 \cdot 10^{-4}$	

[1]) Mit diesen Ziffern wird die Mächtigkeit des gesamten Horizonts angegeben.

Fortsetzung von Tabelle 11

Nr. der Boden-profile	Die Böden	Boden-hori-zont	Tiefe in cm	Borgehalt in % in trock. Böden	Mittl. Borgehalt in %	Be-merkungen
	Bräunlichgrauer Boden, aus Klumpen bestehend, wie mit Asche bestreut (nußartige Struktur)	B_1	40–45 (32)	$2 \cdot 10^{-4}$	$2 \cdot 10^{-4}$	
	Dichter, graubrauner Boden, lehmig	B_2	75–80 (35)	$2 \cdot 10^{-4}$	$2 \cdot 10^{-4}$	
	Lehmige, mergelartige Grundmoräne	C	100–105	$2 \cdot 10^{-4}$	$2 \cdot 10^{-4}$	
23	*Graubraune Waldböden*					
	Graubrauner, bröckliger, aus vereinzelten Körnern bestehend, mit Rasen bewachsener Boden	A [1])	0–5 (32)	$8 \cdot 10^{-4}$	$8 \cdot 10^{-4}$	Eichen-, Ahorn-, selten Lindenwald
	Hellbraungrauer lehmiger Boden	B	32–40 (32)	$1{,}6 \cdot 10^{-4}$ $1{,}4 \cdot 10^{-4}$	$1{,}5 \cdot 10^{-4}$	

[1]) Die Analyse ist von S. J. SINJAKOWA durchgeführt.

Tabelle 12

Borgehalt in den Schwarzerden

Nr. der Bodenprofile	Die Böden	Bodenhorizont	Tiefe in cm	Borgehalt in % im trock. Boden	Mittl. Borgehalt in %	Bemerkungen
3	Lehmige, einfache Schwarzerde (jungfräuliche Schonung)					Vegetation: Agrop. cristatum, Stipa ukrain., Festuca sulc., Agrop. repens
	Tiefgründige Schwarzerde, von Maulwürfen durchwühlt, mit Wurzeln durchwachsen, schwarzfarbig	A_1[1])	0—5 (24)	$6{,}5 \cdot 10^{-4}$ $1{,}7 \cdot 10^{-4}$	$1{,}1 \cdot 10^{-4}$	
	dito	A_2	24—32 (28)	$9 \cdot 10^{-4}$	$9 \cdot 10^{-4}$	
	Stark von Maulwürfen durchwühlt	B	80—88 (56)	$6 \cdot 10^{-4}$	$6 \cdot 10^{-4}$	
	Blaßgraue Farbe, vereinzelte Körner $CaCO_3$-haltig, verdichtet	C	128—144 (64)	$4{,}5 \cdot 10^{-4}$	$4{,}5 \cdot 10^{-4}$	
5	Lehmige Schwarzerde (sehr alte Ablagerung)					
	Schwarzfarbig, bröcklige Struktur	A[1])	0—5 (40)	$8{,}4 \cdot 10^{-4}$ $8{,}6 \cdot 10^{-4}$	$8{,}5 \cdot 10^{-4}$	
	Bräunlichgraue Farbe, prismatisch	B	45—50 (44)	$4 \cdot 10^{-4}$	$4 \cdot 10^{-4}$	
	Untergrund	C	100	—	—	
9	Asow-Schwarzerde (tiefgründig)					Vegetation: Artemisia austr., Achillea S., Ferula f., Stipa dess., St. ukrain., St. cap., Salvia nem., Statice tat., St. ser., Medica gofule., Bromus
	Dunkelfarbiger Lehm, braust nicht auf	A_1[1])	0—5 (40)	$1{,}2 \cdot 10^{-3}$ $1{,}1 \cdot 10^{-3}$	$1{,}2 \cdot 10^{-3}$	
	dito, von Maulwürfen durchwühlt	A_2	45—45 (42)	$8{,}5 \cdot 10^{-4}$ $8{,}5 \cdot 10^{-4}$	$8{,}5 \cdot 10^{-4}$	
	Strohgelber, lößartiger Lehm	B	90—95 (41)	$4{,}5 \cdot 10^{-4}$ $3 \cdot 10^{-4}$	$4 \cdot 10^{-4}$	
	Lehmiges (lößartiges) Diluvium	C	130—140	$1{,}2 \cdot 10^{-3}$	$1{,}2 \cdot 10^{-3}$	

[1]) Durch S. J. SINJAKOWA analysiert.

Tabelle 13

Der Borgehalt der kastanienbraunen Böden

Nr. der Boden-profile	Die Böden	Boden-hori-zont	Tiefe in cm	Borgehalt in % im trock. Boden	Mittl. Gehalt an Bor in %	Be-merkungen
10	Kastanienbraune (nicht salzhaltige) Böden auf jungfräulicher Steppe	A	0—5 (35)	$1,1 \cdot 10^{-3}$ $1,2 \cdot 10^{-3}$	$1,1 \cdot 10^{-3}$	—
		B	40—45 (35)	—	—	—
11	Kastanienbraune (salzhaltige) Böden jungfräulicher Steppe	A	0—5	$1,3 \cdot 10^{-3}$	$1,3 \cdot 10^{-3}$	Vegetation: Artemisia marit.; Cochia prostr.
		B	40—45 (32)	—	—	
15	Heller, kastanienbrauner Boden der jungfräul. Steppe (Hang am Sal-Fluß)	A_1	0—5 (17)	$4,4 \cdot 10^{-4}$	$4,4 \cdot 10^{-4}$	Vegetation: Festuca sul., Agrop., repens., Artemisia austriaca
		A_2	30—35 (23)	$1,2 \cdot 10^{-3}$	$1,2 \cdot 10^{-3}$	
	$CaCO_3$ in allen Horizonten	B	60—65 (63)	$1 \cdot 10^{-3}$	$1 \cdot 10^{-3}$	
	Übergang vom lehmigen zum lößartigen Alluvium (?, der Herausg.)	C	110—115 (107)	$3 \cdot 10^{-4}$	$3 \cdot 10^{-4}$	

Betrachten wir nun den Borgehalt der Grauerden, Solonetz und Solontschaks der Kaspischen Steppe.

Grauerden, Solonetz und Solontschak

Die Proben wurden aus Bodenprofilen verschiedenen Versalzungsgrades entnommen. Die Solonetz- und Solontschakproben stammen aus kastanienbraunen Böden und Grauerden der Don- und Prikumje-Gebiete. Diese Solonetz und Solontschaks beider Gebiete enthalten 10^{-3} bis 10^{-2} % Bor. Die ausgelaugten Grauerden sind ebenso stark borhaltig, basenhaltige Grauerden sind noch borhaltiger. Diese Bodenarten haben von allen anderen Böden der russischen Ebene den höchsten Borgehalt. Die Borverteilung in den Horizonten weicht häufig von den anderen Bodenarten ab. In der Regel sind nicht nur die A-Horizonte, sondern auch die B- und C-Horizonte reich an Bor. Grauerden sind in den B- und C-Horizonten gipshaltig. Der Chlorgehalt geht in diesen Böden bis zu 10^{-2} % und darüber.

Den hohen Borgehalt unserer Grauerdenzone hat J. Sinjagin entdeckt.

Ein Borgehalt in den Böden bis zu $2 \cdot 10^{-2}$ % entspricht z. B. den in den Weststaaten der USA liegenden Halbwüsten (Nevada, Morawe) und vielen Bor-Seen dieser abflußlosen Gebiete. Zur Vervollständigung der geochemischen Charakteristik der bekannten Halbwüsten müssen wir neben den Nitrat-Solontschaks das Vorkommen der Borat-Solontschaks feststellen.

Auf Grund unserer Kenntnisse über den erhöhten Borgehalt der Don- und Prikumije-Böden, des Oberflächen- und Grundwassers besonders des Kaspi-Gebietes (vgl. N. S. Kurnakow) ist folgendes anzunehmen:

Alle an der Küste des Schwarzen Meeres und des Kaspi-Sees liegenden Gebiete sind besonders reich an Bor. Diese Gebiete sind als Zwischenglied des Gürtels anzusehen, der von Gibraltar über den Mittelmeer-Einbruch entlang bis zum Stillen Ozean führt. Die Feststellung der Grenzen dieser Zone ist eine Aufgabe der Zukunft. In großen Zügen ist dieser Bereich bereits bekannt. Im westlichen Teil des Gebietes liegen die „Lardorella“, andere italienische Bodentypen vulkanischer Gebiete und die Soffionen[1]), die den höchsten Borgehalt haben. Dasselbe ist auch von den anderen entsprechenden Gebieten Amerikas und Asiens bekannt. Was ist nun die Ursache des hohen Borgehalts der Böden des russischen Südens? Wenn man den Borgehalt der Böden mit anderen Elementen, die die Böden enthalten, vergleicht, so könnte man feststellen, daß nur noch der Chlorgehalt annähernd so hoch ist. Das bezieht sich allerdings nicht auf das Verhältnis B : Cl im Meerwasser. Das Verhältnis B : Cl ist im Ozean $2{,}5 \times 10^{-4}$. Dagegen ist das Verhältnis B : Cl in den Podsol-, kastanienfarbigen Böden und Schwarzerden etwa 0,1, in den grauen und „versalzten“ Böden etwa 0,2. Das zeigt der hohe Borgehalt der Kaspischen Niederung. Das B : Cl-Verhältnis des Kaspischen Meeres ist $6{,}51 \cdot 10^{-4}$. Es ist also borhaltiger als der Ozean.

Es existieren zwei verschiedene Ansichten über die Herkunft und die Ursache des hohen Borgehaltes: Mariner oder vulkanischer Ursprung? Wurden Meeressalze (Typ des Inder-Sees) auf riesigen Flächen überspült und dadurch Chlor und andere leicht lösliche Salze ausgewaschen, oder verdankt der Borgehalt dieser Gebiete seine Herkunft vulkanischer Tätigkeit tertiärer- und quartärer Zeiten im Kaukasusgebirge?[2]) Diese Frage behandeln wir ausführlicher an anderer Stelle dieses Buches. Wir sind geneigt, anzunehmen, daß die Anreicherung des Bors in den obengenannten Gebieten dem Vulkanismus zu verdanken ist; auf alle Fälle ist dieser Ursprung der marinen Herkunft gleichwertig.

Für Grauerden und borreiche Böden ist bezeichnend, daß Bor um so weniger ausgewaschen wird, je höher der Borgehalt ist. Es ist nicht ausgeschlossen, daß in diesen Fällen das Bor nur in Form schwerlöslicher Silikate mit Magnesium oder Kalzium, wie z. B. im Axinit, vorliegt (Tab. 14).

---

[1]) In der Toskanischen Maremma (Anmerk. des Herausgebers).

[2]) Das Bor im Inder-See ist mariner Herkunft. Die Verbreitung und Anreicherung der Böden an Bor durch vulkanische Tätigkeit des Kaukasus ist leicht begreiflich, wenn man an vulkanische Asche als Beimischung der Sedimente des Woronesch-Gebietes denkt.

Tabelle 14

Der Borgehalt der Grauerden, Solonetz und Solontschaks der Kaspischen Steppe

Nr. der Boden-profile	Die Böden	Horizont	Tiefe in cm	Borgehalt in % im trock. Boden	Mittl. Borgehalt in %	Bemerkungen
17	Krusten-Solonetz, jungfräuliche Wermut-Steppe in Senken	A	0—3	$1{,}9 \cdot 10^{-3}$		Vegetation: Comforosma, Artemisia pauciflora
			(3)	$1{,}8 \cdot 10^{-3}$	$1{,}9 \cdot 10^{-3}$	
				$2{,}4 \cdot 10^{-3}$		
			10—13	$2{,}4 \cdot 10^{-3}$	$2{,}4 \cdot 10^{-3}$	
	Dunkelbraun, verdichtet	B	(10)	—	—	
	Bröcklig, $CaSO_4 \cdot 2H_2O$-haltig	C	—	—	—	
18	Solontschak (jungfräuliche Steppe, Schlucht)	A	0—5	$1{,}9 \cdot 10^{-3}$		Die Schlucht wird im Frühling mit Wasser gefüllt und trocknet im Sommer aus. Salzkräuter: Salicornia Herb., Suaeda marit., Salsola Soda
			(24)	$2{,}3 \cdot 10^{-3}$	$2{,}1 \cdot 10^{-3}$	
		B	30—35	$5{,}3 \cdot 10^{-3}$		
			(20)	$6{,}5 \cdot 10^{-3}$	$5{,}9 \cdot 10^{-3}$	
2	Solontschak (Manitsch-Fluß-Marsch)	A	0—5	$8{,}8 \cdot 10^{-3}$	$8{,}8 \cdot 10^{-3}$	Durch Überschwemmung bewässerte Wiese. Salzkräuter: Suaeda marit., Salicornia Herb.
		B	40—45	$8 \cdot 10^{-3}$	$8 \cdot 10^{-3}$	
20	Solonetz-Grauerde der Prikumje-Halbwüste		8—16	$2{,}4 \cdot 10^{-3}$	$2{,}5 \cdot 10^{-3}$	Die Böden sind mit Sandverwehungen bedeckt, etwa 8 cm dick (A_0)
			(16)	$2{,}6 \cdot 10^{-3}$		
	Graufarbener, verdichteter strukturloser Sandboden	A	48—56	$1{,}7 \cdot 10^{-3}$	$1{,}3 \cdot 10^{-3}$	Salzkräuter: Artemisia maritima u. a.
			(40)	$1 \cdot 10^{-3}$		
	Verdichteter dunkelbräunlicher Sandboden	B	88—96	$1 \cdot 10^{-2}$	$1{,}1 \cdot 10^{-3}$	
			(32)	$1{,}2 \cdot 10^{-2}$		
	Beimischung von $CaSO_4 \cdot 2H_2O$	C	(32)	$1{,}2 \cdot 10^{-2}$		
19	Grauerden der Wüste (salzfrei in höheren Lagen)	A_0	0—5	$1{,}4 \cdot 10^{-3}$	$1{,}3 \cdot 10^{-3}$	Boden etwa 2 cm dick durch Sand bedeckt (A_0)
			(63)	$1{,}1 \cdot 10^{-3}$		
	Hellgrauer, strukturloser Sandboden	A_1	65—70	$2{,}2 \cdot 10^{-2}$	$2{,}2 \cdot 10^{-2}$	Weiden
				$2 \cdot 10^{-2}$		
	Gelblicher Sandboden	B		$1{,}6 \cdot 10^{-2}$		
			160—170	$1{,}1 \cdot 10^{-2}$	$1{,}5 \cdot 10^{-2}$	
	Sandiges Diluvium	C	(71)	$1{,}3 \cdot 10^{-2}$		

Roterden

Unsere Analysen stellen ein typisches Bild der Ansammlung von Al_2O_3, Fe_2O_3 usw. in diesen Böden fest. Im Gesamt-Borgehalt und seiner Verteilung sind die Roterden den Podsolen ähnlich. Die Roterden haben sich nur als schwach borhaltig erwiesen. Das entspricht der Regel, daß die Böden magmatischer Herkunft — in diesem Falle Andesite und Basalte — arm an Bor sind. Der A-Horizont der Roterden ist verhältnismäßig reich an Bor. (Tab. 15)

Tabelle 15

Der Borgehalt in den Roterden

Nr. der Bodenprofile	Die Böden	Bodenhorizont	Tiefe in cm	Borgehalt in % des trock. Bodens	Mittl. Borgehalt in %	Bemerkungen
32	Roterde aus dem Batumer Botanischen Garten	A B C	0 40—50 90—100	$6 \cdot 10^{-4}$ $1{,}5 \cdot 10^{-4}$ $1{,}5 \cdot 10^{-4}$	$6 \cdot 10^{-4}$ $1{,}5 \cdot 10^{-4}$ $1{,}5 \cdot 10^{-4}$	Bodenprofil von Kawaleridse Nr. 168
34	Roterde aus dem dichten Rhododendron-Walde (jungfräul.) des Batumer Botanischen Gartens	A B	0 40—50	$2 \cdot 10^{-4}$ $1{,}5 \cdot 10^{-4}$	$2 \cdot 10^{-4}$ $1{,}5 \cdot 10^{-4}$	Bodenprofil von Kawaleridse Nr. 128 Böden auf Basalten (Andesite)

Die Verbindungsformen des Bors in den Böden

Außer der Verteilung des Gesamtbors in den Böden wurde auch die Verteilung des wasserlöslichen Bors und seiner Verbindungen, die im Säureauszug löslich sind, untersucht. Im A-Horizont der von uns analysierten Böden haben S. J. Sinjakowa und S. G. Zeitlin einen Teil des wasserlöslichen Bors bestimmt. (Tab. 17). Hierher gehören auch die Berichte von J. Sinjagin über die Borbestimmung in den Grauerden. (Siehe Tabelle 16 auf S. 36.)

Ferner hat N. M. Sannikowa folgende Bormengen in den Böden festgestellt:

Sand aus Ljuberzy	$1{,}25 \cdot 10^{-4}$%
Mittelpodsolierter Lehm aus Moskau	$1{,}66 \cdot 10^{-4}$%
Schwarzerde aus Grakow	$7{,}75 \cdot 10^{-3}$%
Roterde aus Anaseuli	$1{,}28 \cdot 10^{-3}$%

Die Böden aus Taschkent enthalten nach einigen Analysen 1 bis $3 \cdot 10^{-3}$% Bor.

Tabelle 16

Wasserlösliches Bor in Böden und Gesteinen

Böden		Gesamtgehalt in %	Wasserlösliches Bor in %	Proz. Anteil des Gesamtgehalts
Böden der Vorgebirge				
Vorgebirgs-Grauerde	1. Probe:	$6{,}4 \cdot 10^{-3}$	$3{,}8 \cdot 10^{-4}$	6,0
	2. Probe:	$4{,}5 \cdot 10^{-3}$	—	—
	3. Probe:	$4{,}3 \cdot 10^{-3}$	$4{,}1 \cdot 10^{-4}$	9,5
Hellkastanienbraune Gebirgsböden	1. Probe:	$1{,}7 \cdot 10^{-3}$	—	—
	2. Probe:	$8{,}8 \cdot 10^{-4}$	$1{,}1 \cdot 10^{-4}$	12,5
Böden des Flachlandes				
Sandige Grauerden		$5{,}1 \cdot 10^{-3}$	—	—
auf uralten kaspischen Ablagerungen		$8{,}3 \cdot 10^{-3}$	$4{,}8 \cdot 10^{-4}$	5,8
Grauerde mit Wassereinfluß	1. Probe:	$8{,}1 \cdot 10^{-3}$	$7{,}0 \cdot 10^{-5}$	0,9
	2. Probe:	$5{,}7 \cdot 10^{-3}$	$3{,}9 \cdot 10^{-4}$	6,8
Schwerer, sandiger Wiesenboden		$1{,}6 \cdot 10^{-3}$	$6{,}0 \cdot 10^{-5}$	3,2
Torf-Moorboden		$5{,}9 \cdot 10^{-3}$	$5{,}0 \cdot 10^{-5}$	0,9
Lehmiger Wiesen- und Moorboden		$1{,}1 \cdot 10^{-2}$	$5{,}9 \cdot 10^{-4}$	5,0
Wiesen-Solontschak, Tiefe 0—7 cm		$1{,}6 \cdot 10^{-2}$	$4{,}1 \cdot 10^{-3}$	25,0
„ „ „ 7—20 cm		$1{,}1 \cdot 10^{-2}$	$1{,}5 \cdot 10^{-3}$	13,5
„ „ „ 20—35 cm		$1{,}1 \cdot 10^{-2}$	$7{,}0 \cdot 10^{-4}$	6,3
„ „ „ 35—60 cm		$9{,}4 \cdot 10^{-3}$	$3{,}0 \cdot 10^{-4}$	3,2
„ „ „ 60—78 cm		$9{,}8 \cdot 10^{-3}$	$2{,}0 \cdot 10^{-4}$	2,0
Bodenbildende Gesteine				
Löß in 20 m Tiefe	1. Probe:	$9{,}3 \cdot 10^{-3}$	—	—
	2. Probe:	$2{,}9 \cdot 10^{-3}$	$1{,}1 \cdot 10^{-4}$	3,8
Uralter Alluvial-Lehm		$3{,}8 \cdot 10^{-3}$	$2{,}3 \cdot 10^{-4}$	6,0
Uralter Alluvial-Sand		—	$2{,}8 \cdot 10^{-4}$	—

Der Gehalt an wasserlöslichem Bor wurde bei einer Anzahl der Böden analytisch im W. J. U. A. wie folgt bestimmt:

Roterde aus Tschakwa	$1{,}1 \cdot 10^{-5}\%$
Podsolierter Lehm aus Dolgoprudnaja	$1{,}6 \cdot 10^{-5}\%$
Schwarzerde aus der Kamennaja-Steppe	$2{,}3 \cdot 10^{-5}\%$
Schwarzerde aus der Bijsk-Steppe	$2{,}3 \cdot 10^{-5}\%$
Grauerde aus Alma-Ata	$2{,}5 \cdot 10^{-5}\%$

Diese Analysen ergeben übereinstimmend folgendes:

1. Besonders borreich sind die grauen und kastanienbraunen Böden.
2. Je höher der Gehalt an wasserlöslichem Bor, umso höher ist der Gesamtgehalt an Bor in den Böden.

3. In der Regel ist der A-Horizont (Humushorizont) besonders reich an wasserlöslichem Bor. Am stärksten borhaltig sind die Schwarzerden, am wenigsten borhaltig sind die ausgelaugten Böden der Tundra, Podsole und die grauen Waldböden.

Der Gehalt an wasserlöslichem Bor beträgt 1 bis 25% des Gesamtborgehalts. Durchschnittlich ist sein Gehalt $1 \cdot 10^{-4}$% oder 8% des Gesamtgehalts.

Die Tabellen 17 und 18 zeigen die durch das Wasser erfolgte Auswaschung des Bors aus den Böden der UdSSR und anderer Länder. Durchschnittlich werden etwa 10^{-5}% ausgewaschen. In den borreichen Gebieten ist der Gehalt an wasserlöslichem Bor selbstverständlich auch hoch, wobei sich die oberen Bodenhorizonte besonders reich an wasserlöslichem Bor erweisen.

Whetston stellte z. B. folgenden Borgehalt in den Bodenprofilen fest:

Tiefe in cm:	Bor in %:
0– 24	$5{,}8 \cdot 10^{-4}$
24– 25	$1{,}4 \cdot 10^{-4}$
48– 84	$0{,}4 \cdot 10^{-4}$
84–102	$2{,}4 \cdot 10^{-4}$
102–108	$1{,}1 \cdot 10^{-4}$
108–120	$1{,}6 \cdot 10^{-4}$
120–140	$0{,}7 \cdot 10^{-4}$

Der Gehalt an wasser- und säurelöslichem Bor ist durch die Reaktion der Lösung beeinflußt. Die sauren Böden haben den geringsten Gehalt an wasserlöslichem Bor. Dagegen sind kolloidale Böden besonders reich an Bor. Whetston und seine Mitarbeiter haben den säurelöslichen Teil des Bors in den Böden sorgfältig erforscht. Sie weisen den Parallelismus zwischen säurelöslichem Bor mit dem Verhältnis von SiO_2: Sequioxyden nach.

Im allgemeinen bewährt sich die Regel auch in unseren Böden. Wenn das wasserlösliche Bor etwa 10% beträgt, so kommen oft 50—90% des säurelöslichen Bors auf den Gesamtgehalt. Hierfür ein Beispiel:

Bodentyp	Gesamter Borgehalt	Säure-lösliches Bor	Proz.-Anteil des Gesamtgehalts
Podsole	$2{,}1 \cdot 10^{-3}$	$3{,}3 \cdot 10^{-4}$	15,7
Dunkelbraune Böden	$1{,}1 \cdot 10^{-3}$	$7{,}9 \cdot 10^{-4}$	71,0
Roterden und gelbe Podsole	$2{,}3 \cdot 10^{-3}$	$7{,}2 \cdot 10^{-4}$	31,0
Roterden der Wüste	$1{,}1 \cdot 10^{-3}$	$1{,}0 \cdot 10^{-3}$	91,0
Graubraune Böden	$4{,}3 \cdot 10^{-3}$	$2{,}2 \cdot 10^{-3}$	51,0
Schwarzerden und kastanienbraune Böden	$3{,}5 \cdot 10^{-3}$	$2{,}3 \cdot 10^{-3}$	65,0

Tabelle 17

Wasserlösliches Bor in den Böden der UdSSR

Profil Nr.	Die Böden	Gesamtgehalt an Bor in %	Wasserlösliches Bor in % des Bodens	Wasserlösliches Bor in % des Gesamtgehalts
43	Torf-Gley-Boden	nur Spuren	nicht vorhanden	
44	Podsolierter Humus-Illuvial-Boden	nur Spuren	nicht vorhanden	
38	Podsol	$4,7 \cdot 10^{-4}$	$1,9 \cdot 10^{-5}$	4,0
37	„	$7,7 \cdot 10^{-4}$	$1,95 \cdot 10^{-5}$	2,5
35	Mittl. Podsol	$2,1 \cdot 10^{-4}$	$4,1 \cdot 10^{-5}$	19,5
1	Ausgelaugter grauer Waldboden	$4,5 \cdot 10^{-4}$	$3,3 \cdot 10^{-5}$	7,3
2	dito, lehmig	$7,7 \cdot 10^{-4}$	$3,4 \cdot 10^{-5}$	4,4
5	Lehmige Schwarzerde	$8,5 \cdot 10^{-4}$	$8,7 \cdot 10^{-5}$	10,2
3	dito, (einfache)	$1,1 \cdot 10^{-3}$	$7,5 \cdot 10^{-5}$	6,8
9	Asow-Schwarzerde	$1,2 \cdot 10^{-3}$	$3,2 \cdot 10^{-5}$	2,6
15	Hellkastanienbraun	$4,4 \cdot 10^{-4}$	$3,9 \cdot 10^{-5}$	8,9
11	Kastanienbraun, salzhaltig	$1,3 \cdot 10^{-3}$	$1,1 \cdot 10^{-4}$	8,5
10	dito, nicht salzhaltig	$1,1 \cdot 10^{-3}$	$1,1 \cdot 10^{-4}$	10,0
19	Grauerde, Horizont A	$1,3 \cdot 10^{-3}$	$4,8 \cdot 10^{-5}$	3,8
	„ „ B	$2,2 \cdot 10^{-2}$	$2,0 \cdot 10^{-4}$	0,9
	„ „ C	$1,5 \cdot 10^{-2}$	$1,1 \cdot 10^{-3}$	0,7
20	Solonetz-Grauerde,			
	Horizont A	—	$8,9 \cdot 10^{-5}$	—
	„ B	—	$4,6 \cdot 10^{-4}$	—
	„ C	—	$5,3 \cdot 10^{-4}$	—
17	Krusten-Solonetz			
	Horizont A	—	$2,7 \cdot 10^{-4}$	—
	„ B	—	$3,2 \cdot 10^{-4}$	—
18	Solontschak, Horizont A	—	$2,3 \cdot 10^{-4}$	—
	„ „ B	—	$6,0 \cdot 10^{-4}$	—
12	Solontschak, Horizont A	—	$1,8 \cdot 10^{-3}$	—
	(aus d. Manitsch) B	—	$9,5 \cdot 10^{-4}$	—

Tabelle 18

Wasserlösliches Bor in den Böden der Welt

Die Böden und Zahl der Bestimmungen (in Klammern)	Grenzen des Borgehalts in %	Mittlerer Gehalt des wasserlöslichen Bors in %	Verfasser
UdSSR			
Verschiedene Böden (8) . .	$1 \cdot 10^{-5}$—$1{,}8 \cdot 10^{-4}$	$2 \cdot 15^{-6}$	E. W. BEBKE u. MATWEJEWA, 1936—1937
USA			
Süd-Kalifornien (10) . . .	$2 \cdot 10^{-6}$— $1 \cdot 10^{-6}$	$7 \cdot 10^{-4}$	
„ „ (3) . . .	$3{,}0 \cdot 10^{-5}$—$2{,}1 \cdot 10^{-3}$	—	
West-Virginia (43) . . .	$2{,}3 \cdot 10^{-5}$— $2 \cdot 10^{-4}$	$3{,}8 \cdot 10^{-5}$	
Oregon (229)	$5 \cdot 10^{-5}$—$7{,}5 \cdot 10^{-5}$	$6 \cdot 10^{-5}$	
Kalifornien und andere Gebiete (34)	$5 \cdot 10^{-5}$—$1{,}4 \cdot 10^{-3}$	$1{,}5 \cdot 10^{-5}$	
Verschiedene Staaten (10)	$2 \cdot 10^{-6}$—$2{,}3 \cdot 10^{-5}$	—	
Kalifornien (11)	$3 \cdot 10^{-5}$— $1 \cdot 10^{-3}$	$1{,}7 \cdot 10^{-4}$	
Großbritannien			
Kanada, Ontario	$1 \cdot 10^{-6}$—$6{,}3 \cdot 10^{-4}$	—	
„ „	$4 \cdot 10^{-6}$—$5{,}65 \cdot 10^{-4}$	—	
Brit.-Kolumbien (9) . . .	$4 \cdot 10^{-4}$—$3{,}7 \cdot 10^{-5}$	$1{,}9 \cdot 10^{-5}$	
	$9 \cdot 10^{-6}$—$3{,}3 \cdot 10^{-5}$		
Deutschland			
Verschiedene Böden (7) .	$6 \cdot 10^{-6}$—$3{,}7 \cdot 10^{-4}$	$2{,}7 \cdot 10^{-4}$	
Italien			
Verschiedene Böden (100)	$6 \cdot 10^{-6}$—$1{,}9 \cdot 10^{-4}$	—	
Borhaltige Gebiete (10) .	$2{,}5 \cdot 10^{-4}$—$1{,}6 \cdot 10^{-3}$	—	
Indien			
Bengalen (26)	$4 \cdot 10^{-5}$— $2 \cdot 10^{-4}$	$9 \cdot 10^{-5}$	

Ein nicht säurelöslicher Teil des Bors in den stark borhaltigen Böden besteht vermutlich in Form der Verbindung mit Ca und Mg, wie z. B. im Axinit, im Turmalin und im Datolit in den lehmigen und ähnlichen Böden. Auch das Gitter der Silikate enthält vermutlich in Säuren unlösliches Bor. GOLDSCHMIDT weist auf eine Neubildung der Bormineralien, z. B. von Turmalin, in den Sedimentgesteinen hin. Turmalin wurde im übrigen auch in den anderen Böden entdeckt, z. B. in den Grauerden. Die Fixierung des Bors aus den Lösungen erfolgt durch Sorption, wobei die Kationen und die organischen Substanzen der Lösungen nur schwach einwirken. Eine Ausnahme bildet lediglich Kalzium, das die Fixierung, besonders bei hohem p_H, des Bors durch die Böden verstärkt. Die Rolle der Organismen und der organischen Substanz bei der Borfixierung in den Böden ist auch noch nicht ausreichend geklärt. In Lösung liegt Bor als Meta-Borsäure vor.

Zusammenfassung

Auf der Erde kommen zwei Typen borhaltiger Gebiete vor, und zwar Gebiete mit einem gewöhnlichen Borgehalt, es sind uralte Flachlandböden. Zu dem anderen Typ gehören die Gebiete mit recentem Vulkanismus. Es sind mehrere solcher borreichen Gebiete zu nennen: Die großen Wüsten der USA, in den Staaten Kalifornien, Nevada, Oregon mit ihren Sümpfen und austrocknenden Seen, die Wüste Mohave. Das alles sind Gebiete der Grau- und Roterden. Dazu gehören auch in der südamerikanischen Geosynklinale der Kordilleren die Wüsten Atacama und Tarapaka sowie auch die borhaltigen Gebiete Italiens (Toskana), Indiens, Irans, der Türkei und die Aralo-Kaspische Senke. Das Bor dieser Gebiete ist auf verschiedene Weise auf benachbarte Gebiete übertragen worden. Als Beweis dafür dient nebenstehende schematische Darstellung von LUCHETTI über die Verschleppung des Bors aus dem „Lardorella"-Boden (Abb. 1). Schon im Bereich des ersten Kilometers sinkt der Borgehalt stark ab. In einer Entfernung von 1 km beträgt der Gehalt an wasserlöslichem Bor nur noch 1/10 des Gesamtgehalts. Der $CaCO_3$-Gehalt der Böden an acht verschiedenen Stellen im Bereich des 1. Kilometers beträgt 28,87 % und sinkt bei weiterer Entfernung bis auf 17,5 %. Daraus ist die Abhängigkeit des wasserlöslichen Bors vom $CaCO_3$-Gehalt klar zu ersehen. In der russischen Ebene sind zwei verschiedene Gebiete zu verzeichnen, und zwar Böden mit einem normalen oder niedrigen und solche mit einem hohen Borgehalt. Besonders borreiche Böden liegen im Süden des Landes; es handelt sich sowohl um die basengesättigten, kastanienbraunen Böden und Grauerden, als auch um die Solonetz und Solontschaks der Kaspischen Steppe und Halbwüsten, vermutlich auch um die Böden zwischen Aral-See und dem Kaspischen Meer. Diese Böden sind den südkalifornischen im San Joaquintal und allgemein den Wüstenböden der Weststaaten der USA verwandt. Der Borgehalt erreicht hier 10^{-2} % Bor. Denselben

Borgehalt weisen auch die gleichen Böden der USA auf. Die übrigen Böden der russischen Ebene: Tundra, Podsole und graue Waldböden enthalten meistens nur etwa 10^{-4}% Bor. Die B- und C-Horizonte der Tundra und der basengesättigten südlichen Böden sind als am borhaltigsten zu bezeichnen, während es bei den anderen Bodentypen immer der A-Horizont ist. Soweit wir an zwei Roterde-Proben beurteilen konnten, sind diese Böden nur schwach borhaltig. Der Borgehalt der Böden in den tropischen Regengebieten ist noch nicht untersucht. Normalerweise müßte er in diesen Gebieten durch Wasser restlos ausgewaschen

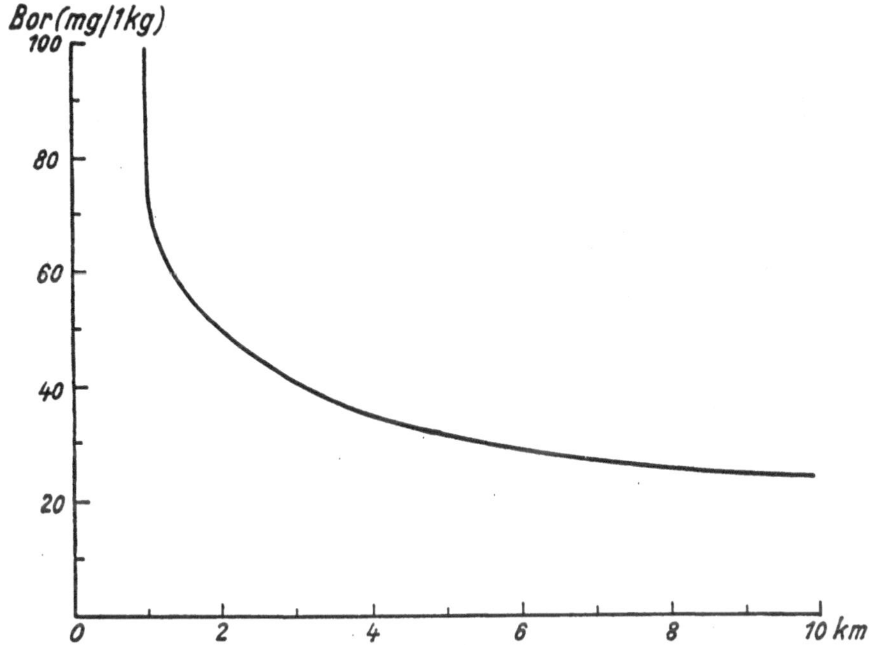

Abb. 1. Der Borgehalt der Lardorella-Böden in verschiedener Entfernung von den Soffioni

werden. Die auf massiven Gesteinen gebildeten Böden, abgesehen von den Turmalin- und Datolit-haltigen Gesteinen, sind immer schwach borhaltig. Dagegen sind die auf verwitterten Massenkalk- und Schiefergesteinen — insbesondere auf marinen Tonen — lagernden Böden in der Regel reich an Bor. Was die Borverteilung in den Horizonten anbetrifft, so ist im allgemeinen der A-Horizont unserer Böden borhaltiger als die tiefer liegenden Horizonte; eine Ausnahme bilden die basengesättigten Böden, besonders die Solonetz und Solontschaks der Kaspischen Steppe, bei denen auch die tiefer liegenden Horizonte reich an Bor sind. Der Borgehalt unserer Böden kann mit dem der anderen Länder verglichen werden.

Tabelle 19

Gesamt-Borgehalt der Böden verschiedener Länder

Die Böden und Zahl der Bestimmungen (in Klammern)	Grenzen des Gesamt-Borgehalts in %	Mittlerer Borgehalt in %	Grenze des wasserlöslichen Borgehaltes in %	Mittlerer Gehalt an wasserlösl. Bor in %	Verfasser
UdSSR					
Böden der russ. Ebene (42)	$5 \cdot 10^{-5}$—$1,2 \cdot 10^{-3}$	$5 \cdot 10^{-3}$	—	—	WINOGRADOW, 1946
A-Horizont (15)	$1,8 \cdot 10^{-4}$—$1,6 \cdot 10^{-3}$	$7,5 \cdot 10^{-4}$	$2 \cdot 10^{-5}$—$1,1 \cdot 10^{-4}$	$4,4 \cdot 10^{-5}$	SINJAKOWA, 1939
Gesättigte Böden des Südens (12)	$1,2 \cdot 10^{-3}$—$2,2 \cdot 10^{-2}$	$7,3 \cdot 10^{-3}$	$4,9 \cdot 10^{-5}$—$1,8 \cdot 10^{-3}$	$5,4 \cdot 10^{-4}$	ZEITLIN, 1939
Böden der Grauerden-Zone (16)	$1,7 \cdot 10^{-3}$—$1,6 \cdot 10^{-2}$	$7,2 \cdot 10^{-3}$	$5 \cdot 10^{-5}$—$4,1 \cdot 10^{-3}$	$6,6 \cdot 10^{-4}$	SINJAGIN, 1946
USA					
Wisconsin (3)	$2 \cdot 10^{-4}$—$2,8 \cdot 10^{-3}$	$1,7 \cdot 10^{-3}$	$4,3 \cdot 10^{-5}$— $5 \cdot 10^{-5}$	$4,5 \cdot 10^{-5}$	RERGER u. TRUOG, 1939
Illinois u. Georgia (20)	$5 \cdot 10^{-4}$—$5,2 \cdot 10^{-3}$	$3,6 \cdot 10^{-3}$	$1 \cdot 10^{-6}$—$1,2 \cdot 10^{-4}$	$4,4 \cdot 10^{-5}$	DE TURK u. OLSON, 1941
Verschiedene Staaten (118)	$4 \cdot 10^{-4}$—$8,8 \cdot 10^{-3}$	$3 \cdot 10^{-3}$	$3 \cdot 10^{-5}$—$1,3 \cdot 10^{-3}$	$1,5 \cdot 10^{-4}$	WHETSTON, ROBINSON u. BYERS, 1942
Verschiedene Staaten (6)	$2,8 \cdot 10^{-3}$—$3,9 \cdot 10^{-3}$	$3,5 \cdot 10^{-3}$	$2 \cdot 10^{-5}$—$1,5 \cdot 10^{-4}$	$5 \cdot 10^{-5}$	MC. HARGUE u. HODKISS, 1942
Florida (132)	$1 \cdot 10^{-3}$— $1 \cdot 10^{-3}$ [1])	—	—	—	ROGERS, GALL, GADDUM u. BARNETTE, 1939
Kalifornien (10)	$3,9 \cdot 10^{-4}$—$2,3 \cdot 10^{-3}$	$1 \cdot 10^{-3}$	$9,8 \cdot 10^{-5}$—$1,8 \cdot 10^{-3}$	$4,7 \cdot 10^{-4}$	EATON u. WILCOX, 1939
Mississippi	—	—	—	$2 \cdot 10^{-4}$	COLEMAN, 1945
Verschiedene Staaten	$2 \cdot 10^{-6}$—$2,3 \cdot 10^{-5}$	—	—	—	CARRIGAN u. ROGERS
Hawaii	$4 \cdot 10^{-4}$—$5,6 \cdot 10^{-3}$	—	$4 \cdot 10^{-5}$—$3,2 \cdot 10^{-4}$	—	TANADA u. DEAN, 1942
Hawaii	$1 \cdot 10^{-3}$— $6 \cdot 10^{-3}$	—	$2 \cdot 10^{-5}$—$2,6 \cdot 10^{-4}$	—	DEAN, 1941

[1]) Spektral und orientierend.

Fortsetzung von Tabelle 19

Die Böden und Zahl der Bestimmungen (in Klammern)	Grenzen des Gesamt-Borgehalts in %	Mittlerer Borgehalt in %	Grenze des wasserlöslichen Borgehaltes in %	Mittlerer Gehalt an wasserlösl. Bor in %	Verfasser
Südamerika					
Chile	—	—	—	—	URZUA, 1939
Frankreich					
Aus verschied. Gebieten (13)	$7 \cdot 10^{-4}$— $3 \cdot 10^{-3}$	$1{,}6 \cdot 10^{-3}$	—	—	BERTRAND u. SILBERSTEIN, 1939
Deutschland					
Verschiedene Böden (13)	$1{,}7 \cdot 10^{-4}$— $3 \cdot 10^{-3}$	$8 \cdot 10^{-4}$	—	—	GOLDSCHMIDT u. PETERS, 1932
Schweiz					
Verschiedene Böden (31)	$3{,}5 \cdot 10^{-4}$—$1{,}5 \cdot 10^{-3}$	$8{,}4 \cdot 10^{-4}$	$5 \cdot 10^{-6}$—$4{,}5 \cdot 10^{-5}$	$1{,}7 \cdot 10^{-5}$	HASLER, 1942
Polen					
Verschiedene Böden (35)	$1 \cdot 10^{-5}$—$1{,}4 \cdot 10^{-3}$	$3{,}6 \cdot 10^{-4}$	—	—	TERLIKOWSKI u. NOWICKI, 1932
Verschiedene Böden	$2{,}3 \cdot 10^{-4}$—$3{,}3 \cdot 10^{-3}$	—	—	—	MUSIEROWICZ u. RUT, 1948
Tschechoslowakei					
Nimburk-Böden (85)	$8 \cdot 10^{-4}$—$7{,}5 \cdot 10^{-3}$	—	$2 \cdot 10^{-5}$—$4{,}5 \cdot 10^{-4}$	—	KOPPOVÁ u. DUCHOU

Es ist bekannt, daß der mittlere Borgehalt aller Böden $3 \cdot 10^{-4}\%$ höher ist als der mittlere Borgehalt der Erde. Der Borgehalt der russischen Böden (die Horizonte mit einbegriffen) ist im Mittel $6 \cdot 10^{-4}\%$ und einschließlich der Böden des Südens etwa $5 \cdot 10^{-3}\%$. Der Borgehalt der Böden Mittel- und Nordeuropas ist im Vergleich zu den Böden der USA geringer. Die Tabelle 18 enthält hauptsächlich die Angaben über die in den Zentral- und Weststaaten der USA liegenden borhaltigen Böden. WHETSTON klassifiziert die Böden der Atlantik-Staaten (von Maine bis Florida, insbesondere die Gebiete von Michigan, Wisconsin und Minnesota, wie auch die Küstengebiete von Texas) als Podsole (auf Granit als Muttergestein). Sie sind ärmer an Bor als die Böden der Weststaaten. Demnach sind sie den Böden der russischen Ebene und Westeuropas verwandt. Es ist anzunehmen, daß der mittlere Borgehalt aller Böden auf Grund von etwa 500 Analysen durchschnittlich 1 bis $2 \cdot 10^{-3}\%$ beträgt. Wie uns schon bekannt ist, beträgt das wasserlösliche Bor etwa 10% des gesamten Borgehalts. In den mit Bor angereicherten Gebieten steigt der Gehalt an wasserlöslichem Bor bis auf 80%. Ein hoher Borgehalt des Irrigationswassers ruft Erkrankungen der Vegetation hervor. Der Mangel an wasserlöslichem Bor dagegen verursacht eigenartige Mangelerscheinungen. Es ist noch darauf hinzuweisen, daß die Zuführung eines Teiles des Bors durch die Atmosphäre erfolgt. Diese Erscheinung ist besonders in der Nähe des Meeres zu beobachten, so z.B. in Holland, wo nach EDELMANN die jährliche Anreicherung an Bor durch die Atmosphäre etwa 25 g je ha beträgt.

2. Die Halogene

a) Fluor

Die sauren Gesteine, Granite, Gneise, enthalten etwa 0,03% Fluor.[1]) CaF_2 ist hauptsächlich als Bestandteil der Glimmerschiefer und Hornblenden anzusehen. Die Urgesteine enthalten weniger Fluor. Apatit ist das einzige Mineral, durch das Fluor in den Basalten, Gabbros und Nephelin-Syeniten konzentriert wird. Das Fluorverhältnis ist hier: F : P = 1 : 10, in der Erdkruste dagegen = 0,3 : 1. Bei der Gesteinsverwitterung gehen die obengenannten Mineralien und außerdem noch Kryolith, Turmalin und andere fluorhaltige Mineralien in die Böden über. Auf Grund der Anwesenheit von Fluormineralien versuchten einige Forscher, sich einen Begriff über den Fluorgehalt der verschiedenen Böden zu verschaffen. Besonders reichliche Mengen an Fluor werden den Böden durch Apatit und durch Phosphorite zugeführt, indem der Fluor-Apatit dispergiert und ferner dadurch,

[1]) WASSERSTEIN bestimmte einen höheren F-Gehalt, etwa 0,08%, in den Dokembrie-Graniten, LINDENGREN dagegen einen höheren Borgehalt in den Urgesteinen. Bor- und Fluorvorkommen sind im Vulkanismus mit einander verbunden. Ferner ist auf das Vorkommen von BF_3 hinzuweisen.

daß CO_2, Cl, H_2O im Laufe der Zeit durch das aus den Grundgewässern und aus der Luft stammende Fluor ausgetauscht werden. Dadurch sind gerade Phosphorite wichtige Fluor-Fixierungs- und Absorptionsfaktoren, die in dem geochemischen Fluor-Kreislauf eine bedeutende Rolle spielen.[1])

Als eine bedeutende Quelle des Fluors in der Biosphäre sind saure vulkanische Gase zu betrachten, weil diese große Mengen von HF enthalten. Deshalb sind die Böden der Gebiete früherer oder gegenwärtiger vulkanischer Tätigkeit (Vesuv, Katmai, Hekla u. a.) stark fluorhaltig. Die Bewohner und die Tierwelt dieser Gebiete erkranken nach Vulkanausbrüchen an Fluorose. Die HF dieser Gase werden an Phosphorite gebunden. Die HF-Gase werden durch den Regen teilweise dem Boden zugeführt. M. C. INTIRE stellte in Tennessee fest, daß die jährliche Fluorzunahme durch Regenfälle durchschnittlich 2 g auf 100 qm beträgt. Schon vor langer Zeit wurde Fluor im Boden entdeckt; eine systematische Erforschung jedoch wurde erst nach der Entdeckung der kolorimetrischen Bestimmungsmethode vor 10 bis 15 Jahren begonnen.

Fluor in den Böden der UdSSR

Wie die Tabelle 20 zeigt, schwankt der Fluorgehalt in den Böden der UdSSR zwischen 0,003 und 0,032 %, der Durchschnitt liegt also bei etwa 0,02 %. Hauptsächlich ist die Fluoransammlung im Untergrund zu verzeichnen. Stark fluorhaltig ist der A-Horizont einiger Bodenarten, was vermutlich auf Vorliegen fluorhaltiger Mineralien zurückzuführen ist. Der Fluorgehalt der sandigen Böden ist schwächer als der der lehmigen Böden. ROBINSON und EDGINGTON stellten auch einen erhöhten Fluorgehalt der Untergrundböden der USA fest.

Die Tabelle 21 gibt den Fluorgehalt der Böden verschiedener Länder wieder. Auf Grund der 250 durchgeführten Analysen ist als mittlerer Fluorgehalt der Böden etwa 0,02 % anzusehen, er ist also etwas niedriger als der mittlere Fluorgehalt der Lithosphäre (0,027 %). Daraus ist zu schließen, daß nach Zerstörung der fluorhaltigen Gesteine und Mineralien Fluor den Böden entzogen wird. Dieser Entzug überwiegt die atmosphärische Fluorzufuhr. Die Fluorauswaschung erfolgt durch alkalisches Wasser.

Auch Böden mit hohem Fluorgehalt sind bekannt. Es sind die Gebiete der früheren und gegenwärtigen vulkanischen Tätigkeit und der Fluorapatit-Anreicherung. Solche an Fluor-Apatit reichen Gebiete liegen in Nordafrika, in den USA und in der Sowjetunion auf der Kola-Halbinsel. Diese Gebiete haben über 0,06 % Fluor. Auch das Grundwasser ist stark fluorhaltig, worauf die Erkrankungen der

[1]) Zwischen $Ca_3(PO_4)_2$ und CaF_2 findet ein Austausch unter Bildung von Fluorapatit bei p_H 1 bis 3 statt.

Tabelle 20

Fluorgehalt der UdSSR-Böden in %

Profil-Nr.	Die Böden	Bodenhorizont in cm	Fluorgehalt in %
	Tundra-Böden		
42	Gebirgs-Tundra	0—25	0,015
		25—45	0,011
		45—65	0,012
44	Humus-Illuvial-Podsol	0—3	0,003
		3—6	0,015
		6—25	0,015
43	Torf-Gley	0—15	0,027
		15—25	0,013
		25—50	0,011
	Podsolierte Böden		
35	Lehmiger Mittel-Podsol	0—10	0,021
		35—45	0,015
		55—65	0,017
37	Podsole auf Bänderton	A_1	0,021
		A_2	0,017
		B	0,015
38	Podsole auf Geschiebelehm	A_1	0,029
		A_2	0,025
		B	0,028
	Waldböden		
2	Ausgelaugte, lehmige Grauerden	0—5	0,032
		20—25	0,013
		40—45	0,018
		75—80	0,015
			0,018
			0,015
23	Graubraune Waldböden	0—5	0,021
		32—40	0,013

Fortsetzung von Tabelle 20

Profil-Nr.	Die Böden	Bodenhorizont in cm	Fluorgehalt in %
	Schwarzerden		
3	Lehmige, einfache	0—5	0,020
		24—32	0,017
		80—88	0,015
5	Lehmige	0—5	0,024
		45—50	0,013
		100	0,013
9	Asow-(tiefgründige)Schwarzerden . . .	0—5	0,022
		40—45	0,018
		90—95	0,021
		130—140	0.020
	Kastanienbraune Böden und Grauerden		
15	Hellbraune	0—5	0,032
		30—35	0,011
		60—65	0,010
		110—115	0,012
19	Grauerden der Wüste	0—5	0,029
		65—70	0,015
		160—170	0,017
	Roterden		
32	im Botanischen Garten von Batum . .	0	0,014
		40—50	0,012
		90—100	0,011
34	Rhododendron-Waldboden	0	0,007
		40—50	0,015

Tabelle 21

Fluorgehalt der Böden verschiedener Länder

Land	Anzahl der Analysen	Fluorgehalt Min.—Max.	Mittlerer Fluorgehalt	Verfasser
UdSSR . . .	46	0,003 —0,032%	0,020%	WINOGRADOW und DANILOWA, 1947
USA	16	0,01 —0,15%	0,025%	STEINKOENIG, 1919
	16	0,008 —0,034%	0,015%	Mc. INTIRE, 1942
	137	0,001 —0,707%	0,029%	ROBINSON und EDGINGTON, 1946
Neu-Seeland .	23	0,0068—0,054%	0,02 %	GEMMEL, 1946

Bevölkerung an Fluorose[1]), deren Endemie bei über 0,05% Fluorgehalt beginnt, mit $5 \cdot 10^{-5}$% im Trinkwasser zurückzuführen sind. Der Mangel an Fluor im Wasser ist andererseits die Ursache anderer Krankheiten, z. B. der Zahn-Caries. Die Chemie des Fluors in den Böden ist noch nicht erforscht. Offensichtlich sind die löslichen Teile des Fluors sehr gering. Fluor ist in der Hauptsache im Apatit und Glimmer zu finden, also größtenteils in den feinen Fraktionen des Bodens. Nach ROBINSON und EDGINGTON enthielten sechs verschiedene Bodenproben, durchschnittlich mit 25% Ton, 0,027%, dagegen der Kolloid-Ton 0,062% Fluor.

b) Brom

Wie wir bereits erwähnten, sind die vulkanischen Gase die Hauptquellen von Chlor, Brom, Fluor, Jod und vielen anderen chemischen Elementen der obersten Erdrinde. Die kristallinen Gesteine der Erdkruste enthalten nur wenige dieser Elemente, das Verhältnis Cl : Br ist 270.

Welches sind nun die Ursachen, die das normale Verhältnis Cl : Br stören?

1. Störung durch verschiedene Löslichkeit der Brom- und Chlorsalze.
2. Unterschiedliche Sorption von Kalzium und Brom durch Gesteine und Boden.
3. Verdünnung und Übersättigung der Lösungen von Chlor und Brom.
4. Die Ausscheidung der Meeressalze (Salzbildung).

Im Sinne der Trennung des Chlors vom Brom ist letztere besonders wirkungsvoll. Nach dem Ausfällen des Na Cl in der Salzlauge der Seen erfolgt die Konzentrierung des Broms. Das Verhältnis von Cl : Br in den Salzsedimenten ist größer als 10000 : 1, in den Salzlaugen dagegen nur 30 : 1. Mit der Salzlauge ist auch die Bildung des Chloride und Bromide haltigen Grundwassers verknüpft. Ein anderer gegensätzlicher Prozeß ist die Übersättigung durch Na Cl des bromfreien Stein-

[1]) Es sind Pflanzen bekannt, die Fluor aufnehmen und ansammeln, wie z. B. Teesträucher. Dichapetalum cymosum enthält das giftige Kalisalz der Monofluor-Essigsäure.

salzes. In diesem Falle ist das Verhältnis Cl : Br auch höher als 10000. Starke Unterschiede in der Löslichkeit der Brom- und Chlorsalze gibt es in der Natur nicht. Deshalb ist die Löslichkeit auf das Verhältnis Cl : Br ohne Einfluß.

Wir kommen jetzt auf die Sorption, auf die selektive Aufnahme von Chlor oder Brom durch das Gestein zu sprechen. Trotz der nahen chemischen Verwandtschaft zwischen Chlor und Brom im Vergleich zu Brom und Jod und auch trotz ihrer gemeinsamen geochemischen Herkunft, ist uns ein Prozeß bekannt, der diese Elemente trennt und das Verhältnis Cl : Br verändert. Es ist das die Brom-Sorption durch die organische Substanz in Schlämmen, Böden und insbesondere im Torf. Dabei wird Chlor nicht angereichert im Gegensatz zu Brom, wodurch das Verhältnis Cl : Br vermindert wird. Die Eigenschaften des Broms ähneln in diesem Fall den Eigenschaften des Jods. Die humusreichen Böden sind um mehr als das Zehnfache jodhaltiger als die Gesteine selbst, auf denen sich die Böden gebildet haben. Vermutlich sorbiert der Torf Brom und Jod gar nicht, sondern es werden wirkliche Verbindungen gebildet, wie z. B. mit Phenol.

Solche Brombindungen sind nicht wasserlöslich und daher von den Pflanzen nicht aufnehmbar. Schließt man alle obengenannten Prozesse aus, so ist das Verhältnis Cl : Br in den natürlichen Gewässern, äolischen Sedimenten, Gesteinen, Pflanzen und Tieren = 300, d. h. also normal.[1])

Die Bromverteilung in den Böden wurde bis jetzt noch nicht gründlich erforscht. L. S. Seliwanow hat als erster die Geochemie des Broms systematisch erforscht. Er stellte die Störung des Verhältnisses Cl : Br durch organische Substanzen fest. Seine Forschungen wurden von uns fortgesetzt, wodurch zuverlässiges Material auf diesem Gebiet gewonnen wurde.

Die biochemische Rolle des Broms ist noch nicht erschöpfend genug erforscht. Abgesehen von der Tatsache, daß Brom durch Wasserorganismen, wie z. B. Wasserpflanzen, Schwämme, Hohltiere u. a., aufgenommen wird, haben wir dazu noch folgendes festgestellt: Die jetzt im Süßwasser lebende Alge „Cladophora Sauteri" (eine von den vielen Arten, welche in den Seen von Sabolei, Werest, Wassiliew u. a. beheimatet sind), nimmt Brom auf. Es liegt die Vermutung nahe, daß Cladophora Sauteri diese Eigenschaft aus der Zeit beibehalten hat, in der sie durch die Gletscher aus dem Meer in das Süßwasser verschleppt worden ist.

Brom in den Böden der UdSSR

Tundra-Böden (Tabelle 22). In den drei Bodenprofilen entspricht der Bromgehalt dem des Jods. Der Brom- und Jodgehalt ist dem Gehalt der organischen Substanz dieser Böden proportional. Grundsätzlich ist der A-Horizont am stärksten brom- und jodhaltig, mit Ausnahme der Fälle, wo der A-Horizont sandig ist (wie z. B.

[1]) Wohlbemerkt, Brom wird von den Meeres-Organismen konzentriert.

Tabelle 22
Brom- und Jodgehalt der Tundra-Böden

Nr. der Boden-profile	Die Böden	Boden-hori-zont	Brom in % im trock. Boden	Jod in % im trock. Boden	Verhältnis Br : J	C
44	Podsolierter Humus-Illuvial-Boden	A_0	$4,4 \cdot 10^{-4}$ (4,71)	$3,4 \cdot 10^{-4}$	1,3	38,0
		A_2 (Sand)	$6,6 \cdot 10^{-5}$	$2,0 \cdot 10^{-5}$	3,3	2,0
		B	$4,3 \cdot 10^{-3}$	$4,2 \cdot 10^{-3}$	1,0	11,5
		C	$2 \cdot 10^{-3}$	$2 \cdot 10^{-3}$	1,0	2,5
43	Torf-Gley-Boden	A_1	$2 \cdot 10^{-3}$	$1,76 \cdot 10^{-3}$	1,2	24,8
		B	$2,4 \cdot 10^{-4}$	$7,5 \cdot 10^{-4}$	0,3	6,06
42	Gebirgs-Tundra-Boden	A_0	$1,78 \cdot 10^{-3}$	$1,27 \cdot 10^{-3}$	1,4	17,8
		B	$2,9 \cdot 10^{-4}$	$1,8 \cdot 10^{-4}$	1,5	5,48
		C	$2,2 \cdot 10^{-3}$	$3 \cdot 10^{-4}$	0,7	2,50

im Profil Nr.44). Hier ist der Brom- und Jodgehalt stark abgeschwächt. Daraus ist zu ersehen, daß Brom genau wie Jod im Gegensatz zu Chlor durch die organische Substanz in den Böden konzentriert, genauer ausgedrückt — fixiert — wird. Vermutlich werden dabei nicht auswaschbare Verbindungen gebildet. Hier wird der gemeinsame geochemische Weg des Broms und Chlors getrennt, Brom geht mit Jod zusammen weiter; das Verhältnis Br : J ist 1, anstatt Br : J etwa 10 in den Gesteinen. Dagegen wird das Verhältnis Cl : Br kleiner.

Podsolierte Böden (Tabelle 23), die wenig organische Substanz enthalten, sind auch dementsprechend schwach brom- und jodhaltig. Das Verhältnis Br : J ist hier dem der Tundra gleich. Das Verhältnis Cl : Br im A-Horizont, wo die Fixierung des Broms durch die organische Substanz erfolgt, ist annähernd 1; in den tieferen Horizonten steigt das Verhältnis bis zu 180, d. h., es gleicht hier annähernd dem Verhältnis in den Gesteinen.

Graue Waldböden (Tabelle 24) und auch Podsole sind arm an Brom, lediglich der A-Horizont ist etwas bromhaltiger. Erst in den tieferliegenden Horizonten steigt das Verhältnis Cl : Br. Eine genaue Brombestimmung ist bei einem Gehalt von 10^{-5}% sehr schwierig.

Schwarzerden (Tabelle 25). Der Brom- und Jodgehalt in den Schwarzerden ist ziemlich hoch, lediglich im Untergrund sinkt er bis zu 10^{-5}% ab. Das Verhältnis Cl : Br nimmt in den tieferen Horizonten zu.

Kastanienbraune Böden und Grauerden (Tabelle 26). In den kastanienbraunen Böden ist der Gehalt an Jod und Brom annähernd so hoch wie in den Schwarzerden.

Tabelle 23

Chlor-, Brom- und Jodgehalt der podsolierten Böden aus Karelien, Krasnojarsk und der Mongolischen Republik

Nr. der Bodenprofile	Die Böden	Bodenhorizont	Brom in % des trock. Bodens	Jod in % des trock. Bodens	Chlor in % des trock. Bodens	Verhältnis		C
						Cl : Br	Br : J	
	Podsolierte Böden							
37	Podsole auf Bänderton	A_2	$2{,}48 \cdot 10^{-4}$	$3{,}6 \cdot 10^{-4}$	$4 \cdot 10^{-3}$	17,0	0,7	0,13
		B	$4{,}4 \cdot 10^{-5}$	$1{,}1 \cdot 10^{-4}$	$7 \cdot 10^{-3}$	160,0	4	0,1
38	Podsole auf Geschiebelehm	A_2	$1{,}56 \cdot 10^{-4}$	$3{,}5 \cdot 10^{-4}$	$6 \cdot 10^{-3}$	38,0	0,5	0,07
		B	$2{,}7 \cdot 10^{-5}$	$1{,}9 \cdot 10^{-4}$	$4{,}8 \cdot 10^{-3}$	180	0,13	0,0
35	Mittl. Podsol	A	—	$3{,}2 \cdot 10^{-4}$	$2 \cdot 10^{-3}$	18	—	—
		B	$1 \cdot 10^{-4}$	$1{,}3 \cdot 10^{-4}$	$1{,}8 \cdot 10^{-3}$	25	—	—
		C	$7{,}6 \cdot 10^{-5}$	—	$1{,}9 \cdot 10^{-3}$	50	—	—
			$3{,}1 \cdot 10^{-5}$	—	$1{,}5 \cdot 10^{-3}$	—	—	—
46	Sandiger Podsol	A_1	$2{,}9 \cdot 10^{-4}$	$4{,}7 \cdot 10^{-4}$	—	—	0,6	—
		B	$2{,}1 \cdot 10^{-4}$	$1{,}8 \cdot 10^{-4}$	—	—	1,1	—
		C	$1 \cdot 10^{-4}$	$5{,}6 \cdot 10^{-5}$	—	—	2,0	—
			$9 \cdot 10^{-5}$	$2{,}2 \cdot 10^{-4}$	—	—	0,4	—

Tabelle 24

Chlor-, Brom- und Jodgehalt der grauen Waldböden

Nr. der Boden-profile	Die Böden	Boden-horizont	Brom in % des trock. Bodens	Jod in % des trock. Bodens	Chlor in % des trock. Bodens	Verhältnis		C
						Cl : Br	Br : J	
61	Grauer Waldboden	A_0	$3 \cdot 10^{-4}$	$4{,}5 \cdot 10^{-4}$	—	—	0,7	—
		$A_1—A_2$	$1{,}5 \cdot 10^{-4}$	$1{,}4 \cdot 10^{-4}$	—	—	1,0	—
		A_2+B_1	$6{,}6 \cdot 10^{-5}$	$2{,}9 \cdot 10^{-4}$	—	—	0,23	—
		B_2+B_3	$1{,}2 \cdot 10^{-4}$	$3{,}4 \cdot 10^{-5}$	—	—	4	—
		BC_1+C_2	$4{,}4 \cdot 10^{-5}$	$1{,}7 \cdot 10^{-4}$	—	—	0,26	—
2	Grauer Waldboden	A	$5{,}69 \cdot 10^{-4}$	$6{,}7 \cdot 10^{-4}$	$3{,}5 \cdot 10^{-3}$	6,0	0,85	3,73
		A_1	$6{,}6 \cdot 10^{-5}$	$4{,}2 \cdot 10^{-4}$	$3 \cdot 10^{-3}$	46	0,16	1,0
		B	$6 \cdot 10^{-5}$	$2 \cdot 10^{-4}$	$3 \cdot 10^{-3}$	50	0,30	0,39
		C	$(4{,}4 \cdot 10^{-5})$	$1{,}2 \cdot 10^{-4}$	$1{,}8 \cdot 10^{-3}$	(40)	0,37	0,03
			$(3{,}3 \cdot 10^{-5})$	$6{,}7 \cdot 10^{-5}$	$2 \cdot 10^{-3}$	(60)	0,5	0,0

Tabelle 25

Chlor-, Brom- und Jodgehalt der Schwarzerden

Nr. der Boden-profile	Die Böden	Boden-horizont	Brom in % im trock. Boden	Jod in % im trock. Boden	Chlor in % im trock. Boden	Verhältnis		C
						Cl : Br	Br : J	
3	Einfache, lehmige Schwarzerde	A_1	$9{,}10 \cdot 10^{-4}$	$6{,}3 \cdot 10^{-4}$	$4{,}5 \cdot 10^{-3}$	5	1,5	6,3
		A_1	$4{,}4 \cdot 10^{-4}$	$6{,}8 \cdot 10^{-4}$	$3 \cdot 10^{-3}$	7	0,6	4,15
		B	$6{,}7 \cdot 10^{-4}$	$2{,}2 \cdot 10^{-4}$	—	—	3,0	1,82
		A	$7{,}0 \cdot 10^{-4}$	$5{,}5 \cdot 10^{-4}$	$4{,}5 \cdot 10^{-3}$	6,3	1,2	3,69
5	Sandige Schwarzerde	B	$3{,}5 \cdot 10^{-4}$	$4{,}3 \cdot 10^{-4}$	$3{,}5 \cdot 10^{-3}$	10	0,8	1,49
9	Asow-Schwarzerde	A	$1{,}95 \cdot 10^{-4}$	$3{,}5 \cdot 10^{-4}$	$2{,}5 \cdot 10^{-3}$	12,5	0,58	3,27
		B	$8 \cdot 10^{-4}$	$7{,}3 \cdot 10^{-4}$	$2{,}5 \cdot 10^{-3}$	3,0	1,1	1,18
		C	$9 \cdot 10^{-5}$	$4{,}5 \cdot 10^{-4}$	$9{,}0 \cdot 10^{-3}$	22	0,2	0,21

Tabelle 26

Chlor-, Brom- und Jodgehalt der kastanienbraunen-, Grau- und Roterden

Nr. der Boden-profile	Die Böden	Boden-horizont	Brom- in % im trock. Boden	Jod in % im trock. Boden	Chlor in % im trock. Boden	Verhältnis		C
						Cl : Br	Br : J	
	Kastanienbraune- und Grau-Erden							
15	Hell-kastanienbraune . . .	A	$1 \cdot 10^{-4}$	$6{,}2 \cdot 10^{-4}$	$2{,}5 \cdot 10^{-3}$	25	0,15	1,81
		B	$1{,}5 \cdot 10^{-4}$	$9{,}8 \cdot 10^{-4}$	$9 \cdot 10^{-2}$	670	0,15	0,0
		C	$6{,}2 \cdot 10^{-4}$	$3{,}5 \cdot 10^{-4}$	$3 \cdot 10^{-3}$	5	1,8	0,0
			$8 \cdot 10^{-5}$	$1{,}8 \cdot 10^{-4}$	$2{,}2 \cdot 10^{-2}$	275	0,45	0,0
19	Grauerden der Wüste . .	A	$9{,}8 \cdot 10^{-5}$	$1{,}3 \cdot 10^{-4}$	$3{,}5 \cdot 10^{-3}$	35,7	0,7	0,32
		B	$4{,}3 \cdot 10^{-5}$	$3{,}8 \cdot 10^{-4}$	$3{,}7 \cdot 10^{-2}$	860	0,11	0,03
	Roterden							
32	Roterden	A	$7{,}0 \cdot 10^{-4}$	$6{,}4 \cdot 10^{-4}$	$3{,}5 \cdot 10^{-3}$	5,0	1,1	1,54
		C	$4{,}7 \cdot 10^{-4}$	$1{,}2 \cdot 10^{-3}$	$5 \cdot 10^{-3}$	100	0,4	0,0
34	Roterden unter Rhododendron-Wald . .	A	$2{,}5 \cdot 10^{-3}$	$1{,}18 \cdot 10^{-3}$	$1 \cdot 10^{-2}$	4,0	2,4	10,8
		B	$4{,}8 \cdot 10^{-4}$	$7{,}2 \cdot 10^{-4}$	$5{,}5 \cdot 10^{-3}$	12,0	0,7	0,0

Die Grauerden dagegen sind arm an Brom und Jod. Das Verhältnis Br : J ist gleich 1. Wie die kastanienbraunen Böden sind auch die Grauerden basengesättigt, insbesondere die tieferliegenden Horizonte. Das Verhältnis Cl : Br steigt hier bis auf 800, ein Beweis für den hohen Natriumchloridgehalt in den Solonetz- und besonders in den Solontschakböden. Hier steigt der Bromgehalt an; das erfolgt jedoch nicht auf Kosten der organischen Substanz, sondern durch Steigerung des Salzgehaltes, wodurch das Verhältnis Cl : Br 1000 erreicht.
Roterden (Tabelle 26). Je mehr organische Substanz diese Böden enthalten, um so jod- und bromhaltiger sind sie.

Tabelle 27

Chlor-, Brom- und Jodgehalt der Solontschak und anderer Böden

Nr. der Boden-profile	Bodentyp	Hori-zont	Brom im trock. Boden	Jod im trock. Boden	Cl	C
23	Graubrauner Waldboden	A	—	$3{,}5 \cdot 10^{-4}$	$2 \cdot 10^{-3}$	1,46
14	Dkl.-kastanienbrauner	A	$1{,}92 \cdot 10^{-4}$		—	—
13	Solontschak der Manytsch-Marsch. . . .	A	$4{,}06 \cdot 10^{-3}$	—	—	—
20	Solonetzartige Grauerde	A	$4{,}42 \cdot 10^{-4}$	—	—	—
16	Säulenartiger Solonetz .	A	$1{,}03 \cdot 10^{-4}$	—	—	—
17	Krusten-Solonetz	A	$9{,}54 \cdot 10^{-4}$	—	—	—
18	Solontschak.	A	$1{,}42 \cdot 10^{-3}$	—	—	—
24	Datolit-Schicht (Byk-Berg).	—	—	$8 \cdot 10^{-5}$	—	—
31	Durch Mangangehalt schwarzgefärbte Erde bei Tschiatury . . .	—	—	$5{,}5 \cdot 10^{-4}$	—	—

Die Bromanreicherung durch die organische Substanz

Wie aus den Analysen zu ersehen ist, haben die Humushorizonte den höchsten Bromgehalt. Was den Chlorgehalt anbetrifft, so ist zu sagen, daß sämtliche Profile — also unabhängig von der organischen Substanz — mehr oder weniger chlorhaltig sind. Daher wird das Verhältnis Cl : Br in den oberen Horizonten stark verändert und fällt von 300 auf 15—20. Damit ist ein weiterer Prozeß der Verzweigung in der geochemischen Genesis von Chlor und Brom in der Störung des Br : J-Verhältnisses durch die Boden-Dynamik erkannt. Das Verhältnis Cl : Br in den Böden müssen wir mit 20 und das Verhältnis Br : J mit 1 und darunter bezeichnen. Die Natur der Bromverbindungen im Humus ist noch nicht erforscht. Diese Gesetzmäßigkeit ist in Torfböden und im Torf selbst noch stärker ausgeprägt. Moorboden und Torf enthalten bis zu $6 \cdot 10^{-3}$% Brom. Wir führen in der Tabelle 28 einige Angaben aus den Untersuchungen von L. S. SELIWANOW an.

Tabelle 28

Brom- und Chlorgehalt der Torfe in %

Herkunft	Tiefe	Aschengehalt %	Organische Substanz %	Brom 10^{-3}%	Chlor %	Verhältnis der organ. Substanz zu 1000 · Br
Bahnstation Sokolowskaja (Nordbahn)						
Niederungs-Moor	1,5 m	5,75	—	7,17	0,020	13,1
,,	Oberfläche	18,94	38,60	3,79	0,032	21,4
,,	0,75 m	9,85	45,41	1,90	—	48,1
,,	1,40 m	7,54	48,05	2,32	0,043	39,8
Kup-Sola, Marijska-Republik						
Hochmoor	0,20—0,25 m	13,51	42,30	5,65	—	15,3
,,	0,70—0,75 m	22,42	39,05	3,63	—	21,4
Koschla-Sola, Marijska-Republik						
Niederungstorf	3—6 cm	18,40	38,97	4,74	—	17,2
,,	27—30 cm	31,70	32,87	2,18	—	31,4
Nowgorod-Moorversuchsanstalt	Oberfläche	10,84	—	1,49	0,026	59,2
Moorversuchsstation in Minsk	—	16,91	—	2,12	0,014	39,8
,, ,, ,,	—	11,17	—	2,56	—	34,4
Dnjepr-Moorversuchsanstalt	—	14,03	—	1,27	0,028	67,7
Orjechowo-Sujewo aus dem Moskauer Gebiet	—	13,20	—	1,56	0,036	55,6

Infolge der Brombindung und Chlorauswaschung verkleinert sich das Verhältnis Cl : Br im Torf und im Torfmoor. „Torfbrom“ kann weder ausgewaschen noch ausgepreßt werden (wie auch Jod). Aus diesem Grund sind nasse nordische Humusböden und von Regen durchtränkte tropische Humusböden sehr reich an Brom und Jod, wie die Tabelle 29 zeigt. Bromsalze werden im Torf sorbiert. Bei der Alterung des Torfes vermindert sich auch sein Bromgehalt. Wie gelangt überhaupt Brom in den Torf? Wir greifen etwas vor und stellen folgendes fest: Jod wird im Boden entweder durch unmittelbare Bindung aus der Atmosphäre oder durch Pflanzen, die Jod einatmen, angereichert. Als Quelle des Broms könnte man den Laubfall und äolische Sedimente, die in der Hauptsache durch den Regen niedergeschlagen werden, ansehen. L. S. Seliwanow hat Brom, Chlor und Jod im Laub und in den Nadeln sowie in den gemischten Waldabfällen, in der Waldstreu und in den mineralischen Horizonten der Böden bestimmt. In den Tabellen 30 und 31 sind diese Bestimmungen zusammengefaßt.

Die Waldstreu hat sich als besonders bromhaltig erwiesen. Wäre die Bromanreicherung nur durch die Atmosphäre bedingt, so könnte die festgestellte Bromanreicherung in einer verhältnismäßig kurzen Zeit — in wenigen Jahren — erfolgen. Es ist aber anzunehmen, daß das Brom dem Humus aus den pflanzlichen Rückständen, in denen es chemisch gebunden ist, zugeführt wird. Der Bromgehalt in diesen Pflanzenresten ist zehnmal so hoch als in der Pflanze selbst. So enthält z. B. der Zellsaft von „Cladophora Sauteri“ nur $1 \cdot 10^{-4}\%$ an leicht löslichem Brom, hingegen die Reste einer ausgepreßten Pflanze etwa $6 \cdot 10^{-2}\%$. Vermutlich existieren zwei Quellen für Brom: Der Laubfall und die äolischen Sedimente. Leider ist es zur Zeit nicht möglich, die genaue Größe der Anreicherung durch diese beiden Quellen anzugeben. Es steht jedoch einwandfrei die Bindung des Broms im Torf und Humus fest, und damit eine in diesen erfolgte Verzweigung des Schicksals von Brom und Chlor, deren Herkunft jedoch die gleiche ist.

Zusammenfassung

Die Verbreitung des Broms in den verschiedenen Horizonten ist wie folgt zu beurteilen:

Infolge der Sorption von Brom in Torf verkleinert sich das Verhältnis Chlor zu Brom von 300 auf 10, das von Brom zu Jod von 10 auf 1, selbst auf 0,1. In den tiefer liegenden Horizonten erhöhen sich diese Verhältniszahlen, um im Muttergestein wieder normal zu werden. Wie auch beim Jod entspricht die Bromanreicherung dem Gehalt des Bodens an organischer Substanz. Aus diesen Gründen ist auch eine gewisse Gleichheit im Brom- und Jodgehalt der Böden festzustellen. Bromhaltige Torfböden sind auch reich an Jod. Der mittlere Bromgehalt beträgt hier $10^{-3}\%$, liegt also etwas höher als in normalen Böden.

Tabelle 29

Chlor-, Brom- und Jod-Gehalt der Torfe in %

Nr. der Boden-profile	Ort der Probeentnahme	Böden	Tiefe in cm	Orga-nische Substanz	Cl	Br	J
106	Ufer des Maloje-Medweschje-Sees . .	Rasenboden	Oberfläche	44,99	$5,1 \cdot 10^{-2}$	$1,15 \cdot 10^{-3}$	—
107	,, ,, ,, ,, ,, . . .	leicht vererdeter Torf	20—22	46,49	$6,5 \cdot 10^{-2}$	$1,32 \cdot 10^{-3}$	—
108	,, ,, ,, ,, ,, . . .	leicht vererdeter Torf	55—60	50,77	$2,5 \cdot 10^{-2}$	$3,21 \cdot 10^{-3}$	—
151	Ufer des Orlowo-Sees	Rasenboden	Oberfläche	46,14	$2,7 \cdot 10^{-2}$	$5,64 \cdot 10^{4}$	$1,32 \cdot 10^{-4}$
152	,, ,, ,, ,, ...	leicht vererdeter Torf	30	42,72	$1,9 \cdot 10^{-2}$	$1,89 \cdot 10^{-3}$	$5,07 \cdot 10^{-4}$
153	,, ,, ,, ,, ...	stark vererdeter Torf	55—60	45,96	$2,4 \cdot 10^{-2}$	$2,74 \cdot 10^{-4}$	$3,38 \cdot 10^{-4}$
23	Torflager der Sokolowskaja-Station, Nordbahn	zersetzter Torf	Oberfläche	38,60	$3,2 \cdot 10^{-2}$	$3,79 \cdot 10^{-3}$	—
24	dito	,, ,,	75	45,41	—	$1,90 \cdot 10^{-3}$	—
25	dito	,, ,,	140	48,05	$4,3 \cdot 10^{-2}$	$2,32 \cdot 10^{-3}$	—
—	Kup-Sola, Marijska-Republik	,, ,,	20—25	42,30	—	$5,65 \cdot 10^{-3}$	—
—	,, ,, ,, ,, ...	,, ,,	70—75	39,05	—	$3,63 \cdot 10^{-3}$	—
172	Torflager d. Chrapunowo-Station . .	,, ,,	5	45,82	$1,7 \cdot 10^{-2}$	$9,49 \cdot 10^{-4}$	—
173	,, ,, ,, ,,	,, ,,	45	53,90	$1,3 \cdot 10^{-2}$	$8,68 \cdot 10^{-4}$	—
174	,, ,, ,, ,,	,, ,,	100	54,34	$1,7 \cdot 10^{-2}$	$1,08 \cdot 10^{-3}$	—
175	,, ,, ,, ,,	,, ,,	155	57,34	$1,5 \cdot 10^{-2}$	$4,95 \cdot 10^{-4}$	—

Tabelle 30

Brom-Gehalt der Torflagerstätten in %

Ort der Probeentnahme	Torfarten	Tiefe in cm	Br
Vertorftes Ufer des Medweschije-Sees	Rasensonde im Torfmoor	Oberfläche	$1{,}15 \cdot 10^{-3}$
Vertorftes Ufer des kleinen Medweschije-Sees . .	Schwach zersetzter Torf	20—22	$1{,}38 \cdot 10^{-3}$
,, ,, ,, ,, ,, ,, . .	,, ,, ,,	55—60	$3{,}21 \cdot 10^{-3}$
Niederungsmoor bei Sokolowskaja-Station (Nordbahn)	Stark zersetzter Torf mit Beimischung von Wasserpflanzen-Resten	Oberfläche	$3{,}79 \cdot 10^{-3}$
,, ,, ,, ,, ,,	Stark zersetzter Torf mit Beimischung von Wasserpflanzen-Resten	75	$1{,}90 \cdot 10^{-3}$
,, ,, ,, ,, ,,	Stark zersetzter Torf mit Beimischung von Wasserpflanzen-Resten	140	$2{,}32 \cdot 10^{-3}$
Hochmoor bei Kup-Sola (Marijska-Republik) . .	Stark zersetzter Torf mit Laubbeimischung	20—25	$5{,}65 \cdot 10^{-3}$
,, ,, ,, ,, ,, ,, . . .	,, ,, ,, ,,	70—75	$3{,}63 \cdot 10^{-3}$

Tabelle 31

Chlor-, Brom- und Jodgehalt des Holzes und Laubes (% der Trockensubstanz)

Nr. der Probe	Ort der Probeentnahme	Probearten	Organische Substanz	Cl	Br	J
—	Bolschewo (Nordbahn)	Tanne, Holzfaser	—	—	$1{,}95 \cdot 10^{-4}$	—
—	,, ,, ...	Tanne, Nadeln	—	—	$2{,}95 \cdot 10^{-4}$	—
—	,, ,, ...	Kiefer, Holzfaser	—	—	$1{,}84 \cdot 10^{-4}$	—
—	,, ,, ...	Kiefer, Nadeln	—	—	$2{,}39 \cdot 10^{-4}$	—
—	,, ,, ...	gemischte Probe der Nadelbäume	—	—	$2{,}19 \cdot 10^{-4}$	—
135	Sokolowskaja (Nordbahn) . .	Laub des Mischwaldes	48,93	$4{,}6 \cdot 10^{-2}$	$2{,}44 \cdot 10^{-4}$	—
136	,, ,, . .	Waldstreu	46,73	$3{,}3 \cdot 10^{-2}$	$9{,}39 \cdot 10^{-4}$	—
137	,, ,, . .	Oberster mineral. Bodenhorizont	3,53	$1{,}2 \cdot 10^{-2}$	$2{,}10 \cdot 10^{-4}$	—
164	Bolschewo (Nordbahn)	Laubstreu des Mischwaldes	47,83	$1{,}6 \cdot 10^{-2}$	$3{,}26 \cdot 10^{-4}$	$2{,}57 \cdot 10^{-4}$
165	,, ,, ...	Waldstreu	44,38	$1{,}6 \cdot 10^{-2}$	$7{,}42 \cdot 10^{-4}$	$4{,}44 \cdot 10^{-4}$
166	,, ,, ...	Oberster mineral. Bodenhorizont	22,20	$1{,}6 \cdot 10^{-2}$	$7{,}59 \cdot 10^{-4}$	$2{,}89 \cdot 10^{-4}$
157	Waldpark in Mytische	Laub des Mischwaldes	48,94	$0{,}7 \cdot 10^{-2}$	$5{,}00 \cdot 10^{-4}$	—
158	,, ,, ,, ...	Humushorizont	49,69	$0{,}6 \cdot 10^{-2}$	$5{,}02 \cdot 10^{-4}$	—
159	,, ,, ,, ...	Bröckliger, mürber Torf	43,73	$0{,}1 \cdot 10^{-2}$	$1{,}24 \cdot 10^{-3}$	—
160	,, ,, ,, ...	Verdichteter, abgelagerter Torf	40,87	$0{,}1 \cdot 10^{-2}$	$1{,}03 \cdot 10^{-3}$	—
—	Marijska-Republik	Birke, Holzfaser	—	—	$3{,}14 \cdot 10^{-4}$	—
—	,, ,, ...	Birke, Laub	—	—	$3{,}54 \cdot 10^{-4}$	—
—	Bolschewo	Espe, Holzfaser	—	—	$9{,}70 \cdot 10^{-5}$	—
—	,, ...	Espe, Laub	—	—	$2{,}08 \cdot 10^{-4}$	—
—	,, ...	Gemischte Probe der Laubbäume	—	—	$2{,}43 \cdot 10^{-4}$	—
138	,, ...	Laubstreu des Mischwaldes	—	—	$3{,}16 \cdot 10^{-4}$	—
144	Perwuschin-Werke (Mosk. Gebiet)	Laubstreu des Jahres 1950	50,43	$3{,}0 \cdot 10^{-2}$	$1{,}68 \cdot 10^{-4}$	$8{,}1 \cdot 10^{-5}$
145	,, ,, ,, ,,	1. Horizont der Streu	47,86	$2{,}2 \cdot 10^{-2}$	$3{,}33 \cdot 10^{-4}$	$6{,}9 \cdot 10^{-5}$
146	,, ,, ,, ,,	2. Horizont der Streu	27,51	$2{,}7 \cdot 10^{-2}$	$4{,}88 \cdot 10^{-4}$	$2{,}20 \cdot 10^{-4}$
147	,, ,, ,, ,,	Oberster mineral. Bodenhorizont	9,54	$1{,}2 \cdot 10^{-2}$	$3{,}25 \cdot 10^{-4}$	$1{,}76 \cdot 10^{-4}$
154	Dorf Marijno (Mosk. Gebiet) .	Schwach verweste Laubstreu	47,81	$2{,}2 \cdot 10^{-2}$	$2{,}40 \cdot 10^{-4}$	—
155	,, ,, ,, ,, .	Waldstreu	38,48	$1{,}6 \cdot 10^{-2}$	$3{,}05 \cdot 10^{-4}$	—
156	,, ,, ,, ,, .	Oberster mineral. Bodenhorizont	11,77	$1{,}3 \cdot 10^{-2}$	$3{,}34 \cdot 10^{-4}$	—

Die Natur der chemischen Bindung des Broms im Torf und im Humus ist unbekannt. Es ist nicht auswaschbar; es liegt vermutlich in Form von Metallbromiden vor. Das Grundwasser enthält $1 \cdot 10^{-6}$% Brom; es ist anzunehmen, daß die Bodenlösungen ebensoviel oder etwas weniger Brom enthalten. Moorwasser enthält weniger Brom, nämlich nur 10^{-7}%. Auch beim Brom ist als Quelle das Laub anzusehen; nicht ausgeschlossen ist ferner, daß das Brom unmittelbar durch äolische Sedimente dem Boden zugeführt wird.

c) Jod

Die Massengesteine enthalten gewöhnlich nur wenig Jod, wie aus der Tabelle 32 zu ersehen ist.

Tabelle 32

Jodgehalt der Massengesteine in γ je kg

Gestein	Jod im unverwitterten Gestein	Jod im verwitterten Gestein	Jod in Gesteinsböden
Basalt	539	1345	2693
Gneis	380	1320	—
Quarzit	496	1345	8344
Schiefer	407	2693	16150
Kalkstein	430	540	1970
Geschiebesand	970	—	1570
Dolomit	1000	—	2200

Der aus den Gesteinen infolge der Verwitterung gebildete Zersatz ist stark, die darauf gebildeten Böden sind noch stärker jodhaltig. Die Anreicherung des Jods in den Böden und Schlämmen im Vergleich zum Muttergestein ist eine kennzeichnende geochemische Eigenschaft des Jods in der Biosphäre. Die Herkunft des Jods haben wir bereits besprochen. Wir beschränken uns hier nur auf die wichtigsten Momente. Als Hauptquelle des Jods im Boden sind die Atmosphäre und auch die Gase des Vulkanismus anzusehen.[1]) Der Vesuv exhaltiert Jodwasserstoff. CHATIN entdeckte den Jodgehalt der Luft und erkannte richtig die Jodverteilung in den Böden. Die Ozeane sind als riesige Jodbehälter anzusehen, die das Jod wieder an die Atmosphäre der Kontinente abgeben. Ein Kubikmeter ozeanischer Luft enthält über 10 γ Jod. In der Atmosphäre wiederholt das Jod das Schicksal der Luftmassen und ihrer Feuchtigkeit (? Der Herausgeber).
Durch die Verdunstung über dem Ozean wird der Wasserdampf den Kontinenten zugeführt und verliert hier seine Salze und das Jod. Die kontinentale Luft

[1]) Die Versalzung der Böden in Meeresnähe wird hier nicht betrachtet. Infolge ihrer Versalzung wird der Bromgehalt erhöht, dagegen bleibt das Verhältnis Cl : Br normal.

enthält nur 0,5 γ Jod in 1 m^3. Deshalb sind Windrichtungen, Nähe des Meeres und die Höhe der Niederschläge so wichtig für den Jodgehalt eines Gebietes. Ein Liter Regenwasser enthält über den Kontinenten etwa 1 bis 2 γ Jod. Analysen haben ergeben, daß 1 qm jährlich folgende Jodmengen durch das Regenwasser zugeführt erhält:

Schweiz	900–2400 γ	nach FELLENBERG
USA Nord-Atlantikküste, nahe der Großen Seen	1550–2300 γ	„ JAEKSON
USA	3000–5000 γ	„ LINCOLN
Holland	1500–2300 γ	„ HEYMANN
Deutschland	2100 γ	„ v. WRANGEL
Deutschland	1200–3650 γ	„ GRIESSBACH

Es werden also den Böden jährlich zwischen 9 bis 50 g Jod je ha durch die Niederschläge zugeführt, im Mittel schätzungsweise 10 g je ha.

Dazu kommt das Jod, das die Pflanzen aus der Atmosphäre mit der Assimilationsluft direkt aufnehmen.[1]) Die Fixierung und Anreicherung des Jods durch die Böden hängt von den Eigenschaften des Bodens ab.

Ein Gesamtbild über die Verteilung des Jods in den Böden der Welt könnte man erhalten, wenn man die Häufigkeit des endemischen Kropfes in den verschiedenen Ländern statistisch verfolgen würde. Es steht einwandfrei fest, daß bei Jodmangel in der Ernährung von Mensch und Tier die Erkrankung der Schilddrüse die Folge ist, weil für die Bildung der Schilddrüsenhormone das Jod unentbehrlich ist. Meistens wird der endemische Kropf mit dem Jodgehalt des Trinkwassers in Verbindung gebracht. Jedoch ist das Fehlen von Jod im Trinkwasser nicht als die unmittelbare Ursache der Endemie anzusehen. Süßwasser enthält 1 γ Jod im Liter; der Mensch benötigt etwa 120 γ Jod innerhalb von 24 Stunden. Der Jodgehalt der Flüsse, Seen und des Grundwassers ist kennzeichnend auch für den Jodgehalt der anliegenden Böden. Er weist auf das Vorhandensein des leicht durch Pflanzen aufnehmbaren Jods hin. Ist der Jodgehalt der Gewässer und Bodenlösungen gering, so ist er auch in den Pflanzen gering und folglich auch in der pflanzlichen Nahrung. Die klimatischen Bodenbedingungen erweisen sich damit als besonders wichtig. Der endemische Kropf tritt vorwiegend in Gebirgsgebieten, aber auch in Ebenen, in denen podsolierte Böden vorherrschen, auf. Hier liegen die Herde der Endemie. In Schwarzerdegebieten dagegen gibt es keinen endemischen Kropf. In den USA sind solche Erkrankungsherde in der Nähe der Großen Seen in podsolierten Böden auf Graniten nachgewiesen. Diese Vorgebirgsböden enthalten etwa $9 \cdot 10^{-4}\%$ Jod. Benachbarte Gebiete, wie z. B. die Atlantik-Küste in Süd-Karolina, enthalten etwa $3{,}7 \cdot 10^{-4}\%$. Holländische Böden der nordwestlichen Küstengebiete sind stark, die südöstlichen dagegen schwach jodhaltig. Ähnliches wird auch in Australien, Neuseeland und anderen

[1]) Nach W. GAUS und R. GRIESSBACH 515 g/ha (Anmerk. des Herausgebers).

Ländern beobachtet. Die Ursache der Endemie in Gebirgsgebieten ist an die vertikale Verbreitung der podsolierten oder ähnlichen Böden geknüpft. Solche Böden werden durch das Regenwasser ausgewaschen, wodurch das Jod in die Flüsse fortgeführt wird. Die Endemie hängt also von dem Gehalt des leichtlöslichen Jods der Böden ab. (Tabelle 33).

Tabelle 33

Jodgehalt der Böden in Beziehung zur Verbreitung des endemischen Kropfes (nach Herkules)

Böden in Neuseeland	Prozentsatz der an der Endemie erkrankten Bevölkerung	Jodgehalt der Böden in %
Taranaki	4%	$1{,}4 \cdot 10^{-3}$
Auckland	4%	$1{,}2 \cdot 10^{-3}$
Dunedin	19%	$3{,}2 \cdot 10^{-4}$
Clutha Valley	40%	$4{,}0 \cdot 10^{-5}$
South Canterbury	62%	$3{,}0 \cdot 10^{-5}$

Die Jodanreicherung durch die Böden ist von der Natur der Bodendecke abhängig, die oft entscheidend ist. Im Folgenden geben wir in der Tabelle 34 ein Verzeichnis der jodhaltigen Böden der russischen Ebene.[1])

Tabelle 34

Jodgehalt der verschiedenen Bodentypen der russischen Ebene

Bodentyp	Höchstgehalt in %	Mittlerer Gehalt in %
Tundra-Böden, Torfböden	$2 \cdot 10^{-5}$ bis $4{,}2 \cdot 10^{-3}$	$1{,}2 \cdot 10^{-3}$
Podsolierte Böden	$5{,}6 \cdot 10^{-5}$ bis $4{,}4 \cdot 10^{-4}$	$2{,}5 \cdot 10^{-4}$
Graue Waldböden	$3 \cdot 10^{-5}$ bis $6{,}7 \cdot 10^{-4}$	$2{,}6 \cdot 10^{-4}$
Schwarzerden, Steppen und kastanienbraune Böden	$2 \cdot 10^{-4}$ bis $9{,}8 \cdot 10^{-4}$	$5{,}3 \cdot 10^{-4}$
Grauerden	$1{,}3 \cdot 10^{-4}$ bis $3{,}8 \cdot 10^{-4}$	$2{,}5 \cdot 10^{-4}$
Roterden der Subtropen	$6{,}4 \cdot 10^{-4}$ bis $1{,}2 \cdot 10^{-3}$	$1 \cdot 10^{-3}$

Jod in den Böden der UdSSR

Chibin-Torfböden (Tabelle 22). Die A_0- und A_1-Horizonte dieser Böden sind humusreich und jodhaltig. Der A_2-Horizont (Profil Nr. 44, fast weißer Sand) weist einen starken Jodrückgang bis 10^{-5}% auf. Die humushaltigen B- und C-Horizonte zeigen dagegen eine Anreicherung an Jod. Damit wird die unmittelbare Abhängigkeit des Jodgehalts vom Humus bewiesen. Die Torfböden sind besonders reich an Jod, das eine feste Verbindung mit der organischen Substanz bildet. Der Jodgehalt gleicht praktisch dem Bromgehalt.

[1]) Die Jodbestimmungen wurden durch M. A. Dragomirwa und K. Shukowa durchgeführt.

Die podsolierten Böden sind humusarm und dementsprechend auch jodarm. Der humose A-Horizont ist etwas stärker jodhaltig. Die Tabelle 23 enthält die von dem Bodenforscher M. F. TRECHLETOW (noch nicht veröffentlicht) ausgeführten Analysen der podsolierten Böden Kareliens, des Krasnojarsk-Gebietes und der Mongolischen Republik. Sämtliche Proben dieser Gebiete enthalten nur geringe Jodmengen. Hier muß darauf hingewiesen werden, daß nur 2—3% des Jods im HCl-Auszug löslich sind.

Graue Waldböden (Tabelle 24). Hier wurde im Profil dieselbe Jodverteilung wie in den Podsolen festgestellt.

Schwarzerden und kastanienbraune Böden (Tabelle 25 und 26). Dem gleichmäßigen Humusgehalt entsprechend ist hier auch eine gleichmäßige Verteilung des Jods in sämtlichen Horizonten festzustellen. Der A-Horizont ist etwas reicher an Jod. Der Gesamtgehalt an Jod in diesen Böden ist bedeutend höher als bei den Podsolen und den Waldböden. Die kastanienbraunen Böden weisen eine merkliche Jodverarmung in den tieferen Horizonten auf.

Grauerden (Tabelle 26). Bei geringerem Humusgehalt der oberen Horizonte haben diese Wüstenböden nur einen minimalen Jodgehalt.

Roterden. Der obere besonders humus- und laubhaltige Horizont weist einen besonders reichen Jodgehalt auf und gleicht dadurch den Torfböden aus Chibin.

Der Einfluß der Meeresnähe auf den Jodgehalt der Böden

Nach GANSSEN und KÖHLER besteht eine unmittelbare Beziehung zwischen Jodgehalt der Böden und ihrer Lage zum Ozean.[1])

Tabelle 35

Chlor-, Brom- und Jodgehalt der Atmosphäre und des Niederschlags in Mitteleuropa

Herkunft	Cl	Br	J	Verhältnis	
				Cl : Br	Br : J
Luft über der Atlantikküste	$5 \cdot 10^{-5}$	$3 \cdot 10^{-6}$	$2 \cdot 10^{-7}$	17	15
Luft über dem europäischen Kontinent	$4 \cdot 10^{-6}$	$2 \cdot 10^{-7}$	$2 \cdot 10^{-8}$	20	10
Kontinentaler Niederschlag (Regen, Schnee)	$9 \cdot 10^{-5}$	$5 \cdot 10^{-7}$	$8 \cdot 10^{-8}$	180	6

1) CAUER (Beiheft 34. Angew. Chemie 1939) hat nachgewiesen, daß bei der Verschwelung des Seetangs an den europäischen Küsten des Atlantiks, besonders in der Normandie, jährlich etwa 70 bis 170 t freies Jod durch die Westwinde nach Mitteleuropa verfrachtet werden. Die „Jodstöße“ haben sich bis zur Hohen Tatra verfolgen lassen (Anmerk. des Herausgebers).

Andere Bodenforscher behaupten ebenfalls, daß die Böden mit abnehmender Entfernung vom Meer allmählich an Cl und J verarmen. Die wichtigsten im Boden und im Grundwasser festgestellten „Isochloride“ (Verf. meint wohl Halogene) sind immer an der Meeresküste entlang verteilt, die „Isochloride zweiter Ordnung“ dagegen sind in den vom Meer entfernten Böden zu finden.

MITCHELL dagegen hat mitgeteilt, daß die Vorgebirgsböden in Süd-Karolina jodhaltiger als die Sandböden am Atlantischen Ozean sind, wie die folgenden Angaben zeigen:

Gebirgsböden (Gneis, Granit)	$8{,}5 \cdot 10^{-4}$ %	Jod
Oberes Vorgebirge (Gneis, Granit)	$8{,}0 \cdot 10^{-4}$ %	„
Mittleres Vorgebirge (Diorit, Hornblende, Schiefer)	$9{,}0 \cdot 10^{-4}$ %	„
Niederes Vorgebirge (Schiefer und Urgestein)	$9{,}0 \cdot 10^{-4}$ %	„
Sand-Dünen	$2{,}74 \cdot 10^{-4}$ %	„
Obere Küstenzone	$5{,}45 \cdot 10^{-4}$ %	„
Mittlere Küstenzone	$4{,}25 \cdot 10^{-4}$ %	„
Tiefste Küstenzone	$2{,}66 \cdot 10^{-4}$ %	„

Also nicht nur die Meeresnähe, sondern auch die Fähigkeit der Böden, das Jod festzuhalten, bestimmen den Jodgehalt; der Dünen- und Küstensand ist hier am jodärmsten

REMINGTON, BARTOW, KOLNITS und HAGUE stellten fest, daß die auf diesen Böden angebaute Kartoffel dem Mutterboden entsprechend jodhaltig ist. Nach ITANO enthalten die Böden an den Küsten 1,32% Chlor und $2{,}3 \cdot 10^{-3}$% Jod, 10 km von den Küsten entfernt dagegen 0,1% Chlor und $5{,}2 \cdot 10^{-4}$% Jod und 15 km von der Küste entfernt nur $1 \cdot 10^{-3}$% Chlor und $9{,}4 \cdot 10^{-5}$% Jod. Mit wachsender Entfernung vom Meer ist also eine merkliche Chlor- und Jodverarmung der Böden festzustellen. Gartenböden weisen mit der Entfernung vom Meer eine geringere Jodverarmung auf: $8{,}9 \cdot 10^{-4}$% an der Küste und $1{,}1 \cdot 10^{-4}$% in der 15 km Zone. Die Jodverarmung der tieferliegenden Horizonte ist durch die Bewässerung verursacht. Der Einfluß der Meeresnähe auf die Jodanreicherung wird durch die Fähigkeit des Bodens, Jod zu fixieren, variiert. Der Einfluß der Meeresnähe auf den Jodgehalt der Böden wird dadurch nachgewiesen, daß der trockengelegte Ton ehemaliger Meeresbecken außerordentlich reich an Jod ist. Das Grundwasser auf solchen Unterlagen — auf „begrabenem Seeschlamm“ — ist die Quelle für den Brom- und Jodgehalt im Salzwasser der Erdöllagerstätten[1]). Das Phytoplankton ist die Quelle des Jods im Seeschlick. Die jodhaltigen organischen Sinkstoffe setzen sich auf dem Seegrund ab und werden von den tonigen Sedimenten aufgenommen. Die Böden dieses Ursprungs sind infolgedessen stark jodhaltig. Als Beweis dafür mögen hier die Untersuchungen von KEITH und KRUL über den trockengelegten Meeresboden der Zuidersee, in dem der Jodgehalt $2 \cdot 10^{-3}$% erreicht, angeführt werden.

---

[1]) In Niederländisch-Indien 100—135 g Jod in 1 m³ Salzwasser (Anmerk. des Herausgebers).

Jodgehalt in Gesteinen und Böden

Auf Grund zahlreicher Analysen ist versucht worden, die Endemie des Kropfes zum Vorkommen bestimmter Gesteine und ihrem Jodgehalt in Beziehung zu setzen. Dabei konnte keine Beziehung festgestellt werden.[1]) Kristalline Massengesteine (Tabelle 32) enthalten 5 bis $8 \cdot 10^{-4}\%$ Jod. Einen großen Einfluß auf den Jodgehalt haben die Eigenschaften des Gesteins, besonders wenn sie verwittert sind. Mit zunehmender Verwitterung nimmt der Jodgehalt in den Gesteinen infolge der erleichterten Aufnahme von Jod aus der Atmosphäre und den Lösungen zu. Besonders sorgfältig sind auf diesem Gebiet die Gesteine Neuseelands untersucht worden (Tabelle 36).

Tabelle 36

Jodgehalt neuseeländischer Gesteine in γ/kg[2])

Gestein	Jodgehalt	Gestein	Jodgehalt
Glimmerschiefer (14)	397	Schlamm (205)	1957
Kalkgestein (3)	400	Norit (3)	2000
Kies (10)	600	Phonolit (2)	2500
Fluß-Sande (15)	854	Dünensand (7)	2630
Rhyolit (9)	955	Moor, Torf (29)	5590
Grünsande (5)	1000	Basalt (48)	7155
Marmor (16)	1450	Andesit (18)	8325
Marmorsand (4)	1750	Granit (2)	12700

Im allgemeinen sind lockere, leicht auswaschbare Gesteine, wie z. B. Sand, Kies, Anschwemmung, alte Flußbettböden arm an Jod (bis $1 \cdot 10^{-4}\%$). Auch in früheren Zeiten mit Eis bedeckte Löße und Sande sind jodarm. Interessant ist, daß in Sandgebieten Kropf häufig auftritt. Lehme, Schiefer, Mergel und Ca-haltige Tone mariner Herkunft sind dagegen stark jodhaltig ($1 \cdot 10^{-3}\%$). Besonders reich an Jod sind Ton- und Moorböden.

Mittlerer Jodgehalt verschiedener Böden[2])

	Höchster Jodgehalt	Mittlerer Jodgehalt
Löß	$2 \cdot 10^{-4}\%$	um $1 \cdot 10^{-4}\%$
Sande	$3 \cdot 10^{-4}\%$	um $1 \cdot 10^{-4}\%$
Kalkböden	$2 \cdot 10^{-4}\%$	um $1 \cdot 10^{-4}\%$
Podsole	$5 \cdot 10^{-5}$ bis $1 \cdot 10^{-3}\%$	um $3 \cdot 10^{-4}\%$
Prärieboden, Schwarzerden auf Löß und Geschiebelehm	$1 \cdot 10^{-4}$ bis $5 \cdot 10^{-3}\%$	um $1 \cdot 10^{-3}\%$
Moor- und Torfböden	$5 \cdot 10^{-4}$ bis $8 \cdot 10^{-3}\%$	um $2 \cdot 10^{-3}\%$

[1]) Es besteht ebenfalls keine Beziehung zu den geologischen Formationen und dem Alter der Gesteine.

[2]) Im ganzen liegen etwa 1500 Analysen von uns sowie von Fellenberg, Frops, Herens, Mc Hargue, Reith, Balks, Köhler, Scharrer, Itano, Smolik, Ergle vor.

Es steht also fest, daß die Verwitterung der Gesteine zur Jodanreicherung führt. Kalksteine, insbesondere kristalline, sind jodarm, dagegen können Kalksteinböden mit einem höheren Gehalt an organischer Substanz reich an Jod sein. Es wurde festgestellt, daß verschiedene Kalksteinböden auch verschiedenen Jodgehalt haben. Nach ERGLE sind kalkhaltige Schwarzerden in Texas reicher an Jod als z. B. die hellen kalkfreien Lehmböden.

Die Jodanreicherung in den verschiedenen Bodentypen

Aus den bisherigen Untersuchungen geht hervor, daß leichte, helle und strukturlose Böden arm, dagegen dunkle, tiefgründige Böden reich an Jod sind. Die Art der Wasserführung, die Reaktion, der Gehalt an organischer Substanz, die Pflanzenrückstände und die feinen Bodenfraktionen bestimmen den Jodgehalt der Böden. Die Böden sind immer reicher an Jod — oft um das zwanzig- bis dreißigfache — als ihre Muttergesteine. Die an organischer Substanz reichen Böden sind auch reich an Jod, so die Torf-Gleyböden, Tundra-, Moorböden und tropischen Moorböden. Dann folgen Steppenschwarzerden, Prärieböden, kastanienbraune, graubraune Böden, Roterden und die Laterite tropischer und subtropischer Gebiete. Graue Waldböden, sowie Podsole verschiedener Zonen, sandige Wüstenböden, Grauerden und ähnliche Böden sind bemerkenswert jodarm. Diese Klassifikation hängt von dem Zusammenspiel gewisser Bedingungen ab. In den Halbwüstenböden, die infolge Austrocknung der Wasserbecken salzhaltig sind, ist ebenfalls Jodanreicherung festgestellt worden. Moore sorbieren intensiver Jod als alle anderen Bodenarten; deshalb kommt Jod hier in fester Bindung vor und ist nicht auswaschbar. Humusreiche Tropenböden sind ebenfalls reich an Jod. Aus den podsolierten und ähnlichen Böden ist Jod mit allen löslichen Salzen ausgewaschen.

Die Jodverteilung im Bodenprofil

Auf Grund unserer Analysen und der früher erfolgten Untersuchungen durch KÖHLER, BECK, SCHLICHT, MITCHELL, GAUS, GRIESSBACH, SMOLIK und ITANO steht fest, daß die A-Horizonte reicher an Jod als die tieferen sind. Diese Tatsache ist auf den hohen Gehalt an organischer Substanz sowie auf andere Faktoren zurückzuführen. Ein deutlicher Beweis dafür sind die Moorböden, Schwarzerden, Steppen- und Tropenböden, die bekanntlich reich an organischer Substanz sind. Bei hohem Wassergehalt oder gar bei Überschwemmungen der A-Horizonte verschwindet das Jod, so daß der Jodgehalt kleiner ist als in den tiefer liegenden Horizonten. Die A-Horizonte der ariden Böden sind stets jodhaltiger als die aller anderen. Die A-Horizonte der Podsole und Waldböden sind oft jodärmer als die B-Horizonte.

Mitchell, Warner und Marsow berichten über einen reicheren Jodgehalt der tiefer liegenden Horizonte und des Untergrunds eines Bodenprofils aus Süd-Carolina.

Der Jodgehalt in verschiedenen Korngrößen

Analysen des Seeschlicks haben ergeben, daß der Jodgehalt mit dem Gehalt an feineren Fraktionen ansteigt (Abb. 2).

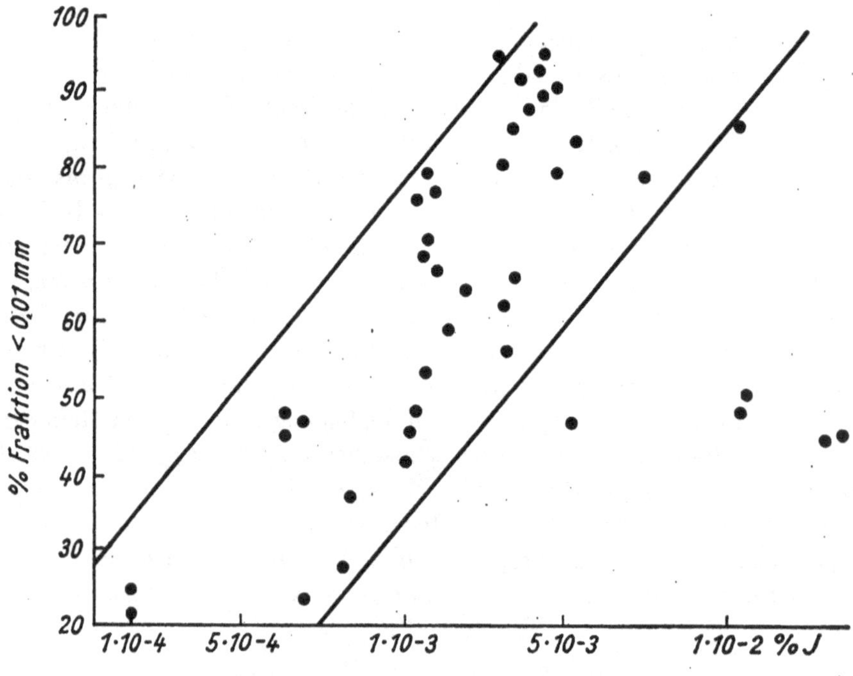

Abb. 2. Jodgehalt in den Korngrößen eines Seeschlicks

Die gleiche Abhängigkeit des Jodgehalts von den kolloidalen Fraktionen ist auch für Böden maßgebend, worauf auch Balks hinweist. Beck bestimmte den Jodgehalt in verschiedenen Bodenfraktionen eines Bodens (vgl. Tabelle 37).
Damit steht fest, daß die Bodenkolloide Jod adsorbieren und der Gehalt an feinen Bodenfraktionen den Jodgehalt bestimmt.

Der Jodgehalt der organischen Bodensubstanz

Wir haben bereits darauf hingewiesen, daß die organische Substanz das Jod im Boden bindet. Böden, die reich an organischer Substanz sind, sind also auch

Tabelle 37

Abhängigkeit des Jodgehalts von der Korngröße nach Beck

Korngröße mm	Bezeichnung der Fraktion	Gewicht in g	Jodgehalt in γ
2 bis 0,2	Grobsand	4,695	0
0,2 bis 0,1	„	4,069	0
0,1 bis 0,05	Feinsand	5,774	1,5
0,05 bis 0,02	Schluff	6,067	3,3
0,02 bis 0,002	„	24,513	40,0
0,002	Ton	5,382	9,8
		50,500	54,6

jodreich. Daher sind die Humushorizonte stets jodreicher als die tiefer liegenden. Jod wird durch die Pflanze eingeatmet und gelangt beim Absterben der Pflanzen als Humus in den Boden. Die Vegetation führt schätzungsweise jährlich etwa 1 mg Jod auf 1 qm Boden zu. Diese Jodanreicherung durch die organische Substanz ist besonders stark im Seeschlamm ausgeprägt. Die an organischer Substanz reichen Schilfzonen der verlandeten Seen sind am jodreichsten.

Diese Tatsache ist auf den hohen Jodgehalt des Phytoplanktons zurückzuführen.[1]) Bei der Mineralisierung des Seeschlicks gehen J und Br in das Schlammwasser über und bilden dadurch „Jodobromiertes Salzwasser", wie z. B. in den Erdöllagerstätten. Deshalb sind marine Tone und die darauf gebildeten Böden reich an Jod. Die Eigenschaften der organischen Jodverbindungen sind noch ungeklärt und bis jetzt noch nicht ausreichend erforscht. Der Torf bindet Jod so fest, daß die Aufnahme durch die Pflanze unmöglich ist. Diese feste Bindung wird durch den hohen Jodgehalt der Humushorizonte der nassen Chibinböden und auch der einheimischen durch Regen stark beeinflußten Roterden bewiesen. Der Torf der Gebiete, in denen endemischer Kropf herrscht, nimmt das Jod aus dem Grundwasser auf und verstärkt dadurch den Jodmangel des Trinkwassers.

Jodgehalt, p_H und Redox-Potential im Boden

Zahlreiche Beobachtungen haben gezeigt, daß neutrale Böden jodhaltiger sind als saure. Fellenberg stellte die Ausscheidung eines Teiles des Jods in der oberflächlichen Bodenschicht fest. Die Pflanzen nehmen leichter Jod aus den sauren Böden auf. Basengesättigte Böden dagegen binden das Jod. Vermutlich spielen

[1]) So enthält Seeschlamm z. B. mit 0,36% C $2,4 \cdot 10^{-4}$% Jod,
mit 0,40% C $2,3 \cdot 10^{-4}$% Jod,
mit 1,25% C —
mit 2,24% C $9,6 \cdot 10^{-3}$% Jod,
mit 2,72% C $1,2 \cdot 10^{-3}$% Jod,
mit 3,25% C $3,0 \cdot 10^{-2}$% Jod.

Redox-Potentiale hierbei eine wichtige Rolle. Bei einem hohen p_H kann Jod durch die Oxydationsmittel Fe^{III}, Mn^{III} oder Mn^{IV} in eine höhere Oxydationsstufe übergehen (siehe weiter unten). Nach FELLENBERG wird die Abgabe von Jod an die Atmosphäre durch Zugabe von Mn^{III} und Fe^{III} aus dem Boden verstärkt. Deshalb ist eine allmähliche Jodausscheidung aus den Fe^{III}- und Mn^{IV}-haltigen Böden zu vermuten. Diese Abscheidung erfolgt nicht, wie oft angenommen wird, durch Bakterien, die im Gegenteil das Jod binden, sondern wird durch chemische Reaktionen hervorgerufen.

Die chemische Natur der Jodverbindungen im Boden

Das Jod wird zum größten Teil durch das Wasser dem Boden entzogen, aber seine Wasserlöslichkeit hängt nicht immer vom Gesamtgehalt ab. Wie CHATIN seinerzeit feststellte, wird Jod aus alpinen Böden nicht durch Wasser ausgewaschen. Die Beobachtungen von BALANESCU und auch unsere eigenen haben ergeben, daß in Schwarzerden der wasserlösliche Anteil über die Hälfte des gesamten Jodgehalts beträgt. Auch FELLENBERG fand 15,7—90,79% wasserlösliches Jod. Am ausführlichsten wurde diese Frage von ITANO untersucht, der in 16 japanischen Böden 1,6—16,4% wasserlösliches Jod fand, also etwa 5—8% im Durchschnitt des Gesamtgehaltes. Vermutlich sind die an organischer Substanz und feinen Fraktionen reichen Böden, wie z. B. die Schwarzerden, auch reicher an wasserlöslichem Jod als die podsolierten, aus denen das Jod leichter auswaschbar ist. Einen etwas größeren Anteil stellt das leicht in Säuren lösliche Jod dar. Das Bodenwasser enthält nur etwa 10^{-6}% Jod. Da der nicht wasserlösliche Anteil des Jods schwer auszuziehen ist, muß die Bestimmung des Jods im Boden unter Aufschluß mit K_2CO_3 erfolgen. Vermutlich ist der nicht wasserlösliche Anteil des Jods im Gitter der Alumino-Silikate gebunden. Jod kommt im Boden auch als Jodid vor. Bei Anwesenheit von Mn^{IV} ist auch das Vorkommen von freiem Jod möglich.[1] Auch Jodate kommen in der Natur bei hohem Oxydations-Potential vor, und zwar in den Salpeterlagerstätten von Chile als Lautarit,[2] Dietzeit,[3] Schwartzembergit, Salesit, Bellidgerit und ähnliche Mineralien.

Zusammenfassung

Im allgemeinen sind die Böden um das 20- bis 30fache jodreicher als ihre Muttergesteine. Die Größe des Jodgehalts im Boden hängt in der Hauptsache von dem Gehalt an feinen Fraktionen und organischer Substanz ab. Daher sind Schwarz-

[1] Die Quelle von Woodhall Spa bei Lincoln (USA) ist durch freies Jod braun gefärbt (Anmerk. des Herausgebers).

[2] $Ca(JO_3)_2$.

[3] $7\,Ca(JO_3)_2 \cdot 8\,CaCrO_4$.

erden, Prärieböden der USA, kastanienbraune und ähnliche Böden reich an Jod. Den geringsten Jodgehalt haben die podsolierten Böden der gemäßigten Zone und der Tropen, sowie Laterite und Treibsande. Eine Ausnahme bilden die verschiedenen Moorböden, z. B. Torfe, Moore, Torf-Gley-Böden, die reich an Jod sind. Einen Begriff von der Jodverbreitung vermittelt auch die Verbreitung des endemischen Kropfes. Wie bereits erwähnt, besteht zwischen dem Jodgehalt der Böden und der Endemie eine direkte Beziehung. Wir wollen zuerst einmal die Bodenhülle der Gebirgsländer betrachten. Mit dem Aufstieg vom Tal zum Gipfel — in derselben Richtung steigt auch die Häufigkeit der Endemie an — ist ein Wechsel in der vertikalen Verteilung der Bodenzonen festzustellen. Die vertikale Zonenverteilung entspricht der zonalen im Flachland, z. B. in der russischen Ebene. Auf der Höhe geht die Verwitterung vor sich; über steile Abhänge rollt bröckliges Material in Form von Geröll, Schotter und Sand herab. Beim Tauen der Eismassen wird noch feineres Verwitterungsmaterial in die in der Tiefe liegenden Täler gespült. In den Bergländern mit tiefen Schluchten sind diese Vorgänge stark ausgeprägt und schwächen die Bodenbildung ab. Heftige Niederschläge verursachen die Auslaugung der Gesteine. Die Bevölkerung der Schweiz und anderer Länder, wo der endemische Kropf stark verbreitet ist, bewohnt zum größten Teil Bergwald-Gebiete. Die Böden dieser Gebiete sind mit den Böden der UdSSR zu vergleichen; die ausgelaugten Podsole, die hellfarbigen Waldböden des Kaukasus entsprechen den braunen Waldböden der Schweiz. Jenseits der Grenze dieser Böden liegen entweder Bergwiesen oder Tundra, die beide jodarm sind.

Wir wollen nun die Verbreitung der Endemie und des Jods in den Flachlandböden betrachten. Die besten Beispiele sind die Verbreitungsgebiete der Endemie auf dem europäisch-asiatischen Kontinent und in Nordamerika. Auf einer Landkarte ist leicht festzustellen, daß z. B. die Endemieherde in Europa im Bereich der podsolierten, und zwar speziell der sandigen podsolierten Böden mit Torf und Moor bildendem Klima liegen. Wir erinnern an die Endemiegebiete Hollands, die in der moorigen und torfigen Brabantprovinz liegen. Der östliche Endemieherd der USA liegt ebenfalls in der Zone der podsolierten Böden. Bemerkenswert ist, daß in der benachbarten Schwarzerde-Zone der Kropf unbekannt ist, in Europa sowohl wie auch in Nordamerika.

Die podsolierten Böden sind als überfeuchtet gekennzeichnet. Die Niederschläge sind höher als die Verdunstung. Alle leicht löslichen Stoffe werden deshalb in das Grundwasser und in die Flüsse gespült und dadurch die Böden ausgelaugt. Das entscheidende Kennzeichen für die Verbreitung des endemischen Kropfes — gleich ob es sich um Hochgebirge oder Ebenen handelt — ist der geringe Jodgehalt der Böden und der Gewässer.

Je reicher die Böden an feinen Fraktionen sind, wodurch Basenaustausch und Sorption beeinflußt werden, und je reicher sie an organischer Substanz sind, umso

Tabelle 38

Jodgehalt der Böden

Herkunft der Böden	Höchster Jodgehalt in %
UdSSR	
Zonenböden des russischen Flachlandes (51)[1]	$2 \cdot 10^{-5}$–$4{,}2 \cdot 10^{-4}$
Böden Kareliens (10)	$2{,}8 \cdot 10^{-5}$–$2{,}7 \cdot 10^{-4}$
Böden des Krasnojarsk-Bezirks (3)	$1{,}3 \cdot 10^{-4}$–$1{,}7 \cdot 10^{-4}$
Böden der Burjatomongolischen Republik	$7{,}0 \cdot 10^{-5}$–$1{,}6 \cdot 10^{-4}$
Böden Ostsibiriens (5)	$3{,}0 \cdot 10^{-4}$–$9{,}0 \cdot 10^{-4}$
USA	
Texas (68)	$1{,}2 \cdot 10^{-5}$–$2{,}3 \cdot 10^{-3}$
Südkarolina	$1{,}4 \cdot 10^{-5}$–$3{,}0 \cdot 10^{-4}$
Kentucky und andere (15)	$1{,}0 \cdot 10^{-5}$–$8{,}2 \cdot 10^{-4}$
Texas (4)	$1{,}0 \cdot 10^{-4}$–$1{,}4 \cdot 10^{-3}$
Südkarolina	$5{,}0 \cdot 10^{-4}$–$4{,}0 \cdot 10^{-3}$
Kentucky (58)	$8{,}0 \cdot 10^{-5}$–$1{,}7 \cdot 10^{-3}$
Kentucky	—
Nebraska (8) (Sandböden)	0–$1{,}5 \cdot 10^{-6}$
Montana	—
Oregona	$5{,}0 \cdot 10^{-5}$–$1{,}5 \cdot 10^{-3}$
Großbritannien	
Derbyshire	$3{,}0 \cdot 10^{-4}$–$8{,}0 \cdot 10^{-4}$
Derbyshire	—
Schweiz	
Verschiedene (4)	$6{,}2 \cdot 10^{-5}$–$1{,}2 \cdot 10^{-3}$
Rumänien	
Verschiedene (7)	$2 \cdot 10^{-4}$– $6 \cdot 10^{-4}$
Holland	
Zuider-See-Böden und andere (2)	$1{,}2 \cdot 10^{-3}$–$1{,}9 \cdot 10^{-3}$
„ „ „ „ „ (28)	$2{,}0 \cdot 10^{-4}$–$5{,}9 \cdot 10^{-3}$
„ „ „ „ „ (5)	$8{,}6 \cdot 10^{-4}$–$3{,}1 \cdot 10^{-3}$
Deutschland	
Verschiedene Böden (10)	$1{,}8 \cdot 10^{-5}$–$6{,}4 \cdot 10^{-4}$
Verschiedene Böden (3)	$2{,}9 \cdot 10^{-5}$–$3{,}1 \cdot 10^{-4}$
Verschiedene Böden (18)	$4{,}0 \cdot 10^{-5}$–$3{,}5 \cdot 10^{-4}$
Verschiedene Böden (4)	$3{,}5 \cdot 10^{-5}$–$3{,}5 \cdot 10^{-4}$
Verschiedene Böden (35)	$8 \cdot 10^{-6}$–$8{,}8 \cdot 10^{-4}$

[1]) In Klammern: Anzahl der Proben.

Tabelle 38
verschiedener Länder

Mittlerer Jodgehalt in %	Verfasser
$5{,}1 \cdot 10^{-4}$	Winogradow, 1940
$1{,}5 \cdot 10^{-4}$	Trechletow, 1940
$6{,}6 \cdot 10^{-4}$	Dragomirowa, 1940
$6 \cdot 10^{-4}$	Ergle, 1940
—	Mitchell, Warner und Morrow, 1938
$4{,}6 \cdot 10^{-4}$	Mc Hargue, Jonny und Roy, 1932
$5 \cdot 10^{-4}$	Fraps und Fudge, 1940
$7 \cdot 10^{-4}$	Mitchell, 1929 und 1941
$4{,}7 \cdot 10^{-4}$	Mc Hargue und Jonny, 1933
$2{,}0 \cdot 10^{-4}$	Mc Hargue, 1943
$(1{,}5 \cdot 10^{-6})$	Adolph und Prochaska, 1929
—	Beeson, 1941
—	Powers, 1939
—	Orr und Leitch, 1929
—	Orr, Stuart und kelly, 1928
—	Fellenberg, 1925
$3{,}8 \cdot 10^{-4}$	Balanesen, 1939
$1{,}6 \cdot 10^{-3}$	Reith, 1929
$1{,}3 \cdot 10^{-3}$	Reith, 1933
$1{,}8 \cdot 10^{-3}$	Reith, 1930
—	Fellenberg, 1928
$2{,}0 \cdot 10^{-4}$	Fellenberg, 1930
$1{,}6 \cdot 10^{-4}$	Gans und Griessbach, 1929; Griessbach, 1929
$1{,}5 \cdot 10^{-4}$	Beck, 1930
$1{,}8 \cdot 10^{-4}$	Schlacht und Beck, 1930

Fortsetzung
Jodgehalt der Böden

Herkunft der Böden	Höchster Jodgehalt in %
Deutschland	
Böden verschiedener Gebiete (61)[1]	$1{,}9 \cdot 10^{-5}$–$2{,}8 \cdot 10^{-3}$
Westfalen (66)	$1{,}4 \cdot 10^{-4}$–$1{,}9 \cdot 10^{-3}$
Verschiedene Böden Bayerns (216)	$6{,}3 \cdot 10^{-5}$–$1{,}2 \cdot 10^{-3}$
„ „ „ (13)	$1{,}6 \cdot 10^{-5}$–$9{,}3 \cdot 10^{-4}$
„ „ „ (15)	$1{,}3 \cdot 10^{-4}$–$8{,}4 \cdot 10^{-4}$
Baden (49)	$9{,}8 \cdot 10^{-5}$–$5{,}4 \cdot 10^{-4}$
Tschechoslowakei	
Verschiedene Böden (72)	$2{,}0 \cdot 10^{-5}$–$6{,}5 \cdot 10^{-4}$
„ „ (4)	$1 \cdot 10^{-5}$–$1{,}5 \cdot 10^{-4}$
Böden aus Nimburk	0–$3{,}2 \cdot 10^{-3}$
Frankreich	
Verschiedene Böden	$5 \cdot 10^{-6}$– $5 \cdot 10^{-5}$
Neuseeland	
Süd- und Nordinsel (47)	0– $7 \cdot 10^{-3}$
Thames-Bezirk und andere (Nordinsel) (65)	$1{,}0 \cdot 10^{-4}$–$2{,}4 \cdot 10^{-3}$
„ „ „ „ (8)	$6 \cdot 10^{-4}$–$1{,}5 \cdot 10^{-3}$
Südseeinseln und Neuseeland (33)	$3{,}0 \cdot 10^{-5}$–$7{,}2 \cdot 10^{-3}$
Neuseeland	$3{,}5 \cdot 10^{-5}$–$2{,}6 \cdot 10^{-3}$
Neuseeland (Wanaka)	$2{,}0 \cdot 10^{-5}$–$1{,}5 \cdot 10^{-4}$
Neuguinea	
Tropische Böden (1)	—
Indien	
Himalaja-Gebiete	0–$4{,}0 \cdot 10^{-3}$
Argentinien	
Provinzen: Salta, Buenos-Aires und andere	$1{,}6 \cdot 10^{-5}$–$2{,}8 \cdot 10^{-4}$
Chile	
Verschiedene Böden	—
Japan	
Verschiedene Böden (120)	$4{,}9 \cdot 10^{-5}$–$5{,}6 \cdot 10^{-3}$
Mandschurei	
Verschiedene Böden	—
„ „	$3{,}5 \cdot 10^{-5}$–$6{,}0 \cdot 10^{-4}$

[1]) In Klammern: Anzahl der Proben.

von Tabelle 38
verschiedener Länder

Mittlerer Jodgehalt in %	Verfasser
$2{,}6 \cdot 10^{-4}$	KÖHLER, 1929
$3{,}7 \cdot 10^{-4}$	BALKS, 1935
$3{,}6 \cdot 10^{-4}$	SCHARER, 1935
$4{,}0 \cdot 10^{-4}$	BLEYER, 1926
$3{,}3 \cdot 10^{-4}$	CAUER, SCHARRER und SCHWALBOLD, 1929
$2{,}8 \cdot 10^{-4}$	KÖHN, 1946
$3{,}4 \cdot 10^{-4}$	SMALIK, 1935—1938
$6{,}5 \cdot 10^{-5}$	STOKLASA, 1924
$n \cdot 10^{-4}$	KOPPOVÁ, 1948
—	CHATIN, 1850
$2{,}7 \cdot 10^{-4}$	HERUS, BENSON und CARTER, 1925
$8{,}2 \cdot 10^{-4}$	SHORE und ANDREW, 1929
$1{,}2 \cdot 10^{-3}$	DITON, 1936
—	HERKUS, AITKEN, THOMPSON und COX, 1931
—	HERKUS und ROBERTS, 1927
—	HOPKIRK, DAYNS, SIMPSON, 1930
$4{,}0 \cdot 10^{-4}$	KÖHLER, 1929
—	MAC CARRISON und andere, 1927
—	MAZOCCO, 1929
—	URZUA, 1939
$7{,}4 \cdot 10^{-4}$	ITANO und TUZI, 1934—1935
—	NODA und SAI, 1938
$1{,}3 \cdot 10^{-4}$	TOKAMORI, 1938

reicher erweisen sie sich auch an Jod. Es wurde schon erwähnt, daß die organische Substanz die Jod-Sorption begünstigt. Besonders stark ist die Jodfixierung in den Mooren, wo außerordentlich schwer lösliche Jodverbindungen gebildet werden, die nicht auswaschbar sind. Das Moorwasser ist am wenigsten jodhaltig. Indirekte Hinweise lassen vermuten, daß das Jod im Moor für Pflanzen nicht zugänglich ist. Die Untersuchung der durch Endemie befallenen Gebiete beweist, daß sie besonders jodarm sind. Klima und Boden sind die entscheidenden Faktoren, die die Häufigkeit der Kropferkrankungen bestimmen. Man kann nicht in allen Fällen die Bedingungen übersehen, die Jodmangel und damit die Endemie verursachen, weil die Einflüsse starken Schwankungen unterliegen. Um nicht den Verdacht zu erwecken, einseitig zu wirken, möchten wir doch auf folgende natürliche Faktoren hinweisen, die einen negativen und positiven Einfluß auf den Jodmangel und damit auf die Endemie ausüben:

Einflüsse, die Endemiegefahr wegen hohen Jodgehalts der Umgebung ausschließen:	Einflüsse, die Endemie-Erkrankungen wegen Jodmangel der Umgebung verursachen:
Schwarzerden und andere kolloidale humusreiche Böden.	Podsolierte Sand- und Moorböden im Flachland und Gebirge.
Nähe des Meeres.	Binnenbecken der Kontinente und Gebirge.
Überwiegende Verdunstung.	
Genuß von Mineralwasser.	Genuß von „weichem“ und „hartem“ Trinkwasser.
Ernährung durch Fische.	Ernährung mit auf jodarmen Böden erzeugten Pflanzen.

Es ist selbstverständlich, daß keiner der obengenannten Faktoren allein entscheidend ist. Wichtig ist allerdings, daß jeder Faktor in der einen oder anderen Kombination wirksam ist. Zu diesen natürlichen Faktoren kommen die sozialen Lebensbedingungen. Die Hebung des kulturellen Niveaus und der Landwirtschaft kann den Jodgehalt der Böden und damit die Qualität der Lebensmittel verbessern. Wie uns die Tabelle 38 zeigt, beträgt der Jodgehalt der Böden verschiedener Länder der Welt (etwa 2000 Proben) etwa $1 \cdot 10^{-5}$ bis $5 \cdot 10^{-3}$, also im Mittel $5 \cdot 10^{-4}\%$. Der Gehalt an wasserlöslichem Jod ist, wie wir bereits erwähnten, verschieden hoch, am stärksten in den Schwarzerden und ähnlichen Böden, am schwächsten in den Podsolen. Die Menge des aufgenommenen Jods hängt von den obengenannten Bedingungen ab. Die vertikale Jodverteilung in Böden ist durch den maximalen Jodgehalt des Humushorizonts gekennzeichnet; die übrigen Bodenhorizonte entsprechen in ihrem Jodgehalt dem Gehalt an organischer Substanz und Kolloiden. C-Horizonte und Gesteine enthalten am wenigsten Jod; dagegen können marine Sedimentgesteine infolge der Jodsorption durch den Ton reich an Jod sein.

Die Jodanreicherung in Böden hängt einerseits von der Wasserführung des Bodens und des ganzen Gebietes ab. Eine starke Befeuchtung und Durchspülung führt zur Auswaschung des Jods aus den Böden. Saure Bodenreaktion und der Gehalt an Fe, Mn und anderen Oxydierungsmitteln begünstigt diesen Vorgang. Eine dichte Vegetation, tiefgründige Humusschicht und hoher Gehalt an kolloidalen Fraktionen und p_H über 7 begünstigen andererseits die Jodsorption und damit seine Anreicherung. Zusammengefaßt, nicht die Muttergesteine, sondern hydrologische, biologische und andere Faktoren bestimmen den Jodgehalt der Böden.

3. Arsen im Boden

Arsen wird in basischen Sulfiden und Eisenerzen angereichert. Bei der Bildung der Sedimentgesteine wird Arsen mit den Hydroxyden und Sulfiden des Eisens wanderfähig. Darum sind Eisenablagerungen, Eisenkonkretionen, Ortsteinhorizonte und Eisenerze stets reich an Arsen. Sulfide, eisenhaltige Tonsedimente bzw. verschiedene marine Tone sind oft Arsenspeicher für darauf gebildete Böden. Eine weitere Quelle für Arsen ist die Atmosphäre mit ihren Niederschlägen. Diese atmosphärische Arsenanreicherung erfolgt vermutlich ebenso ständig wie Ammoniak-, Nitrat- und Jodanreicherung; sie wird ferner durch den Rauch von in der Nähe vorhandenen Schmelzöfen verstärkt. Schließlich ist auch die Verunreinigung der Gartenböden durch arsenhaltige Insekten-Bekämpfungs-Mittel zu erwähnen. Wir wollen hier jedoch keine durch menschliche Tätigkeit verursachte Arsenverunreinigung der Böden behandeln; auf diesem Gebiet ist eine umfangreiche Literatur vorhanden. Wir betrachten lediglich die Verteilung und den Arsengehalt der Böden, hauptsächlich der russischen, im Rahmen der Verteilung der Spurenelemente und wollen versuchen, die Ursachen und Folgen zu klären (Tabelle 39).

Tundra-Böden. Die podsolierten Humusalluvien, Torf- Gley- und Gebirgstundra-Böden enthalten etwa $10^{-4}\%$ Arsen. Die A- und A_1-Horizonte sind arsenreich, der Gehalt an organischer Substanz beträgt oft 50—70%. Im Untergrund wurde weniger Arsen festgestellt.

Podsolierte Böden. A_0- und A_1-Horizonte sind etwas arsenhaltiger als die tiefer liegenden Horizonte. Im illuvialen B Horizont (lt. unserer Analyse reich an Eisen) bleibt der Arsengehalt gleich hoch. Die an Eisen reicheren Horizonte weisen auch einen höheren Arsengehalt auf.

Graue Waldböden. Die grauen Waldböden weisen in allen Horizonten einen höheren Arsengehalt auf. Dasselbe gilt auch für graubraune Waldböden. A_0 und A_1-Horizonte sind am reichsten an Arsen. Der B-Horizont weist im Vergleich zu den tieferen bzw. zum Grundwasser-Horizont einen erhöhten Arsengehalt auf.

Tabelle 39

Mittlerer Arsengehalt der verschiedenen Böden der UdSSR in %

Probe-Nr.	Bodenbezeichnung und Probeentnahme	Bodenhorizont	Tiefe der Entnahme in cm	Arsengehalt in %
44	Podsolierter Humus-Illuvial. . .	A_0-A_1	0–3	$1{,}18 \cdot 10^{-4}$
		A_2	3–6	$1{,}15 \cdot 10^{-4}$
		B	6–25	$0{,}4 \cdot 10^{-4}$
		C	25	$0{,}4 \cdot 10^{-4}$
43	Torf-Gley	A_0	0–15	$1{,}4 \cdot 10^{-4}$
		A_1	15–25	—
		B	25–50	$1{,}4 \cdot 10^{-4}$
42	Gebirgs-Tundra	A_0-A_1	0–25	$2{,}68 \cdot 10^{-4}$
		B	25–45	$2{,}76 \cdot 10^{-4}$
		C	45–65	$3{,}0 \cdot 10^{-4}$
35	Leichter podsolierter Geschiebelehm	A_1	0–10	$2{,}65 \cdot 10^{-4}$
		B_1	35–45	$2{,}3 \cdot 10^{-4}$
		B_2	55–65	$2{,}3 \cdot 10^{-4}$
		C	95–105	$2{,}7 \cdot 10^{-4}$
37	Podsolierter Boden auf Bänderton	A_1	—	$1{,}44 \cdot 10^{-4}$
		A_2	—	$1{,}57 \cdot 10^{-4}$
		B	—	$1{,}01 \cdot 10^{-4}$
38	Podsolierter Boden auf Findlingen	A_1	—	$1{,}73 \cdot 10^{-4}$
		A_2	—	$1{,}48 \cdot 10^{-4}$
		B	—	$1{,}56 \cdot 10^{-4}$
61	Graue Waldböden	A_0	0–2	$9{,}6 \cdot 10^{-4}$
		A_1-A_2	2–22	$2{,}1 \cdot 10^{-4}$
		A_2-B_1	22–48	$0{,}7 \cdot 10^{-4}$
		B_2-B_3	48–95	$3 \cdot 10^{-4}$
		C	95–201	$2{,}41 \cdot 10^{-4}$
2	Ausgelaugter grauer Waldboden .	A_0	0–5	$2{,}9 \cdot 10^{-4}$
		A_1	20–25 (16)	$6{,}01 \cdot 10^{-4}$
		B_1	25–40 (32)	$4{,}81 \cdot 10^{-4}$
		B_2	75–80 (35)	$4{,}04 \cdot 10^{-4}$
		C	100–105	$4{,}6 \cdot 10^{-4}$

Fortsetzung von Tabelle 39

Mittlerer Arsengehalt der verschiedenen Böden der UdSSR in %

Probe-Nr.	Bodenbezeichnung und Probeentnahme	Boden-horizont	Tiefe der Entnahme in cm	Arsengehalt in %
23	Graubraune Waldböden	A	0–5 (32)	$7 \cdot 10^{-4}$
		B	32–40 (32)	$9 \cdot 10^{-4}$
3	Schwarzerde (lehmig)	A_1	0–5 (24)	$5{,}4 \cdot 10^{-4}$
		A_2	24–32 (28)	—
		B	80–88 (56)	$9{,}5 \cdot 10^{-4}$
		C	128–144 (64)	$4{,}4 \cdot 10^{-4}$
5	Schwarzerde auf Geschiebelehm .	A	0–5 (40)	$6{,}80 \cdot 10^{-4}$
		B	45–50 (44)	$5{,}7 \cdot 10^{-4}$
9	Schwarzerde aus Asow	A_1	0–5 (40)	$6{,}52 \cdot 10^{-4}$
		A_2	40–45 (42)	$6{,}16 \cdot 10^{-4}$
		B	90–95 (42)	$3{,}66 \cdot 10^{-4}$
		C	130–140	$4{,}81 \cdot 10^{-4}$
15	Hellkastanienbraune Böden . . .	A_1	0–5 (17)	$2{,}78 \cdot 10^{-4}$
		A_2	30–35 (23)	$2{,}80 \cdot 10^{-4}$
		B	60–65 (63)	$2{,}82 \cdot 10^{-4}$
		C	110–115 (107)	$5{,}0 \cdot 10^{-4}$
19	Grauerde der Wüste	A	0–5 (63)	$2{,}7 \cdot 10^{-4}$
32	Roterde aus dem Botanischen Garten in Batum, Profil Nr. 168 von KAWALERIDSE	A	0–5	$4{,}92 \cdot 10^{-4}$
		B	40–50	$1{,}54 \cdot 10^{-4}$
		C	90–100	$1{,}3 \cdot 10^{-4}$
34	Roterde des jungfräulichen Rhododendron-Waldes aus dem Botanischen Garten in Batum, Profil Nr. 128 von KAWALERIDSE	A	0–5	$1{,}3 \cdot 10^{-4}$
		B	40–50	$6 \cdot 10^{-4}$

Schwarzerden. Die Schwarzerden der russischen Ebene gelten im Verhältnis zu allen anderen Bodenarten als am arsenhaltigsten, sie enthalten oft bis $1 \cdot 10^{-3}\%$. Der A-Horizont ist besonders arsenreich. Die Arsenanreicherung der A-Horizonte der Schwarzerden, Wald- und sogar der podsolierten Böden weist auf pflanzliche Herkunft hin. Wir wollen hierbei bemerken, daß die Pflanzen etwa $1 \cdot 10^{-5}\%$ Arsen enthalten.

Kastanienbraune Böden und Grauerden. Jede der beiden genannten Bodenarten ist durch eine Probe vertreten. Bei der Grauerde der Wüste wurde eine Erhöhung des Arsengehalts im B-Horizont und tiefer festgestellt.

Roterden. Obwohl die Roterden reich an Eisen sind, insbesondere die B- und C-Horizonte, wurde kein großer Arsengehalt festgestellt. Der an organischer Substanz reichere B-Horizont ist auch reicher an Arsen.

Zusammenfassung

Der Arsengehalt der Böden der russischen Ebene wurde im allgemeinen als homogen erkannt und beträgt etwa $1 \cdot 10^{-4}$ bis $1 \cdot 10^{-3}\%$. Der mittlere Gehalt aller von uns analysierten Böden ist $3,6 \cdot 10^{-3}\%$; der mittlere Gehalt der Böden verschiedener Länder (etwa 500 Proben) beträgt etwa $5 \cdot 10^{-4}\%$ (Tabelle 40).

Der mittlere Arsengehalt aller Gesteinsarten der Erde ist ebenfalls etwa $5 \cdot 10^{-4}\%$. Die Böden der Gebiete früherer oder gegenwärtiger vulkanischer Tätigkeit (Colorado, Mexiko, Italien, Japan usw.) sind etwas arsenhaltiger, im Durchschnitt $2 \cdot 10^{-4}\%$. Im Bereich der russischen Ebene kommen vermutlich keine arsenreichen Böden vor. Gebiete mit arsenreichen Böden, Gewässer und Vegetation wurden bereits mehrmals beschrieben. So z. B. Böden im Tal der Bünz bei Basel, im Waiotapu-Tal in Neuseeland und vieler anderer Länder haben oft 1% und mehr Arsen, auch örtliche Gewässer dieser Gebiete sind ebenfalls stark arsenhaltig, wodurch Krankheiten des Viehs und der Pflanzen verursacht werden. Ein hoher Arsengehalt der Böden hängt häufig von dem Vorhandensein von Auripigment, Realgar und anderen Metallsulfiden in den betreffenden Böden ab. Arsenverbindungen bleiben genau wie Verbindungen anderer chemischer Elemente im ariden Klima unbeweglich und vergiften somit die Böden. Feuchtes Klima bewirkt die Oxydierung der Arsensulfide, wodurch sie wasserlöslich und damit leicht auswaschbar werden. In solchen Prozessen verhält sich das Arsen wie Schwefel, Selen und andere chemische Elemente. Arsen wird vermutlich durch die Tätigkeit der niederen Bodenpilze und Bakterien, die sogar gasförmige Arsenverbindungen, wie z. B. Di-Aethyl-Arsin absondern, ausgeschieden. Außer allgemeinen Beschreibungen über die Erkrankung des Viehs und der Vegetation arsenreicher Gebiete sind leider keine genauen Forschungsergebnisse über eine Veränderung der Tierwelt und der Vegetation der Gebiete vorhanden. Vieh- und Pflanzenkrankheiten dieser Gebiete werden nach Meinung verschiedener Forscher durch verschiedene Ursachen hervorgerufen. Von den Böden der russischen Ebene sind die Schwarzerden und danach die grauen Waldböden reich, die Tundraböden sowie Podsole dagegen arm an Arsen. Der A-Horizont der Schwarz- und Grauerden — als besonders reich an organischer Substanz — ist auch am stärksten arsenhaltig. Dasselbe trifft für graubraune Wald-, kastanienbraune und sogar für podsolierte Böden zu. Auf die Abhängigkeit des Arsengehaltes von der organischen Substanz haben mehrere Forscher hingewiesen. Wir müssen allerdings auf die Torf-Gleyböden und Humusalluvien des Nordens aufmerksam machen: Obwohl sie äußerst reich an organischer Substanz sind, ist ihr Arsengehalt verhältnismäßig gering. Die Abhängigkeit des Arsengehaltes von der organischen Substanz scheint also nur für bestimmte Bodenarten zu gelten. Es ist nicht ausgeschlossen, daß das Arsen der A-Horizonte arktischer Böden (auch der Roterden) ausgewaschen wird. Vom geochemischen Standpunkt aus ist bei hohem Arsengehalt der B-Horizonte podsolierter und ausgelaugter Waldböden ein hoher Eisengehalt anzunehmen, aber bei niedrigem Arsengehalt der podsolierten Böden scheint diese Behauptung nicht beweiskräftig zu sein. Klarer erscheint dagegen die Abhängigkeit des Arsens vom Eisen in den grauen Waldböden. Der B-Horizont der Grauerden ist etwas arsenreicher als die übrigen Horizonte. Es ist bekannt, daß Sulfate, Nitrate und Karbonate die Beweglichkeit des Arsens im Boden erhöhen, darum ist anzunehmen, daß das Arsen der oberen Horizonte der Grauerden in die tiefer liegenden Horizonte gespült wird. Der Untergrund weist im Vergleich mit den übrigen Horizonten nur einen geringen Arsengehalt auf. Der Arsengehalt der russischen Böden hängt nicht vom Selen- oder Schwefelgehalt ab, also auch nicht von den kolloidalen Fraktionen dieser Böden. Etwa 5—10% des Gesamtgehalts an Arsen wird durch heißes Wasser herausgelöst. Jedoch kann aus dem Gesamtgehalt an Arsen nicht auf den wasserlöslichen Anteil geschlossen werden. Giftige und schädliche Bodeneigenschaften sind an wasserlösliches Arsen gebunden. H_3AsO_3 soll giftiger als H_3AsO_4 sein. Durch Einwirkung von Oxydierungsfaktoren kann H_3AsO_3 in H_3AsO_4 verwandelt werden. Das Redox-Potential dieses Systems ist 0,557 mV bei 20° C. Also in dieses System eingeführte Fe^{II}-Ionen (0,77 mV) verursachen Vermehrung der Arsenite und Erhöhung des positiven Potentials. Wohlbemerkt, diese Beziehungen sind im Boden sehr kompliziert und das Potential

$$E = E_0 + \frac{RT}{2F} \cdot \ln \frac{[H_3AsO_4] \cdot [H]^2}{[H_3AsO_3]}$$

entspricht nicht dem Quotienten $\frac{As^V}{As^{III}}$.

Tabelle 40
Arsengehalt der Böden

Land	Höchster Arsengehalt	Mittlerer Arsengehalt
1	2	3
UdSSR		
Böden der russischen Ebene (53)[1]	$1 \cdot 10^{-4}$– $1 \cdot 10^{-3}$	$3{,}6 \cdot 10^{-4}$
USA		
Verschiedene Staaten (52) . . .	$1{,}0 \cdot 10^{-4}$– $2 \cdot 10^{-3}$	$7{,}5 \cdot 10^{-4}$
Colorado (9)	$1{,}5 \cdot 10^{-4}$– $3 \cdot 10^{-4}$	$2{,}2 \cdot 10^{-4}$
„ (58)	$5 \cdot 10^{-4}$– $1 \cdot 10^{-2}$	$3{,}1 \cdot 10^{-3}$
Oregon (20)	$3 \cdot 10^{-4}$–$1{,}4 \cdot 10^{-3}$	$8 \cdot 10^{-4}$
Kentucky (21)	$1 \cdot 10^{-4}$–$1{,}4 \cdot 10^{-3}$	$6 \cdot 10^{-4}$
Verschiedene Staaten (195) . . .	$1 \cdot 10^{-5}$–$4{,}2 \cdot 10^{-3}$	$5{,}2 \cdot 10^{-4}$
Süd-Dakota (33)	$7 \cdot 10^{-4}$–$1{,}9 \cdot 10^{-3}$	$1 \cdot 10^{-3}$
Mexico		
Verschiedene Böden (18)	$2 \cdot 10^{-4}$– $4 \cdot 10^{-3}$	$1{,}4 \cdot 10^{-3}$
Südamerika		
Argentinien (20)	$8 \cdot 10^{-5}$–$2{,}2 \cdot 10^{-3}$	10^{-4}
„	$1 \cdot 10^{-4}$–$5{,}3 \cdot 10^{-3}$	10^{-4}
Schweiz		
Verschiedene Böden (2)	$2 \cdot 10^{-4}$–$2{,}4 \cdot 10^{-4}$	$2{,}2 \cdot 10^{-4}$
Italien		
Verschiedene Böden (20)	$1{,}8 \cdot 10^{-4}$– $6 \cdot 10^{-3}$	$2 \cdot 10^{-3}$
Deutschland		
Bezirk von Berlin (2)	$2{,}5 \cdot 10^{-4}$–$4{,}6 \cdot 10^{-4}$	$3{,}5 \cdot 10^{-4}$
Frankreich		
Verschiedene Böden	$1 \cdot 10^{-5}$– $5 \cdot 10^{-4}$	$2 \cdot 10^{-4}$
Japan		
Verschiedene Böden (27)	$8 \cdot 10^{-4}$–$5{,}1 \cdot 10^{-3}$	$2{,}4 \cdot 10^{-3}$
„ „	$3{,}5 \cdot 10^{-4}$–$2{,}1 \cdot 10^{-3}$	–
„ „	$1{,}5 \cdot 10^{-3}$–$5{,}2 \cdot 10^{-3}$	–
Südafrika		
Verschiedene Böden	$1 \cdot 10^{-4}$– $2 \cdot 10^{-3}$	10^{-4}

[1]) Anzahl der Proben.

Tabelle 40
verschiedener Länder in %

Höchster Gehalt an wasserlöslichem Arsen	Mittlerer Gehalt an wasserlöslichem Arsen	Verfasser
4	5	6
—	—	WINOGRADOW, 1946
—	—	SLATER, HOLMES und BEYERS, 1937
$4 \cdot 10^{-5}$— $9 \cdot 10^{-5}$	$7 \cdot 10^{-5}$	HEADDIN, 1910
$3{,}7 \cdot 10^{-5}$—$8{,}8 \cdot 10^{-4}$	$2{,}7 \cdot 10^{-4}$	GRAVES, 1934
—	—	JONES und HATCH, 1937
—	—	MC. HARGUE, 1935
—	—	WILLIAMS und WHETSTON, 1942
—	—	MOXON, SEARIGHT, OLSON und SISSON, 1944
—	—	WHETSTON, 1942
—	—	REICHERT und TRELLES, 1921
—	—	TRELLES und AMATA, 1950
—	—	FELLENBERG, 1930
—	—	ZUCCARI, 1930
—	—	LOCKMANN, 1929
	—	DUFILHO, 1936
$3 \cdot 10^{-6}$—$3{,}4 \cdot 10^{-4}$	$1{,}2 \cdot 10^{-4}$	HIRAI und KANNO, 1938
—	—	MANURE, Jap. 9, 42, 1935; 11, 291
—	—	J. of. Sci. Soil a, 1937
—	—	COPEMAN, 1946

Bekanntlich hängt das Bodenpotential von der Summe der Oxydierungs- und Reduktionsmittel im Boden ab. Die Oxydierung des As^{III} hängt also von der Stabilität des Systems und der Höhe des Gesamtpotentials des Bodens ab. Eine starke Einwirkung auf die Oxydierung haben die Bodenkolloide. Bei einem hohen Gehalt in den Böden setzen sie das Oxydierungspotential herab, z. B. beim Vorhandensein von Oxydierungsmitteln, wie O_2, Fe_2O_3 usw. In den Sandböden ist die Intensität der Prozesse höher als unter gleichen Bedingungen in den lehmigen und humusreichen Böden. Falls die Bodenkolloide reich an Fe^{III+} sind, so bedingt das ihr hohes Potential und auch die Verstärkung der Oxydierung gegenüber As^{III}. Es ist darauf hinzuweisen, daß Eisenoxydhydrate As^{III} stärker sorbieren als As^{V}. Wie Versuche bewiesen haben, erhöhten in die Böden eingeführte Fe^{III+}-Ionen die Oxydationsgeschwindigkeit des As^{III} zu As^{V}.

4. Selen im Boden

Sulfide und vulkanischer Schwefel enthalten Selen infolge der nahezu gleichen Größe der Ionen-Radien, 1,74 Å für S und 1,91 Å für Se. Am stärksten wird Selen durch Eisenhydrate sorbiert und konzentriert.

Schwefel wird leichter als Selen oxydiert, wie aus folgendem hervorgeht:

$$S \rightarrow H_2SO_3 + 0{,}45\ V$$
$$Se \rightarrow H_2SeO_3 + 0{,}74\ V$$
$$H_2SO_3 \rightarrow H_2SO_4 + 0{,}20\ V$$
$$H_2SeO_3 \rightarrow H_2SeO_4 + 1{,}15\ V$$

Da H_2SeO_3 und H_2SeO_4 deshalb stärker oxydierend wirken als H_2SO_3, geht die Reduktion von Se nach der Formel $2\ SO_2 + SeO_2 + 2\ H_2O \rightarrow 2\ H_2SO_4 + Se$ unter natürlichen Verhältnissen leicht vor sich. Als Endergebnis wird also der Schwefel zu Sulfat oxydiert und als solches ins Meer fortgeführt. Selen dagegen wird zum Teil an Ort und Stelle festgehalten. So geht das Schicksal von Schwefel und Selen in der Biosphäre auseinander. Darum enthalten alle sekundären Lagerstätten von Sulfiden und Sulfaten nur noch geringe Mengen Selen. Das Verhältnis von S : Se in den Sulfaten z. B. im Gips ist 500000. Wenn aber Se^{II} zu Se^{IV} oxydiert wird, so werden die Selenite, ähnlich wie As^{III} durch die Hydrate der Metalloxyde, insbesondere durch $Fe(OH)_3$ adsorbiert. Daher sind Eisenerze, marine Sedimente, Tone auch reich an Selen, mit S : Se = 100.

Sie sind deshalb vermutlich die wichtigste Quelle des Selens im Boden.

Infolge geringer Oxydierungsneigung, $Se^{IV+} \rightarrow Se^{VI+} + 1{,}15\ V$, kommen Selenate selten in der Biosphäre vor, können aber leicht unter natürlichen Verhältnissen wieder reduziert werden. So ist das Vorkommen selenhaltiger Jarosite sowie auch von Se^{VI+} in Böden bekannt. Wir kommen später noch einmal darauf zurück. Aus den selenreichen Gesteinen gelangt Selen durch Zersetzung des

„Eisenhuts“ in den Boden. Kristalline Gesteine enthalten im allgemeinen etwa $10^{-6}\%$, die Böden normalerweise etwa ebensoviel. Es kommen auch Böden mit einem außerordentlich hohen Selengehalt bis etwa $10^{-3}\%$ vor. Diese Gebiete sind durch eine eigenartige Vegetation gekennzeichnet. In USA sind solche Böden mit verschiedenen Pflanzen, hauptsächlich aus der Gattung Astragalus bewachsen, die als Anzeiger für selenreiche Böden gelten. Diese Pflanzen nehmen Selen aus dem Boden auf und sind deshalb selenhaltiger als die Böden selbst (bis $10^{-2}\%$)[1]).

Manche Arten, wie z. B. Astragalus pectinatus, Aplipappus Fremontii, wachsen nur auf selenreichen Böden. Nicht nur Astragalien, sondern auch Cruciferen und Compositen speichern Selen. Dabei wird der Schwefel in den ätherischen und eiweißhaltigen Substanzen dieser Pflanzen durch Selen ersetzt. Das Eiweiß dieser Pflanzen ist infolge seines Selengehaltes giftig. Das mit diesen Pflanzen gefütterte Vieh geht entweder ganz ein oder wird von der sogenannten „alkali-disease“ befallen. Diese Krankheit führt zur Erweichung der Klauen, Hörner und zum Haarverlust. Die Vögel verlieren ihr Gefieder: es erfolgt also eine Zersetzung des schwefelhaltigen Keratins. In den erkrankten Tieren ist also in erster Linie der Schwefelstoffwechsel gestört. Bei Zersetzung verbreiten solche selenhaltigen Pflanzen den üblen Geruch flüchtiger organischer Selenverbindungen. Obengenannte Pflanzen sind außerordentlich widerstandsfähig gegen Selen, so daß in den Samen eine beträchtliche Selenspeicherung stattfinden kann.

Böden mit hohem Selengehalt

Selenverseuchte Böden nehmen in USA eine Fläche von mehreren tausend Quadratmeilen ein. Sie liegen hauptsächlich in den Zentral- und Weststaaten und breiten sich in den Präriegebieten vom Golf von Mexiko bis zu den Rocky-Mountains aus.

Zuerst wurden selenverseuchte Böden in Süd-Dakota, dann auch in Nord-Dakota, Wyoming, Montana, Nebraska, Kansas, Idaho, Nevada, Utah, Colorado, Oklahoma, Arizona und Neu-Mexiko nachgewiesen. Amerikanische Forscher stellten fest, daß der hohe Selengehalt dieser Böden aus ihren Muttergesteinen stammt. Schiefer und Tone aus dem Perm (Phosphoria), aus dem Dinwoody und der oberen Kreide sind oft reich an Selen. Heute wird angenommen, daß Selen in diesen Gesteinen durch $Fe(OH)_3$ aus den Gewässern der Kreidezeit oder auch direkt aus vulkanischen Gasen sorbiert worden ist. Wir müssen darauf hinweisen, daß die vulkanische Tätigkeit in der Perm-, Trias- und Kreidezeit äußerst lebhaft war. Die Quelle für Selen ist also der Vulkanismus. Der hohe Selengehalt des vulkanischen Schwefels

[1]) Diese Pflanzen nehmen mehr Selen als Arsen auf, das ebenfalls in solchen Böden vorkommt.

und anderer vulkanischer Produkte, z. B. des Vulkans Katmai, ist wohl bekannt. Das Selen vulkanischer Herkunft ist vermutlich durch $Fe(OH)_3$ ausgefällt worden. Aus den Sedimenten wurden Schiefer gebildet. Tausende von Analysen in USA weisen einen an 0,02 % heranreichenden Selengehalt in Pyriten und Limoniten solcher Schiefer nach. Bei der Verwitterung dieser Schiefer oxydierte ein Teil des Selens und ging in die Bodenschicht über. Die Böden, die unmittelbar auf selenreichen Schiefern aufliegen, sind auch im Gegensatz zu Böden aus eiszeitlichen Sedimenten selenhaltiger. Im letzteren Falle enthalten die Böden im allgemeinen etwa 10^{-4}% Selen (Tabelle 41). In den Fällen, in denen solche Böden im feuchten Klima stark ausgewaschen werden, wird Selen oxydiert und vermutlich als Se^{IV+} leicht in die Bodenlösung überführt. Die Böden werden dadurch von Selen befreit, obwohl das fortgespülte Selen in tiefer liegenden Schichten teilweise wieder reduziert und von neuem abgelagert wird. Unter dem Einfluß eines trocknen und heißen Klimas bleibt Selen erhalten und verseucht so die Böden. Diese Eigenschaft des Selens ist dem Arsen, das in solchen Böden reichlich vorhanden ist, analog. In Böden der USA ist die Anreicherung von Selen zuerst erkannt worden. Bemerkenswert ist, daß beträchtliche Mengen Selen auch in den Phosphoriten der USA festgestellt worden sind, z. B. im Staat Wyoming. Die Ströme und Flüsse, die solche Schieferböden drainieren, z. B. der Colorado mit seinen Nebenflüssen, enthalten einen erhöhten Prozentsatz an Selen. Außer in den USA sind auch die Böden der angrenzenden Kanadischen Staaten, in Alberta, Saskatchewan und Manitoba stark selenhaltig. Auch diese Böden sind auf aus der Kreidezeit stammenden Gesteinen gebildet worden. Auch sie sind ebenfalls mit einer Selen liebenden Vegetation bewachsen. Ferner wurden auf Hawaii und Porto Rico selenhaltige Böden entdeckt, wo sie stellenweise auf vulkanischer Asche gebildet wurden. Auch heute noch tätige Solfataren schleudern Exhalationen mit etwa 2 % Selengehalt aus. In solchen Fällen handelt es sich um die gleiche vulkanische Selenverseuchung der Böden, jedoch mit dem Unterschied, daß die Pflanzen nur unbedeutende Selenmengen aufnehmen, weil diese Böden reich an Eisenoxyd sind und dadurch Selenide und Selenite binden. Vor kurzem wurden auch selenreiche Böden in Kolumbien im Laiva-Bezirk entdeckt, die mit Pflanzen, zum Teil mit Bohnenarten, bewachsen sind. Diese Pflanzen sind um das Mehrfache selenhaltiger als die Böden selbst. Es ist kaum anzunehmen, daß die obengenannten selenhaltigen Gebiete die einzigen der Welt sind.[1])

---

[1]) Von besonderem Interesse erscheint uns heute der Bericht von *Marco Polo* aus dem Jahre 1275 über eine Pferdekrankheit im Tal von Kwen-Lun als Folge verfütterter Gräser, die mit der „alkali disease" identisch zu sein scheint. Seine Behauptung wurde bis jetzt nicht nachgeprüft. Siehe: Komroff, M., 1926, „The travers of Marco Polo" (The Venetian, 366 pp.); Stein, A., 1912, Ruchsof Desert Cathay; Personal Narrative of exploration in Central Asia and Western-China). Es wurde außerdem festgestellt, daß manche

Tabelle 41

Selengehalt selenverseuchter Böden in Amerika

Herkunft	Höchster Selengehalt in %	Mittlerer Selengehalt in %	Autor
USA			
Verschiedene Böden des Flachlandes (502)[1]	0,0—6,0 · 10^{-3}	7 · 10^{-4}	BYERS, 1935
Wie vorher (1406)	2 · 10^{-5}—1,4 · 10^{-2}	3,1 · 10^{-4}	BYERS, 1936
Wie vorher (491)	1,0 · 10^{-4}—8,0 · 10^{-3}	3,3 · 10^{-4}	BYERS, 1938
Montana, Mexico (556)	1 · 10^{-5}— 2 · 10^{-3}	1 · 10^{-4}	BYERS, 1940
Kalifornien, Nevada (190)	4 · 10^{-6}—2,4 · 10^{-3}	1,7 · 10^{-4}	BYERS, 1941
Wyoming-Phosphorite	8 · 10^{-5}—9,5 · 10^{-3}	1,8 · 10^{-3}	BEATH, EPPSON und GILBERT, 1935—37
Utah (1)	3,5 · 10^{-3}—9,0 · 10^{-3}	6 · 10^{-3}	BEATH, 1943
Wyoming (11)	2,0 · 10^{-5}—4,0 · 10^{-4}	1,7 · 10^{-4}	MILLER u. BYERS, 1937
Verschied. Staaten (4) *)	8,0 · 10^{-4}—1,2 · 10^{-3}		SLATER, HOLMES und BYERS, 1937 *) MOXON OLSON, 1940
Süd-Dakota		10^{-4}	
Süd-Dakota (33)	1,5 · 10^{-4}—5,0 · 10^{-4}	2,8 · 10^{-4}	OLSON, LISSON und MOXON, 1940
Verschiedene Böden (32)	3 · 10^{-5}—3,8 · 10^{-3}	4,4 · 10^{-4}	OLSON, WHITEHEAD, MOXON, 1942
Süd-Dakota (Glaziale Ablagerungen,) (220)	0,0—8,9 · 10^{-4}		SEARIGHT und MOXON, 1945
Pleistozäne Ablagerungen	1,5 · 10^{-4}—5,4 · 10^{-4}		SEARIGHT, MOXON, HILMOC und WHITEHEAD, 1945—46
Puerto-Rico (10)	3,0 · 10^{-5}—1,0 · 10^{-3}		BYERS, MILLER, WILLIAMS, LAKIN, 1938
Verschiedene Inseln (68)	4,0 · 10^{-5}—2,6 · 10^{-3}	7 · 10^{-4}	LAKIN, WILLIAMS und BYERS, 1936
Wie vorher		10^{-4}	MOXON, OLSON, SEARIGHT, 1939
Kanada			
Montana, Alberta, Manitoba, Saskatchewan (25)	1,0 · 10^{-5}—6,0 · 10^{-4}		BYERS und LAKIN, 1939
Wie vorher (152)	1 · 10^{-5}— 7 · 10^{-4}	6 · 10^{-5}	WILLIAMS, LAKIN und BYERS, 1941
Alberta (4)	3,0 · 10^{-5}—5,0 · 10^{-4}	1 · 10^{-4}	WALKER, HARRIS und ROSSI, 1941
Kolumbien			
Verschiedene Böden (7)	2,5 · 10^{-4}—1,4 · 10^{-3}	5,5 · 10^{-4}	JORGE, ANEIZAR-SORDO 1047

japanischen Vulkane Schwefel mit starker Selenbeimischung exhalieren. Demnach müßten die Böden Japans reich an Selen sein, aber MINAMI bestimmte in den Schiefern Japans weniger als 3 · 10^{-5}%, dagegen in europäischen Schiefergesteinen 1 · 10^{-4}% Selen.

[1]) Anzahl der Proben.

Tabelle 42

Selengehalt in USA Böden

Böden	Tiefe	Gesamtgehalt Se %	Gehalt an löslichem Selen %	Lösl. Se in % des Gesamtgehalts	Verfasser
Verschiedene Böden der großen USA-Ebene (100)[1]	verschieden	$1 \cdot 10^{-4}$ bis $8 \cdot 10^{-3}$	$1 \cdot 10^{-5}$ bis $3{,}8 \cdot 10^{-3}$	10 bis 2,1	WILLIAMS und BYERS, 1936 MILLER, WILLIAMS u. LAKIN, 1938
Verschiedenartige Böden der USA	1 Fuß	$2{,}7 \cdot 10^{-4}$	$1{,}2 \cdot 10^{-5}$	22,5	OLSON, WHITEHEAD, MOXON, 1942
	2 ,,	$5{,}5 \cdot 10^{-4}$	$2{,}7 \cdot 10^{-4}$	2,4	
	3 ,,	$1{,}1 \cdot 10^{-3}$	$5{,}8 \cdot 10^{-5}$	19,1	
	1 ,,	$4{,}4 \cdot 10^{-4}$	$9{,}1 \cdot 10^{-5}$	4,8	
	2 ,,	$2{,}8 \cdot 10^{-3}$	$1{,}7 \cdot 10^{-3}$	1,7	
	3 ,,	$3{,}8 \cdot 10^{-3}$	$1{,}8 \cdot 10^{-3}$	2,1	
	1 ,,	$5{,}9 \cdot 10^{-4}$	$1{,}1 \cdot 10^{-5}$	53,6	
	2 ,,	$4{,}6 \cdot 10^{-4}$	$5{,}0 \cdot 10^{-5}$	9,2	
	3 ,,	$6{,}0 \cdot 10^{-4}$	$1{,}1 \cdot 10^{-5}$	54,5	
Böden auf selenhaltigem Gestein in Colorado u. anderen Staaten	0—12 Zoll	$3{,}5 \cdot 10^{-3}$	$9{,}0 \cdot 10^{-4}$	3,9	BEATH, 1943
	12—24 ,,	$8{,}0 \cdot 10^{-3}$	$4{,}1 \cdot 10^{-3}$	1,9	
	24—36 ,,	$4{,}0 \cdot 10^{-3}$	$2{,}5 \cdot 10^{-3}$	1,6	
	36—48 ,,	$9{,}0 \cdot 10^{-3}$	$1{,}5 \cdot 10^{-3}$	6,0	
	0—12 ,,	$2{,}4 \cdot 10^{-4}$	$1{,}0 \cdot 10^{-4}$	2,4	
	12—24 ,,	$2{,}8 \cdot 10^{-4}$	$2{,}2 \cdot 10^{-4}$	1,3	
	24—36 ,,	$2{,}6 \cdot 10^{-4}$	$2{,}2 \cdot 10^{-4}$	1,2	

[1]) In Klammern — Anzahl der Proben

Im allgemeinen sind die tiefer liegenden Horizonte der selenreichen Böden in USA und in Kanada am stärksten selenhaltig. Wohlbemerkt, es wurden auch Abweichungen hiervon in den Bodentypen festgestellt. Die Tabelle 12 zeigt die vertikale Verteilung in den Profilen selenreicher Böden.

Selen in den Böden der UdSSR

Von den Böden aus der ostrussischen Ebene wurden folgende Profile der Tabelle 39 auch auf Selen geprüft:

Tundra-Böden	Profile Nr. 42, 43, 44,	Horizonte	A—C
Podsole	„ „ 37, 38,	„	A—B
Graue Waldböden	„ „ 2, 61,	„	A—C
Schwarzerden	„ „ 3, 5, 9,	„	A—C
Kastanienbraune Böden. .	„ „ 15	„	A—C
Roterden	„ „ 32, 34,	„	A—B.

Die untersuchten Böden waren sämtlich arm an Selen. Der Se-Gehalt war niemals höher als $1 \cdot 10^{-6}$%. In Proben von 100 g war Selen zum größten Teil überhaupt nicht nachweisbar. In den Horizonten der Profile konnte eine Veränderung des Selengehalts aus diesem Grunde ebenfalls nicht erkannt werden. Vermutlich sind im Bereich der ostrussischen Ebene keine Böden mit einem bedeutenden Selengehalt vorhanden. Offensichtlich bestimmt die geologische Entstehung der ostrussischen Ebene mit ihren flachen Seen, die so unterschiedlich von der großen Ebene der USA ist, diese Tatsache. Die Tabelle 43 führt den Selengehalt in den normalen Böden der Erde auf. Wie die Tabelle zeigt, schwankt der Selengehalt annähernd um 10^{-6}%. Daraus folgt, daß der Selengehalt selenreicher Böden oft über tausendmal so hoch ist als der normaler Böden.

Tabelle 43

Selengehalt normaler Böden

Herkunft	Höchster Selengehalt in %	Mittlerer Selengehalt in %	Verfasser
UdSSR			
Zonale Böden der russischen Ebene (51)[1] . .	0 bis $1 \cdot 10^{-6}$	bei $1 \cdot 10^{-6}$	A. WINOGRADOW, 1949
USA			
Verschiedene Staaten (48)	$1 \cdot 10^{-6}$ bis $2{,}5 \cdot 10^{-4}$	—	SLATER, HOLMES und BYERS, 1937
dito	0 bis $2 \cdot 10^{-5}$	—	MILLER, H. BYERS, 1937

[1]) Anzahl der Proben.

Die Form der Selenverbindungen im Boden

In den selenreichen Böden der USA sind etwa 50% des gesamten Selengehalts auswaschbar. Williams erkannte auf Grund von etwa 100 Analysen folgendes: Aus den Böden mit 0,006—0,008% Selen waren $1 \cdot 10^{-5}$ bis $3{,}8 \cdot 10^{-3}$% Selen auswaschbar. Das in den Pyriten, Markasiten und anderen Sulfiden als Selenit vorkommende Selen ist nicht auswaschbar. Infolge der Oxydierung im feuchten Klima wird es aber außerordentlich beweglich und kann ausgewaschen werden, um sich an anderen Stellen durch die Sorption an Eisenoxydhydrate wieder abzulagern. Selen wird durch Phosphor-, Schwefel- und andere Säuren in größeren Mengen dem Boden entzogen. Selen kommt in verschiedenen Formen im Boden vor:

1. als elementares Selen in den Gebieten vulkanischer Tätigkeit, selten;
2. als Selenit;
3. als wasserlösliches Selenit;
4. als leicht wasserlösliches Selenat, sehr selten, und schließlich in Form verschiedener Verbindungen.

Selenite kommen infolge Oxydierung des Pyrit-Selens vor und bilden vermutlich den Hauptanteil der wasserlöslichen Selenverbindungen. Wie wir bereits erklärten, werden Selenite leicht durch $Fe(OH)_3$ sorbiert und bilden basische Hydroselenite. So werden Selenite in Fe_2O_3-haltigen Böden, z. B. auf Hawaii, gebunden, sind nicht auswaschbar und bleiben für die Pflanzen unzugänglich. Selenate dagegen bilden keine Verbindungen mit Fe^{III+}. Die Existenz der Selenate in Bodenlösungen muß angezweifelt werden, weil das positive Oxydierungspotential des Systems $Se^{IV} \rightarrow Se^{VI+}$ nicht hoch genug ist. Ein höherer Gehalt von Se^{VI+} in den heißen Wüsten ist zu vermuten, wo Salpeter vorkommt. Da Se^{VI+} durch zahlreiche organische Stoffe leicht wieder reduzierbar ist, bleibt sein Schicksal in selenreichen Böden recht problematisch. Manche Forscher[1]) sind der Meinung, daß Selenat als Kalziumsalz vorkommt.

Man könnte vermuten, daß Selenit für Pflanzen schädlicher als Selenat ist. In selenhaltigen Böden sind mit Sicherheit organische Se-Verbindungen festgestellt worden. Sie werden durch die Verwesung selenhaltiger Pflanzen gebildet. In wenig bekannten Formen gehen sie in die Bodenlösungen über. Es konnten aus den Pflanzen Aminosäuren mit Selen an Stelle des Schwefels isoliert werden. Außerdem existieren unzweifelhaft flüchtige organische Se-Verbindungen, die am Geruch zu erkennen sind. Es wurde die Vermutung ausgesprochen, daß es sich um $CH_3 \cdot SeH$ handelt[2]). Es ist auch nicht ausgeschlossen, daß Selen an Stelle von Schwefel als Bestandteil ätherischer Öle vorkommt.

Alle diese Fragen werden erst jetzt erforscht.

[1]) Beath stellte in den Aleuroliten aus Wyoming bis 96% Se in Selenatform fest. (1946)

[2]) Es steht noch nicht fest, ob die Bildung von Selen- und Tellurwasserstoffen im Boden möglich ist.

Zusammenfassung

Normale Böden mit einem durchschnittlichen Selengehalt von nur etwa 10^{-6}% unterscheiden sich von den 10^{-3}% Selen enthaltenden Böden stark. Die Böden der osteuropäischen Ebene der UdSSR und vermutlich auch andere Böden Europas sind mit 10^{-6}% nur schwach selenhaltig. Unter den Böden der USA, Kanada, Kolumbien und Hawai sind stark selenhaltige Typen entdeckt worden, die Gesteinen bestimmten Alters angehören. Wir wissen bereits, daß die Hauptquelle des Selens in diesen Böden der Vulkanismus ist. Die vulkanischen Auswürfe, insbesondere Schwefel, weisen einen beträchtlichen Selengehalt auf.[1]) Bedingt durch die Oxydierungseinflüsse im Boden geht Selen in leicht lösliche Selenite über. Unter dem Einfluß eines feuchten Klimas werden solche Verbindungen ausgewaschen, im trockenen Klima hingegen bleibt Selen im Boden, was die Entstehung eigenartiger biochemischer Bezirke mit selenliebenden Pflanzen begünstigt. Solche Pflanzen, die um ein Mehrfaches selenhaltiger als die Mutterböden selbst sind, sind Selenanzeiger. Auch in anderen Pflanzen, wie z. B. in Getreidearten, wurde auf solchen Böden ein höherer Selengehalt festgestellt.[2]) Sind die Böden an Eisenoxyd und Mangan reich, so werden dadurch die Selenite gebunden, bleiben unbeweglich und sind für die Pflanzen unzugänglich. Selen, Arsen, Tellur und Schwefel sind geochemisch verwandt und kommen gemeinsam in vulkanischen Produkten und Sulfiden vor. Erst nach ihrer Oxydation erfolgt die Trennung ihres weiteren Schicksals. Sulfate werden ohne Begleiter ausgewaschen. Arsen, Selen und Tellur werden durch $Fe(OH)_3$ sorbiert und in den tonigen, eisenreichen Sedimenten der Kontinente und Ozeane angereichert. Tellur ist bisher in den Böden nicht nachgewiesen worden, weil sein Gehalt vermutlich wesentlich kleiner als der Selengehalt ist. Auch oxydierte Tellurverbindungen wurden nicht nachgewiesen. Tellurverbindungen werden leicht durch organische Substanzen bis zu elementarem Tellur wieder reduziert. In dieser Form ist auf Tellur bisher nicht geprüft worden. Es ist nicht ausgeschlossen, daß Tellur genau wie Selen flüchtige, stinkende organische Verbindungen im Boden bildet.

5. Die Alkalien Lithium, Natrium, Kalium, Rubidium und Cäsium

Bekanntlich kristallisieren die Alkalien bei der Differenzierung des Magmas zu letzt aus und werden in den Graniten und im kleineren Ausmaß in den Nephelin-

[1]) Von Interesse scheint auch der Selengehalt der Ozeane und des Meeresgrundes der Küstengebiete zu sein. Der Boden des Bering-Meeres enthält nach WILLIAMS etwa 10^{-5}% Selen und des Atlantischen Ozeans zwischen Neufundland und Irland bis zu 10^{-4}% Selen.

[2]) Selenliebende Pflanzen ergeben eine Reihe von selenhaltigen Futtermitteln. Es sind auch verschiedene Insektenarten bekannt, die sich von solchen Pflanzen ernähren; ihre Körper enthalten ebenfalls Selen. Selen kann durch Arsen oder Schwefel aus den Pflanzen verdrängt werden.

Syeniten angereichert. Basische Eruptivgesteine sind also ärmer an seltenen Alkalien als saure. Die Anreicherung der Alkalien K (1,33 Å), Rb (1,49 Å) und Cs (1,65 Å) in den Graniten geht proportional den Ionen-Radien von Rb, Cs und K vor sich. Folglich wird Cs stärker als K und Rb angereichert, obwohl nicht so stark wie Lithium (0,78 Å). In diesen Gesteinen sind die seltenen Alkalien nach W. J. WERNADSKY in Kali-Feldspaten und in Glimmern konzentriert. Bei der Verwitterung und der Bodenbildung werden die Alkalien aus den Alumosilikaten als Ionen in die Seen fortgeführt. Wie bekannt, wird nur Natrium in den Meeren in größeren Mengen angereichert, dagegen werden die anderen Alkalien durch Ton sorbiert. Wie NOLL bewies, erfolgt die Sorption von K, Rb und Cs durch Ton proportional der Polarisation der Ionen; also wird Cs am stärksten sorbiert. Die Lithium-Sorption des Tons ist nicht erschöpfend genug erforscht, obwohl feststeht, daß seine Menge in den Tonen von den Graniten nicht stark abweicht. Ähnlich wie Rubidium und Cäsium im Urgestein mit Kalium vergesellschaftet sind, wird auch die Verteilung von Rb und Cs in der Biosphäre durch Kalium geregelt.

Wie wir weiter sehen werden, ist auch die Verteilung von Rb und Cs in den Sedimentgesteinen an Kalium gebunden. Was Lithium anbetrifft, so trennt es sich vom Natrium. So wird Lithium z. B. im Kali-Salpeter festgestellt, fehlt aber dagegen im Natrium-Salpeter gänzlich. Die Lithium-Konzentrierung erfolgt in den Salzseen oft mit Bor zusammen und auch mit Glaukonit. Lithium ist im Boden schon durch BUNSEN nachgewiesen worden, der gleichzeitig darauf aufmerksam wurde, daß Pflanzen auf Granitböden lithiumhaltig sind. Weiter wurde Lithium im Boden durch RITTHAUSEN, PORLEZZA, DONATI, HEMPEL und KLEMPERER festgestellt. W. J. WERNADSKY stellte Lithium in den russischen Böden in Samara und im Tulagebiet fest. Quantitative Analysen von Lithium wurden durch zahlreiche Forscher verschiedener Länder durchgeführt. Die Verteilung und das Verhalten von Kalium und Natrium in den Böden ist erschöpfend bekannt und zahlreiche Untersuchungen sind dieser Frage gewidmet. Auch die bio- und geochemische Bedeutung dieser Elemente ist gründlich erforscht. Was die seltenen Alkalien anbetrifft, so sind Gesetzmäßigkeiten ihrer Verteilung in den Böden und ihre Biochemie nur wenig oder völlig unzureichend erforscht. Auf Grund unserer Untersuchungen müssen wir auf das Vorhandensein der sogenannten Lithiumflora hinweisen. Es sind hauptsächlich Pflanzen aus den Familien der Ranunculaceen und Solanaceen. Thalictrum und Lycium sind typische Leitpflanzen für Lithium. Diese Pflanzen sind um ein Mehrfaches lithiumhaltiger als alle übrigen Pflanzen auf gleichen Böden. Wir haben auch einen erhöhten Rubidiumgehalt mancher Pflanzenarten, unabhängig vom Kalium, festgestellt. Es ist von Interesse, hier zu erwähnen, daß die Augennetzhaut des Hornviehs rubidium- und cäsiumhaltig ist. Das ist alles, was wir über die seltenen Alkalien in dieser Beziehung wissen. Wir gehen jetzt auf den Gehalt an seltenen Alkalien in den Böden der russischen Ebene über.

Böden der Chibinsk-Tundra (Tabelle 44)

Die Böden der Chibinsk-Gebirgstundra sind zum größten Teil auf verwitterten Nephelin-Syeniten entstanden. Wie wir bereits wissen, sind diese Böden an SiO_2 etwas verarmt, dagegen an Al_2O_3 reicher, was insbesondere für podsolierte und humusreiche Böden bezeichnend ist. Diese Böden sind hauptsächlich in den oberen Horizonten reich an organischer Substanz, desgleichen an Alkalien. Bei erhöhtem Kaliumgehalt ist der Lithiumgehalt allerdings im Vergleich zu anderen zonalen Böden, in denen der Kalium-, Lithium- und Rubidiumgehalt gleichbleibend ist, geringer. Diese Abweichung in den Chibinsk-Böden ist dadurch zu erklären, daß Lithium, Rubidium und insbesondere Cäsium in den Nephelin-Syeniten nicht in solchem Ausmaße angereichert sind, wie in den Kali-Feldspäten, Granitpegmatiten und Graniten. Der Lithiumgehalt der Granite beträgt etwa 0,013% und der Rubidiumgehalt etwa 0,05%, dagegen enthalten die Nephelin-Syenite 0,0015% Li und 0,01% Rb. A. E. Fersmann stellte tatsächlich nur einen geringen Lithiumgehalt der Chibinsk-Böden fest. Vermutlich muß auch der Cäsiumgehalt sehr niedrig sein, $<$ 0,0001%. Cs konnten wir nicht bestimmen. Der Rubidiumgehalt ist kleiner als 0,01%.

Tabelle 44

Lithium-, Natrium-, Kalium- und Rubidiumgehalt der Tundraböden

Nr. der Profile	Bodentyp	Horizont	Tiefe in cm	Mittlerer Gehalt der trockenen Böden in %			
				Li	Na	K	Rb
44	Podsolierter Humus . .	A_0—A_1	0—3	—	0,34	1,03	
		A_2	3—6	0,0016	1,50	1,03	
		B	6—25	0,0011	0,81	3,18	
		C	25	0,0017	1,45	4,19	
43	Torf-Gley.	A_0	0—15	0,0039	1,53	2,59	< 0,01
		A_1	15—25	—	—	—	
		B	25—30	—	1,25	3,62	
42	Gebirgs-Tundra	A_0—A_1	0—25	—	1,35	2,38	
		B	25—45	0,0021	1,78	2,80	
		C	45—65	—	1,46	2,58	

Podsolierte Böden

Die Lithiumverteilung geht in den podsolierten Böden der Kaliumverteilung in allen Horizonten parallel. Die Profile Nr. 37 und 38 weisen eine klare Lithium- und Kaliumanreicherung der tiefer liegenden Horizonte, der B-Horizonte, auf. Der Untergrund ist in der Regel etwas lithiumreicher als die Böden selbst. In den

Bodenproben Nr. 37 und 38 wurde ein hoher Rubidiumgehalt in den A-Horizonten festgestellt, was vermutlich auf die Tatsache zurückzuführen ist, daß diese Böden Ton enthalten, dessen Alumosilikate Rubidium genau wie Kalium sorbieren. Vermutlich kann auch Rubidium in das Gitter der Mineralien eintreten (Tabelle 45).

Tabelle 45

Lithium-, Natrium-, Kalium- und Rubidiumgehalt der podsolierten Böden

Nr. der Profile	Bodentyp	Horizont	Tiefe in cm	Mittlerer Gehalt der trockenen Böden in %			
				Li	Na	K	Rb
35	Mittelpodsolierter Boden	A	0—10	0,0023	0,60	1,69	—
		B	35—45	0,0024	0,34	1,29	—
		C	55—65	0,0025	0,30	1,43	—
			95—105	0,0020	0,36	1,55	—
37	Podsolierter Boden auf Bänderton	A_1	—	0,0040	0,74	2,58	0,0080
		A_2	—	0,0040	0,81	3,00	—
		B	—	0,0060	0,93	3,15	—
38	Podsolierter Boden auf Geschiebelehm. . . .	A_1	—	0,0017	0,76	2,44	0,0077
		A_2	—	0,0039	0,81	2,83	—
		B	—	0,0056	0,80	3,13	—

Für fast alle Böden ist ein gesetzmäßiges Verhältnis von Lithium und Rubidium bezeichnend. Der Rubidiumgehalt der Böden ist durchschnittlich um 1,5- bis 2mal höher als der Lithiumgehalt. Das Verhältnis Rb : Li = 3 ist in sauren Gesteinen normal.

Graue Waldböden

Graue und graubraune Waldböden gleichen hinsichtlich ihres Lithiumgehalts den podsolierten Böden. Die oberen Horizonte sind etwas lithiumärmer als die tiefer liegenden Horizonte. Lithium- und Kaliumgehalt gehen einander parallel und sind gleich groß. (Siehe nebenstehende Tabelle 46.)

Schwarzerden

Sämtliche Horizonte der Schwarzerden weisen einen mehr oder weniger gleichmäßigen Lithium- und Kaliumgehalt auf. Vielleicht sind A- und B-Horizonte doch etwas lithium- und kaliumhaltiger als die übrigen Horizonte. Drei von uns analysierte Proben weisen in der Tiefe Alkali-Verarmung auf. Besonders reich an Lithium und Rubidium vor allen anderen Bodenarten sind lehmige und anlehmige

Tabelle 46

Lithium-, Natrium-, Kalium- und Rubidiumgehalt der Waldböden

Nr. der Profile	Bodentyp	Horizont	Tiefe in cm	Mittlerer Gehalt der trockenen Böden in %			
				Li	Na	K	Rb
2	Graue Waldböden . . .	A	0—5	0,0026	0,69	2,33	—
		A_1	20—25	0,0026	0,74	2,49	—
		B	40—45	0,0038	0,69	2,55	—
		C	75—80	—	0,69	2,42	—
			100—105	0,0042	0,70	2,41	—
61	Graue Waldböden . . .	A_0	0—20	0,0027	—	—	—
23	Graubraune Waldböden	A	0—5	0,0040	0,68	1,68	0,0031
		B	32—40	0,0056	0,59	1,95	—

Schwarzerden. Der Gehalt entspricht genau dem Kaliumgehalt. Die Sorption von K, Rb, Li durch Tonmineralien ist bekannt. Das Verhältnis Rb : K in diesen Böden ist durchschnittlich $3{,}3 \cdot 10^{-3}$, dagegen $1 \cdot 10^{-2}$ in den Muttergesteinen und kristallinen Schiefern. Die Erklärung dieser Tatsache erfolgt später. Der Lithiumgehalt der Böden gleicht annähernd dem Lithiumgehalt der Schiefer und Granite.[1])

Tabelle 47

Lithium-, Natrium-, Kalium- und Rubidiumgehalt der Schwarzerden

Nr. der Profile	Bodentyp	Horizont	Tiefe in cm	Mittlerer Gehalt der trockenen Böden in %			
				Li	Na	K	Rb
3	Gewöhnliche, lehmige Schwarzerde	A_1	0—5	0,0041	0,55	2,20	0,0075
		A_2	24—32	—	0,61	2,16	—
		B	80—88	0,0030	0,57	1,77	—
		C	128—144	0,0040	0,64	1,84	—
5	Anlehmige Schwarzerde	A	0—5	—	0,20	2,09	0,0089
		B	45—50	0,0046	0,17	2,06	—
9	Asow-Schwarzerde . . .	A	0—5	0,0038	0,86	2,52	0,0075
		B	40—45	0,0046	0,84	2,38	0,0071
		C	90—95	0,0037	0,86	2,01	0,0057

[1]) Für sowjetische Granite und Schiefer bestimmten Tolmatschew und Filippow 0,006% und 0,0089% Li. Goldschmidt und Stock bestimmten in deutschen Graniten 0,013% und in Schiefern 0,0046% Li.

Kastanienbraune Böden und Grauerden

Es wurden kastanienbraune Böden und Grauerden mit Merkmalen der Versalzung analysiert. Tabelle 48 gibt die Analysenergebnisse wieder und zeigt auch den Rubidiumgehalt der Solonetz und Solontschaks der Kaspi-Steppe. Die Li- und Rb-Verteilung dieser Böden ist den Schwarzerden annähernd gleich. Das Vorhandensein von Natrium in den kastanienbraunen Böden und versalzten Grauerden stört die normalen Verhältnisse zwischen K, Rb und Li nicht. Der Rubidiumgehalt der Solonetz und versalzten Grauerden schwankt, was vermutlich auf den unterschiedlichen Kaliumgehalt zurückzuführen ist.

Tabelle 48

Lithium-, Natrium-, Kalium- und Rubidiumgehalt der kastanienbraunen Böden und Grauerden

Nr. der Profile	Bodentyp	Horizont	Tiefe in cm	Mittlerer Gehalt der trockenen Böden in %			
				Li	Na	K	Rb
15	Helle kastanienbraune Böden	A	0–5	0,0031	1,07	2,22	0,0073
		B	30–35	0,0048	0,94	2,28	0,0063
		C	60–65	0,0036	0,83	1,98	0,0054
			111–115	0,0031	1,04	2,19	0,0047
19	Grauerden der Wüste .	A	0–5	0,0023	1,19	1,94	0,0046
		B	65–70	0,0053	1,18	1,78	–
		C	160–170	0,0050	1,21	1,92	–
20	Versalzte Grauerde . .	A	–	–	–	–	–
12	Solontschak.	A	–	–	–	–	–
18	Solontschak.	A	–	–	–	–	–

Roterden

Die Roterden sind im Vergleich zu den anderen Böden arm an Alkalien. Das hängt von der Lateritisierung ab, wobei die Alkalien in beträchtlichen Mengen ausgewaschen werden. Wie die Tabelle 49 zeigt, sind Basalte und Andesite als Muttergesteine der Roterden äußerst arm an Lithium, Kalium und Rubidium.

Tabelle 49

Lithium-, Natrium-, Kalium- und Rubidiumgehalt der Roterden

Nr. der Profile	Bodentyp	Horizont	Tiefe in cm	Mittlerer Gehalt der trockenen Böden in %			
				Li	Na	K	Rb
32	Roterden aus dem Botanischen Garten in Batum	A	0	0,0025	0,08	0,43	0,0005
		B	40–50	0,0013	0,80	0,18	–
		C	90–100	0,0011	0,03	0,18	–
34	Roterde aus dem Rhododendron-Wald	A	0	0,0014	0,08	0,24	0,0005
		B	40–50	0,0020	0,08	0,18	–

Zusammenfassung

Auf Grund unserer Analysen von über 1000 Bodenproben aus verschiedenen Ländern wurde das Verhältnis K : Na zu 2,2 und in Böden der UdSSR annähernd zu 3 bestimmt. Auch der Kalium- und Natriumgehalt der Roterden bei minimalem Alkaliengehalt ist ungefähr gleich groß. Eine Ausnahme bilden die Böden aus Chibiny und die Böden im Süden der UdSSR. Da die ersteren auf natriumreichen Nephelin-Syeniten entstanden sind, sind diese Böden natriumreich. Die kastanienbraunen Böden und Grauerden aus dem Süden sind wegen Versalzung natürlich reich an Natrium. Der Lithiumgehalt der UdSSR-Böden schwankt zwischen $1 \cdot 10^{-3}$ und $6{,}9 \cdot 10^{-3}$%. Diese Tatsache beweist, daß Lithium enger als Natrium mit Kalium in der Biosphäre verbunden ist. Die Roterden und die Böden aus Chibiny sind die ärmsten an Lithium und Cäsium. Von den von uns analysierten Böden haben sich lehmige Schwarzerden besonders reich an Lithium, Rubidium und Cäsium erwiesen. Als außerordentlich reich an Lithium, Rubidium und Cäsium sind die Böden aus dem Ural zu bezeichnen. Diese Böden sind auf Turmalin, Graniten, Lepidolithen und anderen, Lithium, Rubidium und Cäsium enthaltenden Mineralien gebildet worden. In der Regel ist der Rubidiumgehalt der normalen Böden um 1,5- bis 2mal höher als der des Lithiums. Wie die Tabelle 50 zeigt, gelten dieselben Verhältnisse auch für die Böden anderer Länder. Der mittlere Gehalt an diesen Elementen für die bis jetzt analysierten Böden beträgt $3 \cdot 10^{-3}$% für Lithium (150 Bestimmungen) und $6 \cdot 10^{-3}$% für Rubidium (100 Bestimmungen). Von Interesse ist ein Vergleich des Gehalts an diesen Elementen in den Böden und Gesteinen:

	Vulkanische Gesteine in %	Ton-sedimente in %	Böden in %	Seewasser in %
Li	0,005	0,005	0,003	0,000015
Na.	2,6	1,0	0,65	1,06
K	2,5	2,6	1,4	0,038
Rb.	0,03	0,04	0,006	0,00002
Cs	0,001	0,001	(0,001)	0,0000002
Rb : K	0,01	0,015	0,004	0,0005

Das Verhältnis Rb : K in Böden und Pflanzen ist durchschnittlich 0,003, im Seewasser 0,0005 und in Seeorganismen etwa 0,0004. Also unterscheiden sich Bodenwasser und Seewasser, folglich leben die Landorganismen in anderen Alkali-Verhältnissen als Seeorganismen.

Die vertikale Verteilung der Alkalien in den Bodenprofilen ist in den kastanienbraunen Böden, Schwarz- und Roterden unterschiedlich: Der Kali- und dementsprechend auch der Rubidiumgehalt der oberen Horizonte ist höher als der der tieferen Horizonte. Für podsolierte graue und graubraune Waldböden gilt das Gegenteil. In beiden Fällen gehen Kalium und Rubidium parallel, was, wie wir bereits wissen, auf annähernd gleiche Eigenschaften bzw. annähernd gleiche Ionengrößen zurückzuführen ist. Es ist wichtig, zu wissen, daß Rubidium scheinbar etwas leichter als Kalium aus den Böden ausgewaschen wird. Auf diese Vermutung weisen die Angaben von Goldschmidt hin, der den mittleren Rubidiumgehalt der Erdkruste mit $3 \cdot 10^{-2}\%$ bestimmte, Tolmatschew und Filippow dagegen bestimmten für Gesteine $1 \cdot 10^{-2}$ bis $2 \cdot 10^{-2}\%$. Der Salzsäure-Auszug des Rubidiums aus geglühtem Boden enthält nur 10% des Gesamtgehalts, ein Beweis, daß Rubidium sich in dem Gitter der Alumosilikate hauptsächlich in einer unlöslichen Form befindet. Ein beträchtlicher Teil des Rb wird erst nach der Verwitterung ausgewaschen. Die Verteilung von Lithium und Kalium ist an der Oberfläche dieselbe. Tiefere Horizonte sind oft lithiumreicher als die oberen, was vermutlich von der Stärke der Verwitterung des Muttergesteins abhängt. Der Verlust an Lithium gleicht dem Kaliumverlust und ist etwas höher als beim Rubidium. Mit Ausnahme der „Lithium-Vegetation" sind die Pflanzen um das 1 bis 2fache lithiumärmer als die Böden selbst. Die Bodenlösungen enthalten vermutlich auch etwas Lithium, was auf die Löslichkeit des Lithiums hinweist. Wie bekannt, wird Lithium in marinen Sedimenten, in Glaukonit und Boraten angereichert. Auch in abflußlosen Salzseen ist die Lithiumanreicherung nachgewiesen.

Zum Schluß ist noch einiges über das Cäsiumvorkommen im Boden zu sagen. Durch Spektralanalyse ist es uns nicht gelungen, Cäsium quantitativ zu bestimmen.

7*

Tabelle 50

Rubidium- und Lithiumgehalt der Böden verschiedener Länder

Land	Höchster Rb-Gehalt	Mittlerer Rb-Gehalt	Höchster Li-Gehalt	Mittlerer Li-Gehalt	Verfasser
UdSSR					
Verschiedene Böden (42)[1] . .	$1 \cdot 10^{-3}$—$8{,}9 \cdot 10^{-3}$	$6 \cdot 10^{-3}$	$1 \cdot 10^{-3}$ bis $6{,}0 \cdot 10^{-3}$	$3 \cdot 10^{-3}$	A. P. Winogradow und T. F. Borowik-Romanowa, 1946
Frankreich					
Verschiedene Böden (10) . .	—	—	$5 \cdot 10^{-3}$ bis $2{,}2 \cdot 10^{-3}$	—	Truchot, 1874
„ „ Europas[2]) (22)	$2 \cdot 10^{-5}$—$1{,}9 \cdot 10^{-3}$	$3{,}3 \cdot 10^{-3}$	—	—	G. und D. Bertrand, 1946
USA					
Verschiedene Böden (26) .	$1 \cdot 10^{-3}$—$1 \cdot 10^{-2}$	$2 \cdot 10^{-3}$	—	—	Robinson, 1914
Wie vorher (31)	—	—	$1 \cdot 10^{-3}$ bis $1 \cdot 10^{-2}$	$3 \cdot 10^{-3}$	Steinkoenig, 1915
Schottland					
Verschiedene Böden . . .	$1 \cdot 10^{-2}$—$2 \cdot 10^{-1}$	—	$3 \cdot 10^{-3}$ bis $5 \cdot 10^{-1}$	—	Mitchell, 1944
Japan					
Verschiedene Böden (23) . .	—	—	$1 \cdot 10^{-3}$ bis $1 \cdot 10^{-2}$	—	Hirai und Takagi, 1937
Spanien					
Verschiedene Böden	—	—	10^{-3}	-	Guelbenza, Ruiz und Azcona, 1944

[1]) Anzahl der Proben.

[2]) Das Ausziehen erfolgte durch Salzsäure, ohne den Boden durch Alkali-Schmelze aufzuschließen.

Auf die Empfindlichkeit der Methode gestützt, könnte man annehmen, daß der Cäsiumgehalt des Bodens nicht höher als $5 \cdot 10^{-4}\%$ ist und daß das Verhältnis Rb : Cs bei 50 liegt. G. und D. Bertrand fanden spektralanalytisch für einige Böden in Frankreich $3 \cdot 10^{-5}$ bis $2,5 \cdot 10^{-3}\%$, also durchschnittlich $5 \cdot 10^{-4}\%$ Cäsium. Den höchsten Gehalt an Cäsium weisen Granitböden auf.

6. Die Erdalkalien

Der höchste Strontium- und Barium-Gehalt wird in basischen Gesteinen, in Syeniten und auch in Graniten festgestellt. Strontium und Barium kommen hier in den Ca- und K-Mineralien wie Augit, Hornblende, Kaliumfeldspat, sowie auch gemeinsam mit den Seltenen Erden infolge annähernd gleicher Ionen-Größen, ferner in den Apatiten vor. Es gibt weite Gebiete, wo die Muttergesteine an Strontium und Barium reich sind. So gehören z. B. die Nephelin-Syenite der Kola-Halbinsel sowie des Felsengebirges zu den an Sr und Ba reichsten Gebieten. Hierfür ein Beispiel:

	Ca in %	Sr in %	Ba in %	Verhältnis Ca : Sr
Nephelin-Syenite	2,0	0,12	0,16	16
Granite	1,5	0,008	0,05	188
Basische Gesteine (Basalt)	4,5	0,017	0,05	265
Lehme	2,5	0,017	0,05	144

Granite enthalten um 2 bis 3mal weniger Strontium als basische Gesteine. Der Strontiumgehalt der Granite ist höher als der Kalziumgehalt der Syenite. Granite enthalten in der Regel um 1,5 bis 3mal mehr Barium als Strontium. Die Paragenesis von Sr und Ba in der Biosphäre ist an die Kalziummineralien gebunden. Strontium ist infolge der annähernd gleichen Ionenradien, Ca 1,06 Å, Sr 1,27 Å, Ba 1,43 Å, in Aragonit, Calcit, Anhydrit und anderen Ca-Mineralien enthalten. Strontium und Barium bilden außerdem Mineralien, z. B. Cölestin, Strontianit, Baryt, die häufig in den Sedimentgesteinen, im Untergrund des Bodens enthalten sind. Die Bikarbonate des Strontiums sind leichter löslich als die des Kalziums. Dadurch ist Sr^{II+} so leicht beweglich. Das Verhältnis Ca : Sr in der Biosphäre ist daher außerordentlich kennzeichnend und weist auf die Prozesse hin, die das Ca-Sr-Verhältnis in der gemeinsamen Anreicherung verändern. Das Vorkommen von Strontium und Barium im Boden ist schon lange bekannt; ihre Verteilung dagegen erst in der letzten Zeit untersucht worden. Es sind verschiedene Barium und Strontium enthaltende Pflanzengattungen bekannt, die auf Böden wachsen, deren Muttergesteine baryt- oder cölestinhaltig sind, z. B. in Virginia und anderen

Staaten der USA, und in einigen Gebieten in Mittelasien.[1]) Derartige Böden sind oft unfruchtbar. Pflanzen, wie z. B. aus der Gattung Astragalus, die Barium aufnehmen, sind giftig. Die biochemische Bedeutung von Strontium und Barium ist noch nicht ausreichend bekannt, obwohl der Einfluß auf Vegetation und Tierwelt unbestreitbar ist.[2])

Wie wir bereits festgestellt haben, sind die *Tundraböden*, deren Muttergesteine an Strontium und Barium reich sind, auch an diesen Elementen reicher als alle anderen Bodenarten. An Kalzium hingegen sind sie arm, da infolge des Wassereinflußes Kalzium aus diesen Böden leicht ausgewaschen wird. Der Strontiumgehalt ist entweder genau so hoch wie der Bariumgehalt, oder auch sogar noch etwas höher. Der höchste Sr- und Ba-Gehalt dieser Böden ist im Untergrund festgestellt worden. Profil Nr. 14 weist einen erhöhten Sr- und Ba-Gehalt im A_1-Horizont auf. Bei einem sehr hohen Strontiumgehalt dieser Böden — vgl. den Sr-Gehalt der Muttergesteine — könnte man annehmen, daß ein gewisser Teil des Sr infolge der Löslichkeit von $Sr(HCO_3)_2$ doch ausgewaschen worden ist. Die Fortführung von Ba dagegen ist infolge der schweren Löslichkeit von Ba SO_4 nur beschränkt möglich. Die SO_4-Ionen stammen in diesen Böden aus der schwefelhaltigen organischen Substanz (Tabelle 51).

Tabelle 51

Strontium- und Bariumgehalt der Tundraböden

Profil Nr.	Bodentyp	Horizont	Sr in %	Ba in %	Ca in %	Verhältnis Ca : Sr	Verhältnis Ba : Sr
42	Gebirgs-Tundraboden . . .	A_1A_0					
		B	0,090	0,071	1,51	17	0,79
		C					
44	Podsolierter Humusilluvial-Boden	A_2	0,200	0,150	0,47	2	0,75
		B	0,037	0,086	0,77	20	2,32
		C	0,34	0,150	1,42	42	4,40
43	Torf-Gley-Boden	A_1	0,120	0,052	1,36	11	0,43
		B	0,280	0,130	0,81	3	0,47

Podsolierte Böden (Profile Nr. 35, 37 und 38) sind bei geringem Kalziumgehalt auch arm an Strontium mit durchschnittlich etwa 0,01 %. Der Bariumgehalt dagegen weicht praktisch nicht vom Gehalt vieler anderer Böden der russischen Ebene

[1]) Sr und Ba sind sehr häufig in den Sedimenten der Germanischen Trias, so z. B. im Buntsandstein, Muschelkalk und Keuper. Der obere Zechstein enthält ebenfalls Cölestin, der sogar abbauwürdig ist (Anmerk. des Herausgebers).

[2]) Sr und Ba bilden das Skelett mancher mariner Organismen; Sr stört die Entwicklung der Knochen der Tiere.

ab. Wenn also z. B. das Verhältnis Sr : Ba in den Böden der Kola-Halbinsel etwa 1 : 1 ist, so lautet das gleiche Verhältnis in den Podsolen 1 : 10. Der Bariumgehalt dieser und anderer von uns analysierter Böden ist stets fast der gleiche. Dagegen schwankt der Strontiumgehalt der Podsole und anderer Bodenarten erheblich. Die Ursache ist auf die größere Löslichkeit der $Sr\,SO_4$-Salze im Vergleich zu $Ba\,SO_4$ zurückzuführen. Die podsolierten Böden weisen eine starke Bariumanreicherung in den oberen, insbesondere in den A-Horizonten auf. Bei Strontium ist das nicht so offensichtlich der Fall. Im C-Horizont der podsolierten Böden erreicht der Strontiumgehalt sein Maximum. Von Pelišek in den Podsolen der Tschechoslowakei durchgeführte Analysen, sowie auch Analysen von Robinson (USA) ergaben das gleiche Bild: Der Bariumgehalt ist überall höher als der Strontiumgehalt. Robinson und Slater weisen auf eine Bariumanreicherung in den Humushorizonten hin. Eine strenge Parallele im Strontium- und Bariumgehalt ist nicht festzustellen. Grundsätzlich jedoch ist zu sagen: je kalkhaltiger der Boden ist, um so reicher ist auch sein Strontiumgehalt. Wie die Tabelle 52 zeigt, sind Unterschiede im Strontium- und Bariumgehalt, sowie auch im Gehalt an anderen Elementen, in podsolierten Böden des Nordens deutlich zu erkennen. Diese Unterschiede sind durch die Verschiedenheit der bodenbildenden Gesteine hervorgerufen.

Tabelle 52

Strontium- und Bariumgehalt der podsolierten Böden

Profil-Nr.	Bodentyp	Horizont	Sr in %	Ba in %	Ca in %	Verhältnis Ca : Sr	Verhältnis Ba : Sr
35	Mittel-podsolierter Boden (Moskau)	A_1	0,005	0,069	0,39	78	13,8
		B_1	0,003	0,030	0,29	97	10,0
		B_2	0,009	0,042	0,37	41	4,2
		C	0,009	0,033	0,30	33	3,6
37	Podsolierte Böden auf Bänderton	A_1	0,008	0,100	0,51	64	12,5
		A_2	0,003	0,088	0,53	177	29,3
		B	0,015	0,049	0,62	41	3,3
38	auf anlehmigem Geschiebesand	A_1	0,005	0,010	0,54	108	2,0
		A_2	0,016	0,064	0,50	31	4,0
		B	0,015	0,078	0,62	41	5,2

Graue und graubraune Waldböden (Tab. 53) weisen, genau wie podsolierte Böden, bei einem geringen Kalziumgehalt nur wenig Strontium auf. Ihr Bariumgehalt ist höher als ihr Strontiumgehalt. Besonders Sr- und Ba-haltig ist der Untergrund. Der A_1-Horizont hat infolge der Auswaschung den höchsten Bariumgehalt.

Tabelle 53

Strontium- und Bariumgehalt grauer Waldböden

Profil-Nr.	Bodentyp	Horizont	Sr in %	Ba in %	Ca in %	Verhältnis Ca : Sr	Verhältnis Ba : Sr
61	Graue Waldböden	A_0	0,030	0,060	—	—	2,0
		A_1A_2	0,018	0,034	—	—	1,89
		A_2B_1	0,017	0,034	—	—	2,0
		B_2B_3	0,033	0,040	—	—	1,21
		C	0,058	0,079	—	—	1,36
2	Ausgelaugte graue Waldböden	A	0,016	0,041	0,9	56	2,66
		A_1	0,016	0,033	0,63	40	2,03
		B_1	0,012	0,034	0,63	53	2,83
		B_2	0,012	0,037	0,72	60	3,04
23	Graubraune Waldböden . .	A	0,005	0,031	0,42	84	6,20
		B	—	0,034	0,43	—	—

Schwarzerden enthalten offensichtlich etwas mehr Barium als Strontium. (Tabelle 54). Der Gesamtgehalt beider Elemente ist höher als in den Podsolen oder Grauerden. Der Sr- und Ba-Gehalt kennzeichnet den Charakter der Bodendynamik. Der Bariumgehalt ist ziemlich hoch, bis 0,5%, und ist mehr oder weniger über sämtliche Horizonte gleichmäßig verteilt. Bei hohem Kalziumgehalt dieser Böden ist keine vollkommene Gleichheit im Ca- und Sr-Gehalt vorhanden. Auch konnte keine besonders starke Anreicherung eines der beiden Elemente in irgendeinem Horizont festgestellt werden. Wie die Tabelle 54 zeigt, sind die Schwankungen im Strontiumgehalt bedeutender als im Bariumgehalt.

Tabelle 54

Strontium- und Bariumgehalt der Schwarzerden

Profil-Nr.	Bodentyp	Horizont	Sr in %	Ba in %	Ca in %	Verhältnis Ca : Sr	Verhältnis Ba : Sr
3	Einfache lehmige Schwarzerde	A_1	0,006	0,039	1,35	225	6,50
		A_2	—	—	—	—	—
		B	0,095	0,027	8,35	83	0,28
		C	—	0,027	6,70	—	—
5	Anlehmige Schwarzerde . . .	A	—	—	1,47	—	—
		B	0,061	0,048	4,49	74	0,19
		C	—	—	—	—	—
9	Schwarzerde aus dem Asow-Bezirk	A_1	0,017	0,048	1,03	61	2,8
		A_2	0,022	0,044	3,34	152	2,0
		B	0,030	0,045	6,05	201	1,5
		C	0,034	0,045	6,38	188	1,3

Helle kastanienbraune Böden (Tabelle 55) enthalten mehr Strontium als podsolierte und graue Waldböden. Bei verhältnismäßig hohem Kalziumgehalt gleicht der Bariumgehalt dem des Strontium. Der A_1-Horizont weist einen höheren Ba- (auch Sr?) Gehalt auf. Die tieferen kalziumhaltigen Horizonte haben auch einen höheren Strontiumgehalt. Also ist die Verteilung von Sr und Ba annähernd dieselbe wie in den Schwarzerden.

Tabelle 55

Strontium- und Bariumgehalt kastanienbrauner Böden und Grauerden

Profil-Nr.	Bodentyp	Horizont	Sr in %	Ba in %	Ca in %	Verhältnis Ca : Sr	Verhältnis Ba : Sr
14	Helle kastanienbraune Böden	A_1	0,025	0,041	0,72	29	1,6
		A_2	0,010	0,026	0,73	73	2,6
		B	0,050	0,026	8,17	163	1,5
		C	0,034	0,037	4,79	140	1,0
19	Grauerden der Wüste . . .	A	0,015	0,041	0,62	41	2,7
		B	0,030	0,028	4,18	139	0,9
		C	—	0,029	6,21	—	—

Grauerden. Auch hier entsprechen Gehalt und Verteilung von Sr und Ba den Schwarzerden und kastanienbraunen Böden. Der Gehalt an Sr und Ba ist bei einem hohen Kalziumgehalt dieser Böden (insbesondere des Untergrunds) gleich hoch und die Verteilung in den Horizonten nahezu dieselbe. Der A_1-Horizont weist eine Bariumanreicherung auf.

Roterden (Tab. 56) sind, wie bekannt, auf Andesiten und Diabasen gebildet worden. Sie sind nur schwach kalziumhaltig und dementsprechend auch arm an Strontium und Barium, weniger als 0,001 %. Interessant ist, daß die von Slater, Halms und Byers untersuchten Laterite der USA im Vergleich zu anderen Böden auch arm an Barium sind.

Tabelle 56

Strontium- und Bariumgehalt der Roterden

Profil-Nr.	Bodentyp	Horizont	Sr in %	Ba in %	Ca in %	Verhältnis Ca : Sr	Verhältnis Ba : Sr
32	Roterden	A	0,006	0,014	0,31	52	2,3
		B	0,00	0,01	0,12	—	—
34	Roterden aus dem Rhododendron-Wald	A	0,001	0,01	0,21	210	10,0
		B	—	—	0,16	—	—

Zusammenfassung

Bevor die Frage der Gesetzmäßigkeit der Verteilung von Strontium und Barium im Boden zur Sprache kommt, muß darauf hingewiesen werden, daß sulfatreiche Böden, insbesondere in den oberen Horizonten, auch reich an Barium und Strontium sind. In auf Serpentin gebildeten Böden (arm an Ca und reich an Mg) konnten nur Spuren von Sr und Ba[1]) festgestellt werden. Auf Baryten gebildete Böden weisen einen enorm hohen Bariumgehalt auf, über 3 %. Diese Böden sind unfruchtbar. Darauf wachsende Gräser sind giftige Futtermittel. Robinson, Whetstone und Byers, welche die Böden verschiedener Staaten der USA (Virginia, Tennessee, Missouri, Connecticut) untersuchten, stellten gleichzeitig einen hohen Ba_4-Gehalt fest. Besteht ein Überschuß an Barium und Mangel an SO_4, wird das Sulfat durch Pflanzen nicht aufgenommen. Ähnlich wirkt sich ein Bariumüberschuß auf Phosphat-Ionen aus. Die Tabelle 57 gibt den Sr- und Ba-Gehalt der Böden verschiedener Länder an.

Aus dem bis jetzt Dargelegten geht klar hervor, daß die Böden der UdSSR durchschnittlich 0,035 % Strontium und 0,05 % Barium enthalten. Der mittlere Gehalt der Böden der Welt (auf Grund von etwa 300 Analysen) beträgt 0,035 % Strontium und 0,05 % Barium, die „Baryt-Böden" ausgenommen. Wenn also der mittlere Gehalt der Erdrinde[2]) an Strontium 0,04 % und an Barium 0,04 % beträgt, so wird vermutlich Ba im Boden angereichert. Strontium und Barium kommen im Boden entweder als Silikate, wie z. B. im Feldspat und Glimmer, oder als Karbonate, Bikarbonate und Sulfate vor.

Falls der Boden stark chlor-ionenhaltig ist, so werden Sr^{II+} und Ba^{II+} allmählich als Chloride ausgewaschen.

Nach Robinson ist das Barium der Silikate leichter als $BaSO_4$ auswaschbar. Der Austausch von Sr^{II+} und Ba^{II+} im Boden ist sehr klein und nach Robinson 0,01—0,18 mval auf 100 g Boden (mit CH_3. COOH entzogen). Das gilt hauptsächlich für das Barium in den Glimmern.

Mitchell entzog Strontium mit 0,5 n CH_3. COOH und stellte 0,06 bis 0,89 mg auf 100 g Boden fest bei einem Kalziumentzug von 65 bis 320 mg. Wenn man den mittleren Gehalt an Sr mit 0,04 % und an Barium mit 0,05 % annimmt, so beträgt der lösliche Anteil von beiden Elementen weniger als 1 %. Laut unseren Analysen enthält Flußwasser $< 10^{-5}$% Sr, was auf einen relativ geringen Sr-Gehalt der Bodenlösung hinweist. Gerade auf den löslichen Anteil von Ba und Sr ist aber die giftige Eigenschaft dieser Böden zurückzuführen.

---

[1]) Failyer hat Barium nur qualitativ bestimmt.

[2]) Hier sind die Bestimmungen von Noll für Strontium angeführt. Clark bestimmte 0,02 % Sr (s. Hevesy) Engelhardt 0,04 % Barium. Die Ba-Bestimmungen von Neuwenberg sind fehlerhaft.

Tabelle 57

Strontium- und Bariumgehalt der Böden verschiedener Länder

Herkunft	Höchster Sr-Gehalt in %	Mittlerer Sr-Gehalt in %	Höchster Ba-Gehalt in %	Mittlerer Ba-Gehalt in %	Verfasser
UdSSR					
Böden der russischen Ebene (46)[1]	0,01—0,28	0,035	0,01—0,15	0,05	Winogradow und Borowik-Romanowa, 1941
USA					
Böden auf Baryt (Virginia, Tenessee, Missouri, Connecticut (34)	—	—	0,08—3,74	0,3	Robinson, Whetstone und Byers, 1939
Verschiedene Böden (9)	0,01—0,11	0,04	0,004—0,53	0,11	Robinson, Steinkoenig und Müller, 1917
,, ,, (33)	—	—	0,0014—0,070	0,03	Slater, Holmes, Byers, 1937
,, ,, (25)	0,01—0,1	—	0,004—0,50	0,13	Robinson, 1914
,, ,, (40)	0,001—0,3	0,03	0,001—0,3	0,03	Rogers, Gall, Gadden und Barnett, 1939
,, ,, (100) . . .	—	—	0,006—0,08	0,04	Bull of Soil. U. St. Bull. 72
,, ,, (2)	—	—	0,028—0,06	0,044	Mc. Hargue, 1913
,, ,, ...	—	—	0,01 —0,11	—	Failger, 1910
Frankreich					
Verschiedene Böden (22) . . .	—	—	0,008—0,17	0,042	Bertrand und Silberstein, 1928
Großbritannien					
Boden Nordwest-Schottlands .	—	—	0,03—0,5	—	Mitchell, 1944
Spanien					
Verschiedene Böden (77) . . .	—	an 0,1	—	—	Guelbenza, 1944
Japan	—	an 0,05	—	—	Hirai, 1937

[1]) In Klammern — Anzahl der Proben.

Es kann somit behauptet werden, daß der Gehalt von Sr und Ba der Massengesteine durchschnittlich gleich ist (Ba könnte etwas dominieren). Im Boden konnten wir eine teilweise Ba^{II+}-Auslaugung und gleichzeitig auch eine Konzentrierung in den Humushorizonten mancher Böden als schwer lösliches $BaSO_4$ feststellen. $SrCO_3$, $SrSO_4$ und andere Verbindungen sind leichter löslich und Strontium ist leichter als Barium, insbesondere in den niederschlagsreichen Gebieten auswaschbar. Ein Gehalt an NaCl und anderer Salze der Bodenlösung erhöht die Löslichkeit des Strontiums. Das Ergebnis ist das absolute Verschwinden des Strontiums im Boden im Vergleich zu den Massengesteinen. Das Verhältnis Ca : Sr ist 40 bis 50, also niedriger als in den Gesteinen, wo Ca : Sr etwa 90 beträgt.

Das Seewasser enthält Strontium und Kalzium teilweise als $SrCO_3$ und $SrSO_4$, wobei das Ca : Sr hier schon auf 30 sinkt, d. h. der Gehalt an löslichem Sr ist höher als der Kalziumgehalt im Boden oder im Süßwasser. Strontium wird doppelt so leicht als Kalzium ausgewaschen und infolge leichterer Löslichkeit seiner Salze auch leichter als $CaCO_3$ im Seewasser angereichert. In dem aus dem Seewasser ausgeschiedenen $CaCO_3$ ist das Verhältnis Sr : Ca etwa 1 : 100. Aus dem Seewasser wird Strontium in den Zeiten der Salzbildung als Cölestin ausgeschieden und in den Anhydriten und Aragoniten konzentriert. Mit diesen marinen Sedimenten wird Strontium wieder dem Boden zugeführt. Der Bariumgehalt des Seewassers ist viertausendmal kleiner als der Strontiumgehalt. Barium wird hauptsächlich als $BaSO_4$-Fällung auf dem Seegrund angereichert. Vermutlich sind solche $BaSO_4$-Fällungen auch im bariumreichen Boden zu finden. Aus dem geochemischen Verhalten von Strontium und Barium wird die Bedeutung und Einwirkung der Muttergesteine und auch der klimatischen Bedingungen auf den Gehalt an diesen Elementen im Boden klar.

Die Tabelle 58 zeigt das typische Verhalten von Strontium und Barium in verschiedenen Bodentypen.

Tabelle 58

Kalzium-, Barium- und Strontiumgehalt in verschiedenen Bodentypen in %

Bodentyp	Ca in %	Sr in %	Ba in %	Mittleres Verhältnis Ca : Sr	Mittleres Verhältnis Ba : Sr
Tundraboden	1,0	0,13	0,10	16	1,5
Podsolierter Boden	0,47	0,009	0,06	70	8,8
Grauer Waldboden	0,02	0,02	0,04	60	2,5
Kastanienbrauner Boden, Grauerden	3,64	0,03	0,03	100	1,6
Schwarzerden	4,36	0,04	0,04	140	2,2
Roterden	0,20	0,003	0,01	80	6,0

Podsolierte Böden der Kola-Tundra zeigen den Einfluß der Muttergesteine auf den Strontiumgehalt der Böden. Podsolierte (auch graue) Waldböden und Roterden unterliegen dem Einfluß des Klimas, der das Verhältnis Sr : Ba stört. Schwarzerden, graue und kastanienbraune Böden der mittelrussischen Zone zeigen eine einheitliche Verteilung von Sr und Ba. Das Gesamtbild der Podsolierung könnte durch das stark auseinandergehende Sr : Ba-Verhältnis gekennzeichnet werden, d. h. also durch die Anreicherung an Ba und Verarmung an Sr.

7. Das Vorkommen der Seltenen Erden im Boden

Seltene Erden kommen in größeren Mengen in den Massen- und auch in den Sedimentgesteinen vor; sie sind deshalb auch im Boden vorhanden.[1]) Auch Hinweise auf das Vorhandensein Seltener Erden in den Pflanzenaschen sind bekannt. Außerdem hat ROBINSON gezeigt, daß z. B. das Laub der Hickory-Nußbäume (Carya) reich an Seltenen Erden[2]) ist; in der Asche von diesem Laub wurden bis 2,5% TR festgestellt. Selbst auf kalkarmen Böden ist die Tendenz zur Anreicherung von TR im Carya-Laub festgestellt worden. Eine gewisse Verwandtschaft mancher Seltener Erden mit Ca ist allgemein bekannt. Carya und andere Pflanzen, die auf Granitböden wachsen, sind am TR-reichsten. Wie bekannt, kommen die Seltenen Erden in den sauren Gesteinen vor und werden im Apatit, Monazit und Orthit angereichert. Phosphorite in den Sedimenten sind ebenfalls oft TR-reich. Auf Grund zahlreicher Bestimmungen ist der TR-Gehalt der Granite und der Erdrinde durchschnittlich mit 0,015% anzunehmen. Auf Grund der Bestimmungen von MINAMI und SAHAMA ist das Verhältnis zwischen den Seltenen Erden in der Erdkruste, in Granit und Schiefer errechnet worden (siehe nebenstehende Tabelle 59).

Das im allgemeinen übereinstimmende Ergebnis beider Forscher erlaubt, diese Angaben als typisch für das Verhältnis zwischen den Elementen der Seltenen Erden anzusehen. So ist z. B. das Verhältnis

$$\frac{\text{S}^{\text{a}}\text{ der Cer-Erden}}{\text{S}^{\text{a}}\text{ der Ytter-Erden}}\ \text{nach MINAMI 2,3 —/— nach SAHAMA 2,5.}$$

---

[1]) GOLDSCHMIDT und TOMASSEN berichteten 1914 über das Vorhandensein der Seltenen Erden in den Gesteinen. Später hat GOLDSCHMIDT die Angaben von MINAMI übernommen.

[2]) J. D. STARYNKEWITSCH, M. P. BELAJA, SCRIBNER und LUX haben in den Pflanzenaschen die Summe der Seltenen Erden (TR) bestimmt.

Tabelle 59

Gehalt an Seltenen Erden in den Gesteinen

Element	Mittlerer Gehalt der Schiefer (nach MINAMI) in %	Mittlerer Gehalt der Granite (nach SAHAMA) in %
Y	$3{,}1 \cdot 10^{-3}$	$2{,}8 \cdot 10^{-3}$
La	$1{,}9 \cdot 10^{-3}$	$1{,}8 \cdot 10^{-3}$
Ce	$4{,}4 \cdot 10^{-3}$	$4{,}5 \cdot 10^{-3}$
Pr	$5{,}6 \cdot 10^{-4}$	$7{,}0 \cdot 10^{-3}$
Nd	$2{,}4 \cdot 10^{-3}$	$2{,}5 \cdot 10^{-3}$
Sm	$6{,}5 \cdot 10^{-4}$	$7{,}0 \cdot 10^{-4}$
Eu	$1{,}0 \cdot 10^{-4}$	$1{,}2 \cdot 10^{-4}$
Gd	$6{,}3 \cdot 10^{-4}$	$1{,}0 \cdot 10^{-3}$
Tb	$1{,}0 \cdot 10^{-4}$	$1{,}5 \cdot 10^{-4}$
Dy	$4{,}3 \cdot 10^{-4}$	$4{,}5 \cdot 10^{-4}$
Ho	$1{,}2 \cdot 10^{-4}$	$1{,}3 \cdot 10^{-4}$
Er	$2{,}4 \cdot 10^{-4}$	$4{,}0 \cdot 10^{-1}$
Tm	$3{,}0 \cdot 10^{-5}$	$8{,}0 \cdot 10^{-4}$
Yb	$2{,}6 \cdot 10^{-4}$	$3{,}0 \cdot 10^{-4}$
Cp	$7{,}0 \cdot 10^{-5}$	$1{,}0 \cdot 10^{-4}$
S^{a}	$1{,}5 \cdot 10^{-2}$	$2{,}3 \cdot 10^{-2}$

Wir gehen jetzt zu dem TR-Gehalt der Böden über. Die Tabelle 60 enthält die Analysenergebnisse von ROBINSON in USA im Vergleich zu denen von STARYNKEWITSCH in der UdSSR.

Tabelle 60

Gehalt an Seltenen Erden verschiedener Bodenarten

Herkunft	Horizont	Gehalt im lufttrockenen Boden in %
Gebirgstundraboden aus Chibiny	A_1	0,02
Podsolierter Boden auf Bänderton	A_1	0,017
Podsolierter Boden auf Geschiebelehm bei Moskau	A_1	0,01
Grauerde des Tula-Bezirks	A_1	0,02
Schwarzerde aus dem Asow-Bezirk	A_1	0,018
Roterde aus dem Botanischen Garten in Batum	A_1	0,014
Mittlerer Gehalt aus 17 Analysen der USA-Böden	—	0,024

Der Gehalt des Bodens an Seltenen Erden beträgt also etwa 0,02%, ist also etwa der gleiche wie in den Gesteinen. SAHAMA und andere stellten

Tabelle 61
Gehalt an Seltenen Erden

Herkunft	Y	La	Ce	Pr	Nd	Sm	Eu
Gebirgstundraboden	(I)	(I)	I[1]	III	II	—	II
„ , Ce extrahiert. .	I	I	—	II	I	—	II
Podsolierter Boden auf Bänderton . .	I	I	I	III	II	—	III
„ , Ce extrahiert. .	I	I	—	II	I	—	III
Anlehmige Podsole	I	I	I	III	II	—	—
Roterden	I	I	I				sind nicht
USA-Boden	I	I	I	I	I	II	II

Schwankungen im Gehalt der Granite Finnlands und Kareliens fest. Diese Feststellung weist auf mögliche Abweichungen im TR-Gehalt der Böden anderer Gebiete hin. In der Tat wurde festgestellt, daß der TR-Gehalt der Chibiny-Tundra — geglühte Bodenproben — doppelt so hoch ist wie aller anderen Bodentypen der UdSSR, nämlich 0,049%. Die Böden der russischen Ebene bzw. der Gebirgstundra und die Podsole auf Bänderton enthalten 43—50% Ce, die Böden der USA 53% Ce und 38% Y. Also ist das Verhältnis im Boden annähernd dem der Cererden zu Yttererden in der Erdkruste gleich. Die Tabelle 61 enthält die Ergebnisse der Spektral- und Röntgen-Analyse dieser Böden.

Die qualitativen Bestimmungen der Seltenen Erden im Boden entsprechen dem Gehalt der Urgesteine und auch der Erdkruste im allgemeinen. Es besteht auch hier das aus der Geochemie bekannte regelmäßige Überwiegen der gradzahligen Elemente; z. B. ist der Nd-Gehalt dem La-Gehalt annähernd gleich. Die Seltenen Erden kommen in Phosphaten, Apatiten, Orthiten, Gadoliniten und Monazitsanden vor. Ein Teil der Seltenen Erden, die sogenannten Austauscherden, sind in Säuren und Ammoniumsalzen löslich. Nach ROBINSON sind $9 \cdot 10^{-5}$ bis $9 \cdot 10^{-3}$% TR des Bodens in Essigsäure löslich, durchschnittlich sind im Boden nur 0,003% TR, d.h. etwa 10% des Gesamtgehaltes löslich.[2]) Auch die Pflanzen entziehen dem Boden die Seltenen Erden, so daß das Vorkommen leichtlöslicher und auch wasserlöslicher TR-Salze im Boden vermutet werden kann.

Diese Tatsache gewinnt an Bedeutung, weil man dadurch die bis jetzt vertretene Meinung der schweren Löslichkeit der Seltenen Erden in der Biosphäre[3]) widerlegen könnte. Eine endgültige Beantwortung dieser Frage kann allerdings erst nach der quantitativen Auswertung sämtlicher Spektren der Seltenen Erden im Gestein, im Boden und in Pflanzen erfolgen.

---

[1]) I = hoher, II = mittlerer, III = niedriger Gehalt.

[2]) Aus 100 g Boden sind 0,0072% TR in Azetat löslich, 0,0128% in NH_4Cl und 0,0202% in 0,05 n HCl.

[3]) Nach BRADLEY enthalten Koprolithe 0,28% Ce_2O_3 und 0,38% La_2O_3.

Tabelle 61
in verschiedenen Böden

Gd	Tb	Dy	Ho	Er	Tm	Yb	Cp	Verfasser
II	III	—	—	III	—	III	III	STARYNKEWITSCH, BOROWIK, BOROWSKIJ, 1941
I	—	III	—	II	—	I	II	
II	III	—	—	III	—	II	III	
I	III	III	—	II	—	I	II	
III	III	—	—	III	—	III	III	
bestimmt worden								
II	II	—	—	III	—	III	—	ROBINSON, 1943[1])

8. Über das Vorkommen von Titan und Zirkonium im Boden

a) Titan

Im Grunde genommen ist Titan weder ein seltenes noch ein Spurenelement, weil es in beträchtlichen Mengen in den Gesteinen in Form weit verbreiteter Mineralien vorkommt, wie z. B. als Titanmagnetit mit einem Ti-Gehalt bis 30%. Seine Geo- und Biochemie ist allerdings noch nicht erschöpfend genug untersucht. Der mittlere Titangehalt verschiedener Gesteine beträgt im Granit 0,23%, im Basalt 0,82%, im Nephelin-Syenit 0,8%. Der mittlere Titangehalt der Massengesteine ist 0,64% und der der tonig-sandigen Sedimentgesteine 0,45%. Der Hauptanteil des Titans ist an basisches Gestein gebunden: an Diabas, Gabbro und Derivate ultrabasischer Gesteine. Die letzteren sind reich an Mg und Fe, wie z. B. im Titanomagnetit, der bei Verwitterung Ilmenit, $FeTiO_3$ liefert, das häufigste Titanmineral. Alle anderen Titanmineralien kommen überwiegend in verschiedenen Gesteinen verteilt vor. Das sind meistens nur einfache Ti-Verbindungen, die Oxyde Rutil, Brookit, Anatas, ferner Titansilikate (Sphen); außerdem ist Titan als isomorphe Beimischung in Olivinen, Hornblenden und Biotiten enthalten. Alle diese Titanverbindungen sind in Massengesteinen nachgewiesen worden. Als Rutil, Ilmenit, Brookit sowie auch als schwarze und harte Titanmineralien wird es in den Sedimentgesteinen und auch häufig im Boden angereichert. Titan ist leicht beweglich und kommt in diesen Gesteinen als Ti^{IV+} vor. Eine andere, selten vorkommende Form ist als Ti^{III+} nachgewiesen worden.

In der Biosphäre werden Titanmineralien nicht gebildet, weil sie kein Wasser binden und auch nicht wasserlöslich sind. Möglich ist, daß lediglich TiO_2, Brookit, in der Biosphäre gebildet wird, W. J. WERNADSKIJ vermutet auch das Vorkommen amorpher Titanoxydhydrate als Zwischenprodukte der Ilmenitverwitterung, wie z. B. Leikoxen und Xantitan, die oft einen Bestandteil der Tone bilden. Die

[1]) ROGERS bestimmte in 9 Böden Lantham und Yttrium, MITCHELL außerdem Scadium. CLAFEY Lanthan, Yttrium uzd Ytterbium.

Bildung und Umwandlung dieser TiO_2-Hydrate in Sedimentgesteinen und Böden ist noch völlig unerforscht. Bekannt ist lediglich, daß sie schließlich in den kristallinen Zustand in Rutil und Anatas übergehen. Sedimentgesteine, die bei Verwitterung von Basalt und anderen basischen Gesteinen entstehen, sind reich an Titan. Als Beweis dafür sind die tropischen Laterite Afrikas, Asiens und die Sedimentgesteine mehrerer Inseln im Stillen Ozean anzuführen. Diese Böden sind außerordentlich titanreich. Auch die Böden von Kenya enthalten bis zu 35% TiO_2.

Vor über 100 Jahren wurde Titan im Boden entdeckt. Heute wissen wir, daß Vorkommen und Anreicherung von Titan von der Art der Bodenbildung abhängen. Im Jahre 1910 wurde W. J. Wernadskij auf Grund der Analysen dreier Bodenproben aus dem Tambow-Bezirk, durchgeführt von K. A. Nenadkewitsch, auf das Vorkommen von Titan im Boden der UdSSR aufmerksam. Später führte N. A. Porfirjew Titananalysen in einigen tatarischen Bodentypen durch. Später wurden die Forschungen bei uns im Institut aufgenommen. Ein Bericht von S. E. Kamenskaja über den Titangehalt der oberen Bodenhorizonte der russischen Ebene ist veröffentlicht worden.

A. N. Ostyakow und B. B. Polynow erforschten die Titanverteilung in den Roterden Adschariens in Tschakwa, Batum und in dem dortigen Botanischen Garten. Ferner teilen wir die Verteilung von Titan in den Bodenprofilen der russischen Ebene mit.[1])

Tundraboden (Siehe Tabelle 62). Der Titangehalt verschiedener Horizonte des Chibinsk-Tundra-Bodens ist umgekehrt proportional dem Gehalt an organischer Substanz. Der Untergrund ist am titanreichsten. Wie erwartet, ist der Titangehalt dieses Bodens im Vergleich zu den anderen Bodentypen der höchste.

Tabelle 62

Titangehalt verschiedener Bodentypen

Profil-Nr.	Bodentyp	Horizont	Titangehalt in %
42	Gebirgstundraböden	A_1A_0	0,53
		B	0,687
		C	0,787
44	Podsolierte Humus-Illuvialböden.	A_0A_1	0,150
		A_2	—
		B	0,498
		C	0,600
43	Torf-Gley-Boden	A_0	0,63
		A_1	—
		B	0,283

[1]) Bei dem Analysieren der Bodenproben wirkte auch K. W. Gorschkowa mit.

Insbesondere sind die humusreichen oberen Horizonte der Tundraböden an Titan verarmt. Moor, Torf und ähnliche Bodenarten sind also im allgemeinen titanarm.

Der podsolierte Boden hat einen mittleren Titangehalt von 0,3 bis 0,4 %. Auch hier ist der Untergrund etwas titanreicher. Eine Steigerung des Titangehalts durch Befeuchtung mancher Horizonte können wir vermuten, aber beweisen können wir es nicht. Joffe stellte im B-Horizont des podsolierten Bodens einen Anstieg im TiO_2-Gehalt fest, was nur auf Neubildung zurückzuführen ist. Je sandiger der Boden ist, um so ärmer an Titan ist er. Die Tabelle 63 gibt dafür ein Beispiel. Tonige und schwere Bodenarten sind immer reich an Titan.

Tabelle 63

Titangehalt podsolierter Bodentypen

Profil Nr.	Die Böden	Boden-horizont	Titangehalt in %
	Podsolierte Böden		
35	Mittelpodsolierter, lockerer Boden	A_1	0,38
		B_1	0,27
		B_2	0,38
		C	0,30
37	Podsolboden auf Bänderton	A_1A_2	0,48
		B	0,508
38	Podsolierter Boden auf Geschiebelehm mit Findlingen	A_1	—
		A_2	0,416
		B	0,471
24	Boden vom Byk-Berg (Kaukasus)	A	0,37
31	Durch Mn schwarz verfärbter Boden (bei Tschiatury)	A	0,24

Der graue Waldboden ist in seinem Titangehalt den podsolierten Böden ähnlich. Wie die Tabelle 64 zeigt, ist die Verteilung des Titans in den Horizonten aus der Probe 61 besonders klar zu ersehen. Die Humushorizonte weisen den minimalen, der Untergrund dagegen den maximalen Titangehalt auf.

Schwarzerden und kastanienbraune Böden haben durchschnittlich 0,45 % Titan, es ist über sämtliche Horizonte gleichmäßig verteilt. Dasselbe trifft auch für den Löß zu (Tabelle 65).

Tabelle 64

Titangehalt der Grauerden und anderer Bodentypen

Profil-Nr.	Bodentyp	Boden-horizont	Titangehalt in %
	Graue Waldböden und andere		
61	Grauer Waldboden	A_0	0,350
		A_1—A_2	0,330
		A_2—B_1	0,407
		B_2—B_3	0,433
		C	0,417
2	Grauer Waldboden (ausgelaugt)	A	0,46
		A_1	0,505
		B_1	0,461
		B_2	0,444
		C	0,475
13	Graubrauner Waldboden	A	0,49
		B	—
	Boden des Kasan-Bezirks (nach N. A. PORFIRJEW, 1925)		
	Lehmiger Boden (schwarzerdeartig) (Station Laischewskaja)	A_1	0,38
		B	0,45
		C	0,43
	Grauer, lehmiger Boden, degradiert	A_1	0,49
		A_2	0,45
		C	0,48
	Schwarzbrauner, humus- und karbonathaltiger schwerer Boden	A_1	0,43
	Lehmiger Podsol	A_1	0,45
		A_2	0,50
		55—70 cm	0,49
	Boden auf Sandhügel (Raifowskij-Waldschonung)	—	nur Spuren
	Podsolierter Boden auf Lößlehm (obere Wolga-Terrasse)	A_1	0,29
		A_2	0,30
		B	0,29
		C—B	0,35
	Schwarzerde auf Lößlehm (Spasskij-Versuchsfeld)	A_1	0,37
		A_2	0,38
	Moorboden (Ussadskij-Grünland-Versuchsstation)	—	0,0

Tabelle 65

Titangehalt der Schwarzerden und kastanienbraunen Böden

Profil-Nr.	Bodentyp	Horizont	Titangehalt in %
3	Gewöhnliche lehmige Schwarzerde	A_1	0,41
		A_2	0,53
		B	0,433
		C	—
5	Anlehmige Schwarzerde.	A	0,45
		C	0,438
		C	—
9	Schwarzerde aus Asow	A_1	0,47
		A_2	0,438
		B	0,393
		C	0,397
15	Heller kastanienbrauner Boden	A_1	0,42
		A_2	0,453
		B	0,348
		C	0,400

Grauerden haben im Vergleich zu den anderen von uns analysierten Bodentypen nur 0,2% Titan. Grauerden (Profil Nr. 19) sowie auch andere titanarme Böden (Profil Nr. 55) sind auch Fe_2O_3- und Al_2O_3-arm. Salzböden weisen lediglich in den tieferen Horizonten einen erhöhten Gehalt an den letzteren Elementen auf. Der A-Horizont ist reich an SiO_2. Zwischen dem Titan- und Eisengehalt des Bodens bestehen unter bestimmten Bedingungen Beziehungen, die vom geochemischen Standpunkt erklärbar sind (Profile Nr. 32, 34 und andere). Mit zunehmender Tiefgründigkeit nimmt auch der Titangehalt zu. Das weist vermutlich auf eine erhebliche Titan- und Aluminium-Anreicherung durch die Auswaschung hin. Wie die Tabelle 66 zeigt, wird die Verarmung der Grauerden an Titan, insbesondere der A-Horizonte, auch durch die neuen Bestimmungen von P. J. Sinjagin und andere bestätigt.

Roterden aus dem Botanischen Garten in Batum, mit Rhododendron-Wald bewachsen, sind titanreich, weil der Untergrund aus basischen Gesteinen besteht. Wie die Tabelle 67 zeigt, sind die A Horizonte besonders titanreich.

Die Roterde weist nur allgemeine Merkmale der Laterisierung auf. Laterit ist oft, nach Harrasowitz, Hall, Joffe, Kelley und anderen, an TiO_2 in den oberen Horizonten angereichert. TiO_2 als Rutil und Brookit bleibt unbeweglich.[1]) Geilmann wies auf den reichen Titangehalt der Roterden in der Humusschicht hin. B. B. Poljnow dagegen stellte einen niedrigeren Titangehalt im Boden aus

[1]) Bauxit ist oft reich an TiO_2, was vermuten läßt, daß es sich um ein Restprodukt handelt.

Tabelle 66

Titangehalt der Grauerde

Profil-Nr.	Bodentyp	Boden-horizont	Titangehalt in %
19	Salzfreie Grauerden der Wüste (bei Budennowsk)	A	0,24
		B	0,29
		C	0,33
	Grauerden Mittelasiens (nach J. J. SINJAGIN, 1946) Vorgebirgs-Boden		
	Schwere, lehmige Grauerde (Süd-Kasachstan-Bezirk)	—	0,21
	dito (Andishan-Bezirk)	—	0,21
	dito (Krassnowodsk-Gebiet)	—	0,21
	Heller kastanienbrauner Gebirgs-Boden (schwer, anlehmig) (Alma-Ata-Gebiet, Ilyjsk-Bezirk)	—	0,23
	dito (Alma-Ata-Gebiet, Kaskelensk-Bezirk)	—	0,24
	Böden des Flachlandes		
	Grauerde des Flachlandes, schwer, anlehmig (Pachta-Aral-Bezirk)	—	0,08
	dito (Schauldersk-Bezirk, Südkasachstan)	—	0,25
	dito, sandig (Jlijsk-Bezirk)	—	0,23
	dito, auf archäischen Sedimenten (Halbinsel Apscheron)	—	0,13
	dito, mit Merkmalen von Wassereinfluß (Taldy-Kury-Bezirk, Alma-Ata-Gebiet)	—	0,18
	dito (Dshambul-Gebiet)	—	0,20
	dito (Merkendsk-Bezirk)	—	0,25
	Dunkler, schwerer lehmiger Boden (Stalingrad-Bezirk)	—	0,19
	Torf-Moorboden (Stalingrad-Bezirk)	—	0,19
	Moor-Wiesenboden, tonig (Andishan-Bezirk)	—	0,14
	Wiesen-Solontschak, tonig (Dshambul-Bezirk)	—	0,12
	Bodenbildende Gesteine		
	Löß in 20 m Tiefe (Kaskelensk-Bezirk)	—	0,24
	dito in etwa 10 m Tiefe (Aryssk-Bezirk, Südkasachstan)	—	0,19
	Tertiärer Rotlehm aus Kalinin-Bezirk, Taschkent-Gebiet)	—	0,21
	Altes Alluvium, lehmig (Schuldersk-Bezirk)	—	0,16
	sandig	—	0,30

Tabelle 67
Titangehalt der Roterden

Profil-Nr.	Bodentyp	Horizont	Titangehalt in %
32	Roterde aus dem Botanischen Garten in Batum.	A	0,79
		B	0,71
		C	0,73
34	Roterde, mit Rhododendron-Wald bewachsen .	A	0,68
		B	0,657

dem Botanischen Garten in Batum in einer Tiefe von 3—10 cm im Gegensatz zu den tieferen Schichten fest. Der mittlere Titangehalt dieses Bodens ist sehr niedrig: $<$ 0,10—0,30%.

HARDY und RODRIGES stellten ebenfalls im Humushorizont dieser Laterite Titanverarmung fest. Der verhältnismäßig hohe Titangehalt der Roterden aus der UdSSR ist an einen hohen R_2O_3-Gehalt geknüpft. Das ist besonders stark ausgeprägt in Roterden oder ähnlichen Bodentypen, wie z. B. in den tropischen Lateriten Afrikas, in Ägypten, Guinea und Madagaskar, ebenso auf Hawaii. Unter dem Einfluß der Hitze und der hohen Niederschläge geht die Verwitterung der Gesteine in diesen Gebieten äußerst rasch vor sich. Der Titangehalt in diesen Böden und Gesteinen entspricht ihrem Eisengehalt.

Die Verbindungsformen des Titans im Boden

Wie wir bereits erwähnten, kommt Titan hauptsächlich in Form harter Mineralien vor, z. B. als Ilmenit, Rutil. Auch im Eisentitanat und als Beimischung in Alumosilikaten ist Titan enthalten. Zum größten Teil ist Titan in den nicht verwitterten Teilen der Tone, in Glimmern, Amphibolen und im Lepidomelan enthalten. Nach SALMINEN kommt Titan in dieser Form im Boden Finnlands, Kareliens und anderen Gebieten des Nordens vor. Offensichtlich sind alle diese Mineralien jedoch der Verwitterung ausgesetzt und bilden kolloidale Hydrate von TiO_2, wie z. B. Leikoxen und Xantitan, die von W. J. WERNADSKIJ ausführlich beschrieben worden sind. JOFFE ist der Meinung, daß ein Teil des Titans im Boden als $TiHPO_4$ vorkommt, was eine Neubildung voraussetzt. Hinweise auf Vorkommen eisenarmer Titanate konnten noch nicht überprüft werden. Im Boden vorkommendes Titan kann teilweise mit starken Säuren ausgezogen werden. Nach GEILMANN kann dem Löß auf diese Weise 14—16% und den Tonen 4—8% Titan entzogen werden. Beweise für das Vorkommen von wasserlöslichem Titan im Boden fehlen. Die Eigenschaften des Titans, z.B. des Ti^{IV+}, machen seine Ionisierung nur in sehr sauren Lösungen (p_H 2 bis 3) möglich, weil sonst Hydrolyse eintritt. Den einzigen Hinweis auf lösliches Titan im Boden hat S. E. KAMINSKAJA gegeben, indem sie in einem podsolierten Boden aus dem Moskauer Bezirk $7 \cdot 10^{-6}\%$ bestimmte. In diesem Fall handelt es sich aber vermutlich um keine echte Lösung. Immerhin sind jedoch Tatsachen bekannt, die auf die Löslichkeit des Titans im Boden hinweisen. So stellte z. B. JOFFE eine Titananreicherung im B-Horizont eines podsolierten Bodens fest. Es ist uns leider nicht gelungen, diese Mitteilung in den von uns analysierten Podsolen zu bestätigen. Wir konnten nur feststellen, daß der A_1-Horizont der Grauerden an Titan verarmt ist, tiefer liegende Horizonte hingegen eine Anreicherung an Titan aufweisen.[1]) Die Art, wie Titan im Boden wandert, ist also unbekannt.

Es ist nicht ausgeschlossen, daß es sich um Ti^{IV+} handelt, das entweder an Humus gebunden ist, (nur eine Vermutung), oder Titan durch niedrigen oder hohen P_H und hoher Ionenladung der Bodenlösung löslich geworden ist. Die Behauptung von B. B. POLYNOW, die eine Reduktion des Ti^{IV+} zu Ti^{III+} für möglich hält, ist kaum wahrscheinlich. Die Umwandlung ist nur bei starker Reduktion möglich.[2]) Ti^{III+} ist schwer löslich und geht leicht in Ti^{IV+} über, das Titanat bildet, so daß diese Form einer löslichen Verbindung auch möglich erscheint. Diese Tatsache wurde bis jetzt noch von niemandem unmittelbar im Boden festgestellt. Von Interesse ist, daß die kolloidalen Fraktionen des Bodens titanhaltiger sind als

Tabelle 68

Titangehalt verschiedener Bodenfraktionen

Bodentyp	Gesamt-Titan-gehalt in %	Gehalt der Kolloide in %	Gehalt der Fraktionen 0,2 bis 0,02 mm in %	0,02 bis 0,002 mm in %	0,002 mm in %	Verfasser
Dunkelkastanien-brauner Boden	0,05	0,18	—	—	—	PRASSOLOW und ANTIPOW-KARATAJEW, 1939
Grauerden aus der Hungersteppe	0,32	—	0,25	0,34	0,33	ROSANOW und RASCHEWSKAJA, 1948
Ton (Finnland)	0,46	—	—	—	0,69	SEDLEZKIJ, 1946
Verschiedene Bodenarten aus Kasachstan	0,27	—	—	—	0,59	SEDLEZKIJ, 1946
Laterit aus West-Indien	0,96	—	—	—	0,60	HARDY und RODRIGES, 1939

[1]) Teilweise auch infolge der Versalzung des Bodens wird nach W. A. KOWDA der „Säulenhorizont" an Titan angereichert.

[2]) $Ti^{III+} \rightarrow Ti^{IV+} - 0{,}04$ V. Durch Ferro-Ionen wird Ti^{IV} in saurer Lösung wieder reduziert.

die groben Fraktionen. Wie die Tabelle 68 zeigt, bilden lediglich Grauerden und manche Laterite eine Ausnahme, deren Ursachen aber noch nicht klar sind.

In der kolloidalen Fraktion (nach SEDLEZKIJ) konnten keine normalen Titanmineralien entdeckt werden, die so leicht in den groben Fraktionen als Brookit und Anatas zu finden sind. Damit entsteht wieder die Frage nach der Möglichkeit des Vorkommens von TiO_2-Hydraten („Leikoxen" und „Xantitan") in den Bodenfraktionen. Eine erschöpfende Untersuchung der Kolloide könnte auch die Frage der Titan-Löslichkeit beantworten. Solche Untersuchungen sind bis jetzt jedoch nicht durchgeführt worden. Die Laterisierung weist auf Schwerlöslichkeit des Titans hin. In den Tropen, wo die Verwitterung intensiv verläuft, werden große Mengen von $SiO_2 \cdot n\,H_2O$, $Al_2O_3 \cdot n\,H_2O$ und $Fe_2O_3 \cdot n\,H_2O$ aus den oberen Horizonten abgegeben. Der Gehalt an TiO_2 steigt dagegen merklich an. Das bedeutet, daß TiO_2 zurückbleibt. Rätselhaft erscheint der TiO_2-Gehalt der Bauxite, wenn man sie als allochthone Sedimente betrachtet.

Zusammenfassung

Der Titangehalt des Bodens hängt von der Natur des Muttergesteins ab. Fast alle Böden des Flachlandes sind Bodentypen mit normalem Titangehalt. Hier schwankt der Titangehalt zwischen 0,12 bis 0,79%. Der mittlere Titangehalt verschiedener Bodentypen ist folgender:

Torf und Moorböden der Tundra	0,52%
Podsolierte Böden	0,38%
Graue Waldböden	0,44%
Schwarzerden	0,45%
Kastanienbraune Böden	0,41%
Grauerden	0,21%
Roterden	0,71%

Der Tundraboden sowie die Roterden Adschariens haben den höchsten Titangehalt, weil sie auf basischen Gesteinen gebildet sind. Böden der mittleren Podsol-Zone und graue Waldböden sind an Titan verarmt; Schwarzerden weisen einen etwas höheren Titangehalt auf, dagegen sind Grauerden titanarm.

Sandige Böden, Löß, Moor- und Kalkböden sind am titanärmsten, dagegen weisen schwere Tonböden immer einen höheren Titangehalt auf. Alle diese Merkmale zeigen auch die entsprechenden Bodentypen anderer Länder. Der mittlere Titangehalt des Flachlandbodens beträgt 0,45%, der der normalen Bodenarten erreicht 0,5%. Diese Zahl ist etwas niedriger als der Titangehalt der Erdkruste von 0,6%, was — wie uns scheint — nicht nur auf Titanwanderung, sondern sozusagen auf die „Verdünnung" der Muttergesteine mit titanarmem Quarzsand, Kalkstein und Torf zurückzuführen ist. Der Humushorizont der podsolierten, grauen Waldböden

Tabelle 69

Titangehalt der Böden verschiedener Länder

Die Böden	Höchster Ti-Gehalt in %	Mittlerer Ti-Gehalt in %	Verfasser
UdSSR			
Humusboden mit Schotter von der Halbinsel Kola (16)[1]	0,17—0,42	0,30	IWANOWA und KOLOSSOW, 1936
Grauerden aus der Hungersteppe (1)	0,29—0,35	0,32	ROSANOW und RASCHEWSKAJA, 1948
Steppen-Boden (20)	0,026—0,46	0,21	PONOMAREW und ANTIPOW-KARATAJEW, 1947
Verschiedene Böden der russischen Ebene (46)	0,24—0,79	0,42	WINOGRADOW, 1948
dito, oberer Horizont (15)	0,24—0,79	0,44	KAMINSKAJA, 1941
Böden d. Tatarischen Republik (19)	0,0 —0,50	0,33	PORFIRJEW, 1925
Schwarzerden aus Poltawa und Saratow (2)	0,19—0,38	—	DÜNNINGTON, 1891
Schwarzerden aus Woronesh	0,48—0,51	0,50	NENADKEWITSCH, 1910
Grauerden Mittelasiens (16)	0,12—0,25	0,20	SINJAGIN, 1946
Roterden aus Batum (1)	—	0,52	OSTRJAKOW
Podsolierte Böden (22)	0,05—1,00	0,39	NOGINA, 1948
Verschiedene Böden aus Kasachstan (17)	0,06—0,54	0,27	SEDLEZKIJ, 1946
Schwarzerde (Solonetz) (30)	0,03—0,045	0,04	PONOMAREW und SEDLEZKIJ, 1948
dito (48)	0,20—0,55	0,34	AFANASSJEWA, 1947
Kastanienbraune Böden (26)	0,03—0,05	0,04	PRASSOLOW und ANTIPOW-KARATAJEW, 1939
Boden von der Krim (19)	0,026—0,48	0,20	dito, 1932
Waldböden des Kaukasus (6)	0,55—0,70	0,56	PRASSOLOW, 1947
Frankreich			
Verschiedene Böden			PELLET und FRIBOURG, 1905
Großbritannien			
1 Bodenprofil	1,6 —1,27	1,0	MUIR, 1934
Deutschland			
Verschiedene Böden (26)	0,06—0,60	0,30	GEILMANN, 1920
Tschechoslowakei			
Verschiedene Böden (35)	0,12—0,60	0,43	MALAC, 1931
Verschiedene Böden (?)	0,0 —0,77		SMOLIK, 1938
Verschiedene Böden (1)		0,002[2]	HAMPL, 1931

[1]) Die eingeklammerten Zahlen bedeuten die Anzahl der Proben.
[2]) Im Bodenauszug.

Fortsetzung von Tabelle 69
Titangehalt der Böden verschiedener Länder

Die Böden	Höchster Ti-Gehalt in %	Mittlerer Ti-Gehalt in %	Verfasser
Finnland			
Verschiedene Böden (Lehme) (27)[1]	0—0	0,41	SALMINEN, 1936
Spanien			
Verschiedene Böden (77)	0,1 —1,0	—	GUILBENZA, RUIZ und AZCONA, 1944
Böden der Kanarischen Inseln (24)	1,38—6,84	3,12	A. H. DE CASTRO, 1945
Schweden			
„Braunerde" (1)	0,32—0,36	0,33	STREMME, 1930—1931
Waldboden aus dem Norden (33)	0,23—0,39	0,27	TAMM, 1925, 1931
Podsolierte und graubraune Böden	0,000—0,035	0,015[2])	BENGTSSON, KARLSSON und MATTSON, 1943
Schweiz			
Boden auf kristallinen Gesteinen (2)	0,26—0,33	0,30	NIGGLI, 1930—1931
USA			
Verschiedene Böden (24)	0,25—0,90	0,52	ROBINSON, 1914
Verschiedene Böden (31)	0,12—3,2	0,49	DUNNINGTON, 1891
Böden aus verschiedenen Staaten (1024)	0,03—1,62	0,46	Nach MARBUT, 1935
Verschiedene Böden (54)	0,15—0,90	0,40	MIDDLETON, SLATER und BYERS, 1932
Podsolierte Böden (50)	0,16—1,26	0,50	JOFFE und PUGH, 1934
Kuba			
Verschiedene Böden (101)	0,08—1,0	0,49	BENNETT und ALLISON, 1928
Brasilien			
Boden aus Rio de Janeiro (4)	0,1 —0,27	0,18	Nach HARRASSOWITZ, 1930

[1]) Die eingeklammerten Zahlen bedeuten die Anzahl der Proben.
[2]) Im Bodenauszug.

Fortsetzung von Tabelle 69

Titangehalt der Böden verschiedener Länder

Die Böden	Höchster Ti-Gehalt in %	Mittlerer Ti-Gehalt in %	Verfasser
Hawaii			
Boden auf Basalt	(20,0)	3,0	MC. GEORGE, 1912
dito	1,30—2,90	2,10	KELLEY und THOMPSON, 1915
dito (107)[1]	0,60—7,5	2,50	HOUGH, 1937—1941
Neuseeland			
Verschiedene Böden (Nelson und andere Provinzen) (17)	0,15—0,90	0,31	ASKEW, 1931
Japan			
Verschiedene Böden (110)	0,09—0,88	0,34	KAWAMURA, 1934[2])
Verschiedene Böden	—	—	HIRAI u. a., 1937
Afrika			
Roterden und andere Böden (35)	0,05—3,20	0,89	V. D. MERVE, Maufe Keep (siehe HALL), 1924—38
Verschiedene Böden (6)	0,34—2,43	1,65	MARBUT, 1935
Boden aus Ägypten (mit Zuckerrohr bewachsen) (3)	1,44—1,20	1,15	PELLET und FRIBOURG, 1905
China			
Verschiedene Böden	0,0 —2,0	0,3	LEE, 1943
Mandschurei			
Verschiedene Böden (16)	0,045—0,37	0,18	ITIKAWA, 1934
Indien			
Laterit auf Andesit aus West-Indien (1)	0,66—1,50	0,95	HARDY und RODRIGES, 1939

[1]) Die eingeklammerten Zahlen bedeuten die Anzahl der Proben.

[2]) Boden-Kolloide.

und Grauerden sowie anderer Bodenarten weist einen niedrigeren Titangehalt auf als der Untergrund. Manche Hinweise erlauben, einen erhöhten Titangehalt im B-Horizont podsolierter Böden festzustellen. Schwarzerden zeigen über sämtliche Horizonte eine gleichmäßige Verteilung von Titan. Die oberen Horizonte der Roterden weisen einen höheren Titangehalt auf als die tieferen Horizonte; oft ist auch der umgekehrte Fall zu verzeichnen. Der Titangehalt der Humushorizonte wird hier etwas „gestreckt".
Anschließend folgt der Titan- und R_2O_3-Gehalt eines Bodenprofils aus dem Botanischen Garten in Batum (nach B. B. POLYNOW).

	TiO_2	Al_2O_3	Fe_2O_3
Oberer Horizont	1,59%	30,00%	14,75%
Bodenhorizont in der Tiefe von 35—40 cm	1,90%	26,80%	15,60%
Verwitterungskruste in der Tiefe von 55—60 cm	2,87%	29,30%	19,17%
Verwitterungskruste in der Tiefe von 100—105 cm	1,87%	24,20%	16,40%
Muttergestein	1,52%	18,33%	9,25%

Alles bis jetzt Erwähnte gilt für Böden mit normalem Titangehalt. Es gibt aber Bodenarten, z. B. auf Hawaii, in West-Indien, Indochina, Südamerika usw., die außerordentlich reich an Titan sind. Infolge der intensiven Verwitterung der Basaltschichten auf Hawaii oder in Kenya, sowie basischer Gesteine in Ägypten können, wie Tabelle 69 zeigt, größere Mengen Titan im Boden angereichert werden.[1])

Tabelle 70

Laterit-Profil auf Gneis aus Colombo (Ceylon) von Harrassowitz mitgeteilt

Tiefe in m	SiO_2	TiO_2	Al_2O_3	Fe_2O_3
1	33,87%	1,23%	26,57%	19,69%
2	46,91%	0,83%	25,75%	7,10%
3	48,73%	0,88%	16,07%	18,88%
5	51,24%	0,91%	28,84%	1,04%
7	63,89%	0,67%	18,87%	2,33%
10	64,42%	1,88%	17,25%	4,21%

Laterite sind in der Regel reich an Titan. Die Wanderung des Titans in Lateriten sowie auch über das gesamte Lateritprofil ist gründlich erforscht worden. Die oberen Horizonte dieser Laterite sind oft reicher an Titan als die

[1]) Über den Titangehalt in den Verwitterungsprodukten der tropischen Gebiete siehe HARRASSOWITZ, CLARK u. a.

tieferen. Titan kommt hier in der Regel als TiO_2 vor. Wir müssen hier auf die Tatsache hinweisen, daß eine Humuseinwirkung auf Titan nicht bekannt ist. Wir haben bereits erwähnt, daß der Titangehalt der Bodenarten überwiegend dem Gehalt an Sesqui-Oxyden entspricht. Ferner könnte man behaupten, daß die Quelle des Titans im Boden das Muttergestein ist. Nur die tiefgreifenden Bodenbildungsprozesse, wie z. B. die Laterisierung in den Tropen, viel weniger aber in anderen Bodentypen, verleihen der Titanverteilung in diesen Böden eine gewisse Eigentümlichkeit. Die Verbindungsform, in der Titan in den Bodenhorizonten wandert, ist nicht bekannt; es könnte vermutet werden, daß Titan in Verbindung mit Eisen beweglich ist.

b) Das Vorkommen von Zirkonium

Granit enthält durchschnittlich 0,03 % Zirkonium; Nephelin-Syenite dagegen das Zehnfache. Basische Gesteine wie Basalt weisen einen Zirkoniumgehalt von 0,015 % auf. Lehme und insbesondere Sande weisen einen erhöhten ZrO_2-, ThO_2-, SiO_2- und teilweise auch TiO_2-Gehalt auf. In Tonen gewöhnlich mit 0,1 % und in Sanden mit 0,5 % Zr finden sich die abbauwürdigen Zirkon-Gruben. Die Anreicherung von Zirkon in Sanden und ähnlichen Sedimenten ist auf seine träge Verwitterungsfähigkeit zurückzuführen. Dasselbe gilt auch für die Bildung der Terra rossa aus den Kalksteinen. Eine Anreicherung der oberen Horizonte mit Zirkonium in Podsolen, in Lateriten und ähnlichen Bodentypen, die einer starken Durchspülung ausgesetzt sind, ist zu vermuten. Systematische Bestimmungen des Zirkoniumgehalts in den Böden sind selten. Die Mehrzahl der Zirkoniumbestimmungen haben Rogers und Mitarbeiter in USA-Böden durchgeführt. Diese orientierenden Spektralanalysen stellen einen Zirkoniumgehalt meistens mit 0,008 bis 0,3 % fest. Der mittlere Zirkoniumgehalt könnte unter Vorbehalt mit 0,05 % angenommen werden. Genauere Werte sind von Robinson für manche Böden in USA angegeben worden: $5 \cdot 10^{-3}$ bis $1 \cdot 10^{-1}$, also durchschnittlich $5 \cdot 10^{-2}$%. Mitchell bestimmte spektralanalytisch in den Böden Schottlands $3 \cdot 10^{-2}$ bis $1 \cdot 10^{-1}$%. Claffy wies in den Böden auf Kalkstein $4 \cdot 10^{-2}$% Zr nach. In allen von uns spektralanalytisch untersuchten Böden wurden 10^{-2}% Zirkonium festgestellt. Die Erforschung des Schicksals des Zirkoniums im Boden bleibt eine Aufgabe der Zukunft.

9. Das Vorkommen von Vanadium, Chrom, Mangan, Kobalt und Nickel im Boden

a) Vanadium und Chrom

Chrom ist in konzentrierter Form meist in ultrabasischen Gesteinen — in Duniten, Peridotiten — und ihren Umwandlungsprodukten sowie in den Serpentingesteinen enthalten. In anderen Gesteinen kommt Cr nur in Metasilikaten als Cr^{III+} vor. Nach der Verwitterung der Gesteine bleibt Cr^{III+} schwer löslich und verhältsich annähernd wie Fe^{III}. Unter dem Einfluß von Wärme und bei günstigen Oxydierungsbedingungen kann Cr^{III+} in Cr^{VI+} ($Cr^{III+} \rightarrow Cr^{VI+} + 1{,}30$ V) übergehen. Das ist tatsächlich in Bodenlösungen auf Serpentin der Wüsten, wo Cr^{VI+}-Mineralien vorkommen, beobachtet worden. In diesem Fall bildet Cr^{VI+} leichtlösliche Chromate, die allerdings nur sehr selten nachgewiesen worden sind.

Vanadium ist hauptsächlich ein in basischen Gesteinen auftretendes Element. In konzentrierter Form kommt es in Titanmagnetiten, in anderen Gesteinen dagegen nur in Spuren vor. Auch als V^{III+} kommt Vanadium vor, das aber in dieser Form nur schwer löslich ist. Unter dem Einfluß eines hohen positiven Oxydierungspotentials — insbesondere in alkalischen Lösungen — geht V^{III+} leicht in V^{IV+}, dagegen schwieriger in V^{V+}[1]), in ein leicht lösliches Anion über, das Vanadate mit Kupfer und Kalzium bildet. Die geochemische Geschichte des Vanadiums ist in der Biosphäre mit der organischen Substanz eng verknüpft, indem das Element im Erdöl, Bitumen und in geringem Ausmaß in den Mooren angesammelt wird. Die Tone enthalten, wie auch ihre Muttergesteine, Chrom und Vanadium in gleicher Menge. Andere Sedimentgesteine enthalten zwar stets Chrom, aber die Natur seiner chemischen Bindung ist unbekannt. Der durchschnittliche Vanadium- und Chromgehalt ist folgender:

	Cr in %	V in %
Ultrabasische Gesteine (Peridotite)	$3 \cdot 10^{-1}$	$2 \cdot 10^{-2}$
Basische Gesteine (Basalte)	$3 \cdot 10^{-2}$	$2 \cdot 10^{-2}$
Granit	$1 \cdot 10^{-3}$	$1 \cdot 10^{-2}$
Mittlerer Gehalt der Erdkruste	$2 \cdot 10^{-2}$	$1{,}5 \cdot 10^{-2}$

[1]) $V^{III+} \rightarrow V^{IV+} + 0{,}40$ V. $V^{IV+} \rightarrow V^{V+} + 1{,}24$ V.

Das Vorkommen von Chrom und Vanadium im Boden ist seit längerer Zeit bekannt. Die systematische Erforschung allerdings wurde erst in den letzten Jahren vorgenommen. Die größte Aufmerksamkeit wurde selbstverständlich dem Chromvorkommen in Böden gewidmet, die auf chromreichen Gesteinen gebildet worden sind. Es handelt sich um weit verbreitete Massive, die z. B. in Baltimore, Cornwall, in Böhmen, Albanien, Andalusien, Tasmanien, Rhodesien, auf Kuba, Ceylon und auch in der UdSSR-Iltschar-Grube des Ural vorkommen. Es sind überall, wo sie auch vorkommen, kahle Gesteine, bedeckt mit grobkörnigem Boden und spärlicher Vegetation mit den sogenannten „Serpentin-Pflanzen." Diese Erscheinung wurde bisher auf die Unausgeglichenheit des Ca : Mg-Verhältnisses in diesen Böden zurückgeführt. Robinson, Edgington und Byers sprechen jedoch die Vermutung aus, daß der Chrom- und Nickelgehalt dieser Böden diese Pflanzenassoziation bestimmt.

Vlamis und Jenny bestreiten den Einfluß von Kobalt, Nickel und Chrom auf die sogenannten „Rosetten" der auf Serpentingesteinen wachsenden Pflanzen. Diese Frage konnte bisher keine erschöpfende Lösung finden; es wird aber vermutet, daß ein um Hunderte von Malen größerer Nickel- und Chromgehalt der Serpentinite im Vergleich zu anderen Böden nicht ohne Einwirkung auf die Vegetation bleiben kann. Bewiesen ist, daß auch die Vegetation auf solchen chrom- und nickelhaltigen Böden reich an beiden Elementen ist. Die Verteilung von Vanadium ist in Sedimentgesteinen und im Boden die gleiche. Es gibt aber keine an Vanadium reichen Bodentypen. Das Vorkommen vanadiumhaltiger Pflanzen ist zu vermuten. Hinweise auf Chrom- und Vanadium-Vorkommen in den Böden sind in Arbeiten von Slater, Rogers, Michell, Bertrand, Hermann, Hirai und Takagi zu finden. Auch Thomas, Dingwall, Truninger — letzterer fand in einem Boden bei Basel 0,45% V —, Porlezza und Donati haben diese Elemente in einem Boden auf Capri nachgewiesen. Auf ein reiches Vanadiumvorkommen im Boden der Steppe wies im Jahre 1871 Schmidt hin, was allerdings nicht überprüft worden ist. Pelisek stellte Vanadium in Böden der Tschechoslowakei fest. Die Tabellen 71, 72, 73, 74, 75 und 76 geben den Gehalt an Chrom und Vanadium verschiedener Bodentypen an.

Tundraboden. Dieser Boden weist einen überwiegenden Vanadiumgehalt im Vergleich zum Chromgehalt auf, was auf ähnliche Verhältnisse in den Nephelin-Syeniten zurückzuführen ist.[1])

Der Vanadiumgehalt der Tundraböden ist höher als der anderer Bodentypen. Im Vergleich zu den tieferen Horizonten weisen die oberen Horizonte einen höheren Vanadiumgehalt auf.

---

[1]) Mit einem minimalen Cr-Gehalt der Nephelin-Syenite von nur 0,0001%.

Tabelle 71

Chrom- und Vanadiumgehalt des Tundrabodens

Profil-Nr.	Bodentyp	Boden-horizont	Tiefe der Probeentnahme in cm	Cr in %	V in %	Fe in %
44	Podsolierter Humus-Illuvial-Boden	A_0—A_1	0—3	—	—	0,59
		A_2	3—6	$2{,}3 \cdot 10^{-2}$	$8{,}7 \cdot 10^{-3}$	
		B	6—25	$4{,}0 \cdot 10^{-3}$	$7 \cdot 10^{-3}$	2,71
		C	25	$5{,}2 \cdot 10^{-3}$	$7 \cdot 10^{-3}$	3,53
43	Torf-Gley-Boden . . .	A_0	0—15	$4 \cdot 10^{-3}$	$1{,}1 \cdot 10^{-2}$	3,62
		A_1	15—25	—	—	—
		B	25—50	$5 \cdot 10^{-4}$	$9{,}3 \cdot 10^{-3}$	2,17
42	Gebirgs-Tundra-Boden .	A_0—A_1	0—25	$1 \cdot 10^{-3}$	$1{,}2 \cdot 10^{-2}$	2,51
		B	25—45	$8{,}3 \cdot 10^{-3}$	$1{,}6 \cdot 10^{-2}$	2,51
		C	45—65	$1{,}9 \cdot 10^{-2}$	$1{,}2 \cdot 10^{-2}$	4,37

Podsole. Der Boden auf Bänderton mit einem höheren Eisengehalt als der gleiche Boden auf Geschiebelehm weist auch einen höheren Chrom-Gehalt auf. Das Vanadium ist über alle Horizonte gleichmäßig verteilt. Der B-Horizont zeigt eine merkliche Zunahme an Chrom und Vanadium.

Tabelle 72

Chrom- und Vanadiumgehalt der podsolierten Böden

Profil-Nr.	Bodentyp	Boden-horizont	Tiefe der Probeentnahme in cm	Cr in %	V in %	Fe in %
37	Podsolierter Boden auf Bänderton	A_1	—	$1{,}86 \cdot 10^{-2}$	$8{,}9 \cdot 10^{-3}$	2,12
		A_2	—	$2{,}95 \cdot 10^{-2}$	$8{,}3 \cdot 10^{-3}$	2,30
		B	—	$1{,}86 \cdot 10^{-2}$	$5{,}9 \cdot 10^{-3}$	4,59
38	Podsolierter Boden auf Geschiebelehm . . .	A_1	—	$2{,}9 \cdot 10^{-3}$	$7{,}2 \cdot 10^{-3}$	1,33
		A_2	—	$8{,}9 \cdot 10^{-3}$	$1 \cdot 10^{-2}$	3,90
		B	—	$8{,}4 \cdot 10^{-3}$	$6{,}9 \cdot 10^{-3}$	3,90
35	Lockerer anlehmiger mittelpodsolierter Boden .	A_1	0—10	$1{,}8 \cdot 10^{-2}$	$7{,}1 \cdot 10^{-3}$	1,20
		B_1	35—45	$6{,}5 \cdot 10^{-3}$	$6{,}3 \cdot 10^{-3}$	1,39
		B_2	55—65	$2{,}9 \cdot 10^{-2}$	$6{,}9 \cdot 10^{-3}$	1,59
		C	95—105	$2{,}2 \cdot 10^{-3}$	$5 \cdot 10^{-3}$	1,97

Der graue Waldboden weist wie auch der podsolierte Boden im B-Horizont eine Zunahme an Chrom und Vanadium auf.

Tabelle 73

Chrom- und Vanadiumgehalt des grauen Waldbodens

Profil-Nr.	Bodentyp	Boden-hori-zont	Tiefe der Probe-entnahme in cm	Cr in %	V in %	Fe in %
61	Grauer Waldboden . .	A_0	0—2	—	—	—
		A_1—A_2	2—22	2,4 · 10^{-2}	5,0 · 10^{-3}	—
		A_2—B_1	22—48	4,1 · 10^{-2}	5,0 · 10^{-3}	—
		B_2—B_3	48—95	1 · 10^{-2}	5,0 · 10^{-3}	—
		C	95—201	3,5 · 10^{-3}	5,0 · 10^{-3}	—
2	Grauer Waldboden . .	A	0—5 (17)	5,7 · 10^{-2}	8,7 · 10^{-3}	1,59
		A_1	20—25	1,4 · 10^{-2}	7,6 · 10^{-3}	2,08
		B_1	40—45 (32)	3,1 · 10^{-3}	8,3 · 10^{-3}	2,81
		B_2	75—80 (35)	4,4 · 10^{-2}	1,1 · 10^{-2}	3,53
		C	100—105	2,7 · 10^{-3}	1,1 · 10^{-2}	3,40
23	Graubrauner Waldboden	A	0—5 (32)	2,8 · 10^{-2}	6,2 · 10^{-3}	2,34
		B	32—40 (32)	7,6 · 10^{-2}	5,6 · 10^{-3}	2,99

Die Schwarzerden sind durchschnittlich an Chrom und Vanadium reicher als die übrigen zonalen Bodenarten. Die oberen Horizonte weisen einen höheren Chrom- und Vanadiumgehalt auf als die unteren. Chrom dominiert etwas über Vanadium.

Tabelle 74

Chrom- und Vanadiumgehalt der Schwarzerden

Profil-Nr.	Bodentyp	Boden-hori-zont	Tiefe der Probe-entnahme in cm	Cr in %	V in %	Fe in %
3	Gewöhnliche anlehmige Schwarzerde	A_1	0—5	4,0 · 10^{-2}	1,5 · 10^{-2}	3,11
		A_2	24—32 (28)	6,3 · 10^{-2}	1 · 10^{-2}	3,01
		B	80—88 (56)	2,2 · 10^{-2}	9,1 · 10^{-3}	2,89
		C	128—144	2,0 · 10^{-2}	8,7 · 10^{-3}	3,04
5	Anlehmige Schwarzerde	A	0—5 (40)	2,1 · 10.^{2}	1,6 · 10^{-2}	2,80
		B	45—50	3 · 10^{-2}	8,1 · 10^{-3}	3,15
		C	100	—	—	—
9	Schwarzerde aus dem Asow-Bezirk	A_1	0—5 (40)	3,02 · 10^{-2}	1,7 · 10^{-2}	3,75
		A_2	40—45 (42)	1,78 · 10^{-2}	1,1 · 10^{-2}	3,17
		B	90—95 (41)	1,9 · 10^{-2}	1,1 · 10^{-2}	2,90
		C	130—140	1,6 · 10^{-2}	8,9 · 10^{-3}	3,40

Kastanienbraune Böden und Grauerden weisen einen erheblichen Chromgehalt auf, der größer ist als der Gehalt an Vanadium, wie die folgende Tabelle zeigt:

Tabelle 75

Chrom- und Vanadiumgehalt des kastanienbraunen Bodens und der Grauerde

Profil-Nr.	Die Böden	Bodenhorizont	Tiefe der Probeentnahme in cm	Cr in %	V in %	Fe in %
15	Heller kastanienbrauner Boden	A_1	0—5	$4{,}2 \cdot 10^{-2}$	$7{,}8 \cdot 10^{-3}$	2,60
		A_2	30—35 (23)	$2{,}2 \cdot 10^{-2}$	$7{,}2 \cdot 10^{-3}$	3,65
		B	60—65 (63)	$1{,}1 \cdot 10^{-2}$	$8{,}9 \cdot 10^{-3}$	2,65
		C	110—115 (107)	$2{,}8 \cdot 10^{-2}$	$9{,}8 \cdot 10^{-3}$	3,12
19	Grauerde der Wüste	A	0—5 (63)	$5{,}7 \cdot 10^{-2}$	$8{,}9 \cdot 10^{-3}$	1,53
		B	65—70 (62)	$5{,}7 \cdot 10^{-2}$	$7{,}5 \cdot 10^{-3}$	1,94
		C	160—170 (70)	$3{,}5 \cdot 10^{-2}$	$8{,}3 \cdot 10^{-3}$	2,40

Roterden: Trotz des hohen Eisengehaltes der Roterden ist der Chromgehalt niedrig. Der Vanadiumgehalt wird dagegen unter den von uns analysierten Böden hier als der höchste bestimmt, was auf die Beschaffung des Muttergesteins (basische Gesteine) zurückzuführen ist.

Tabelle 76

Chrom- und Vanadiumgehalt der Roterden

Profil-Nr.	Die Böden	Bodenhorizont	Tiefe der Probeentnahme in cm	Cr in %	V in %	Fe in %
32	Roterde aus dem Botanischen Garten in Batum	A	0	$1{,}3 \cdot 10^{-2}$	$2{,}6 \cdot 10^{-2}$	6,84
		B	40—45	$3{,}5 \cdot 10^{-3}$	$2{,}3 \cdot 10^{-2}$	7,07
		C	90—100	$5{,}0 \cdot 10^{-4}$	$2{,}4 \cdot 10^{-2}$	9,32
34	Roterde aus dem Rhododendron-Wald von Batum	A	0	$6{,}4 \cdot 10^{-3}$	$1 \cdot 10^{-2}$	8,88
		B	40—50	$1{,}9 \cdot 10^{-2}$	$1{,}1 \cdot 10^{-2}$	10,39

Zusammenfassung

Mit Ausnahme der Tundraböden und Roterden sind sämtliche Bodentypen der russischen Ebene im allgemeinen reicher an Chrom als an Vanadium. Der mittlere Chromgehalt ist $1{,}9 \cdot 10^{-2}$%, der des Vanadiums $1 \cdot 10^{-2}$%, entspricht also annähernd dem Gehalt dieser Elemente in der Erdkruste. Der Chrom- und zum Teil auch der Vanadiumgehalt der Bodenhorizonte ist fast ohne Ausnahme dem Eisengehalt proportional. Der gesteigerte Eisengehalt der B-Horizonte der podsolierten und grauen Waldböden ist von ansteigendem Chromgehalt begleitet. Vanadium ist über sämtliche Horizonte fast gleichmäßig verteilt. Die A-Horizonte weisen einen erhöhten Gehalt an beiden Elementen auf. Wie die Tabelle 77 zeigt, ist der Chrom- und Vanadiumgehalt der Böden anderer Länder fast der gleiche. Obwohl nach ROBINSON der Vanadiumgehalt der USA-Böden etwas höher liegt als der Chromgehalt, könnte man auf Grund von etwa 300 analysierten Proben als mittleren Gehalt der Böden folgendes angeben:

$$\text{Chrom etwa } 1{,}8 \cdot 10^{-2}\% \text{ und Vanadium etwa } 9 \cdot 10^{-3}\%.$$

Das trifft aber nur für „normale" Böden zu. Die Böden, die auf chromreichen Gesteinen entstanden sind, z. B. auf Serpentin oder in Gebieten mit Vorkommen von Chrommineralien, sind auch an Chrom bedeutend reicher, wie aus folgenden Mitteilungen ersichtlich ist:

	Autor
Böden auf Serpentin im Ural bis 1%	WINOGRADOW, 1948
Böden auf Serpentin in Ost-Indien bis 1%	HARDEN, 1891
Böden auf Serpentin in Süd-Afrika von $1{,}5 \cdot 10^{-1}$ bis $2{,}5 \cdot 10^{-1}$%	VAN DE WALT und VAN DE MERWE, 1938
Böden auf Serpentin in Pennsylvanien von $1{,}7 \cdot 10^{-2}$ bis $5{,}23 \cdot 10^{-2}$%	ROBINSON, EDGINTON und BYERS, 1935
Böden auf Serpentin in Neu-Kaledonien (?)	BIRELL und WRIGHT, 1941
Böden auf Serpentin in der Tschechoslowakei von 0,06 bis 0,21%	PELIŠEK, 1939
Böden in West-Samoa von 0,048 bis 1,08%	BIRELL, SEELGE und GRANGE, 1939

Der Einfluß von chromhaltigen Böden auf die Vegetation, wie z. B. Erkrankungen der Pflanzen, ist bekannt. Die Ursachen dieser schädlichen Einwirkung sind aber nicht gründlich genug erforscht und die Meinungen darüber daher oft widerspruchsvoll. Auch die Verbindungsformen von Chrom und Vanadium, insbesondere in den Humushorizonten, und ihre Löslichkeit sind unbekannt. Diese Erforschung ist die Aufgabe der Zukunft. Die Böden — insbesondere auf Serpentingesteinen — weisen lediglich einen Gehalt an wasserlöslichen Chromverbindungen auf, vermutlich von Chromaten.

Tabelle 77

Chrom- und Vanadiumgehalt der Böden verschiedener Länder

Herkunft	Höchster Chromgehalt in %	Mittlerer Chromgehalt in %	Höchster Vanadiumgehalt in %	Mittlerer Vanadiumgehalt in %	Autor
UdSSR					
Verschiedene Böden (52)[1]	$5 \cdot 10^{-4}$—$7{,}6 \cdot 10^{-2}$	$1{,}9 \cdot 10^{-2}$	$5 \cdot 10^{-3}$—$2{,}6 \cdot 10^{-2}$	$1 \cdot 10^{-2}$	WINOGRADOW und BERGMANN, 1946
USA					
Verschiedene Böden (26).	$1{,}5 \cdot 10^{-3}$—$1{,}7 \cdot 10^{-2}$	$6 \cdot 10^{-3}$	$5 \cdot 10^{-3}$—$4 \cdot 10^{-4}$	$2 \cdot 10^{-2}$	ROBINSON, 1914
„ „ (50).	$2 \cdot 10^{-4}$—$3{,}4 \cdot 10^{-3}$	$1 \cdot 10^{-3}$	$2 \cdot 10^{-4}$—$2{,}7 \cdot 10^{-2}$	$8{,}6 \cdot 10^{-3}$	SLATER, HOLMES, BYERS, 1937
Florida (60)	$1 \cdot 10^{-4}$—$3 \cdot 10^{-2}$	$(8 \cdot 10^{-3})$	$8 \cdot 10^{-4}$—$3 \cdot 10^{-2}$	$(2 \cdot 10^{-3})$	ROGERS, GALL, GADDUM und BARNETT, 1919[2])
Großbritannien					
Schottland (10)	$1{,}5 \cdot 10^{-2}$—$3{,}1 \cdot 10^{-1}$	$6{,}7 \cdot 10^{-2}$	$2 \cdot 10^{-3}$—$1 \cdot 10^{-1}$	—	MITCHELL, 1940—1944
Frankreich					
Verschiedene Böden (20).	—	—	$3 \cdot 10^{-4}$—$6{,}8 \cdot 10^{-3}$	$3{,}2 \cdot 10^{-3}$	BERTRAND, 1942
„ „ (18).	$1{,}7 \cdot 10^{-4}$—$8{,}0 \cdot 10^{-3}$	$5 \cdot 10^{-3}$	—	—	TINELLI, 1948
Spanien					
Verschiedene Böden (77).	—	—	$1 \cdot 10^{-4}$—$1 \cdot 10^{-2}$	—	GUELBENZA, RUIZ und AZEONA, 1944
Deutschland					
Verschiedene Böden (23).	$7{,}3 \cdot 10^{-3}$—$1{,}4 \cdot 10^{-2}$	$1{,}08 \cdot 10^{-2}$	—	—	HERMANN und LEDERLE, 1942
Japan					
Verschiedene Böden (31).	—	—	$1 \cdot 10^{-3}$—$3 \cdot 10^{-2}$	$1 \cdot 10^{-2}$	HIRAI und TAKAGI, 1937
Argentinien					
Verschiedene Böden . .	—	—	$2 \cdot 10^{-3}$—$1{,}6 \cdot 10^{-1}$	—	TRELLES und AMATO, 1950

[1]) Die eingeklammerten Zahlen bedeuten die Anzahl der Proben. [2]) Spektral-analytisch bestimmt.

b) Mangan

In den Gesteinen kommt Mangan in der zweiwertigen Form gemeinsam mit Fe^{II+} vor. Bei der Verwitterung des Gesteins wird durch Einwirkung des Sauerstoffs der Luft und der Organismen das zweiwertige Mangan in höhere Oxydationsstufen überführt, so z. B. liegt im Wad und Psilomelan das Mangan drei- und vierwertig vor. Das Vorkommen von Mn^{V+} und Mn^{VII+} konnte in der Natur nicht nachgewiesen werden. Die Geochemie des Mangans in der Biosphäre hat W. J. Wernadskij in seinem Werk „Grundrisse der Geochemie" ausgezeichnet dargelegt. Manche Manganverbindungen, wie z. B. Wad, sind Kolloide. Mangan wird in den Sedimentgesteinen angereichert, wodurch große Lagerstätten entstanden sind. Als Beispiele dafür können die Mangan-Erzgruben im Süden der UdSSR und die Mangansediment-Erze im Ural angeführt werden. Die Löslichkeit des Mangans hängt von dem Oxydierungspotential des Milieus ab. In Gebieten mit positivem Potential, wie z. B. in sauren Böden und Torfmooren, liegt Mangan als wasserlösliches Mn^{II+} vor. Die Verbindungen des Mn^{III} sind schwerer löslich. In Gebieten mit hohem Oxydierungspotential, in Sand und Steinwüsten ohne organische Substanz, und unter starker photochemischer Einwirkung des Sonnenlichtes und anderer Katalysatoren geht Mn^{II+} in Mn^{IV+} über. Mn^{IV+} im normalen wasserhaltigen oder wasserfreien Pyrolusit ist absolut unlöslich, weder im Wasser noch in kohlendioxydhaltigem Wasser. Es bildet braune Krusten auf den Steinen in der Wüste, Konkretionen und ähnliche Ausscheidungen. Eine bedeutende Rolle spielt dabei der Bios. Pflanzen mit tiefer Wurzelentwicklung holen Mangan aus dem Untergrund herauf und reichern die oberen Bodenhorizonte durch das Laub mit Mangan an. Viele Organismen, wie z. B. „Trapa natans", speichern Mangan. Die Pflanzenaschen enthalten mehr Mangan als die Böden. Wie wir weiter unten ausführen werden, hängt die Oxydation von Mn^{II+} sowie die Reduktion höher oxydierter Manganverbindungen ebenfalls von der Lebenstätigkeit der Organismen ab. Ohne Mangan können die Organismen nicht existieren. Mangel oder Überschuß an Mangan verursachen Pflanzenkrankheiten, wie z. B. *mangano yellow* und andere. Im Leben der Organismen spielt Mangan also eine äußerst wichtige physiologische Rolle, die wir jedoch nicht weiter behandeln wollen, weil sie allgemein bekannt ist. Mangan ist zuerst von Scheele als Element dargestellt worden. Das Vorkommen von Mangan ist im Vergleich zu anderen Spurenelementen am vollständigsten erforscht. Unsere Kenntnis beschränkt sich nicht nur auf die Verteilung, sondern erstreckt sich auf sämtliche vorkommende Manganverbindungen. Besonders intensiv wurde die Forschung darüber in den letzten 20—25 Jahren betrieben auf Grund der altbekannten Tatsache über das Vorkommen von pflanzenlöslichen Manganverbindungen in sauren Böden sowie der nicht wurzellöslichen Formen in neutralen, alkalischen, kalkhaltigen und ähnlichen Böden. Vorkommen und

Verhalten von Mangan in den Böden der UdSSR ist von mehreren Bodenforschern studiert worden: KOSSOWITSCH, NABOKICH, RADOLEWITSCH, CHALISEW, JARILOWA, WLASSJUK und anderen. Auch über das Manganvorkommen in Böden anderer Länder ist eine umfangreiche Literatur vorhanden. Wir haben uns bemüht, alle Angaben über die Geochemie des Mangans in Form von Tabellen zusammenzufassen. Die Tabellen 78—83 geben den Mangangehalt der Bodentypen der UdSSR an, wie er in unseren Analysen festgestellt worden ist.

Tabelle 78
Mangangehalt der Tundraböden

Profil-Nr.	Bodentyp	Boden-horizont	Mn in der Trockensubstanz in %
42	Gebirgstundraboden von Chibiny	A_0—A_1	0,099
		B	0,09
		C	0,14
44	Humus-Illuvialboden von Chibiny	A_2	0,18
		B	0,06
		C	0,12
43	Torf-Gley-Boden von Chibiny	A_0	0,1
		B	0,06

Tundraboden: Er weist den gleichen mittleren Mangangehalt, 0,1 bis 0,2 %, wie die Erdkruste auf. Die A_1-Horizonte enthalten beträchtliche Mengen unzersetzter organischer Substanz. Die A_0- und A_1-Horizonte haben den höchsten Mangangehalt, was auf ein Emporziehen von Mangan durch die Pflanzenwurzeln aus dem Untergrund sowie auf den Laubfall zurückzuführen ist. Der Untergrund ist manganreicher als die mittleren Horizonte des Bodens aus Chibiny (Anstieg des Mn-Gehalts vom B-Horizont zum C-Horizont).

Podsole (Tabelle 79): Der A_1-Horizont ist bedeutend reicher an Mangan als die übrigen Horizonte. Im B-Horizont ist im Vergleich zu den unteren Horizonten etwas mehr Mn enthalten. Wenn wir die podsolierten Böden mit den übrigen Bodentypen vergleichen, so tritt die Anreicherung an Mangan in den A_1-, B_1- und B_2-Horizonten insbesondere für Bodentypen aus den Brjansk- und Dolgo prudnaja-Station-Bezirken besonders deutlich auf. Wie weiter wohl bekannt ist, findet eine außerordentlich starke Ansammlung von Mangan und Eisenmangan-Konkretionen in dem Ortstein-Horizont statt. Solche Konkretionen haben oft bis 10 % Mangan.

Tabelle 79

Mangangehalt der Podsole

Profil-Nr.	Herkunft	Boden-horizont	Mn in %
35	Mittelpodsolierter Boden aus dem Moskauer Bezirk	A_1	0,09
		B_1	0,026
		B_2	0,025
		C	0,023
37	Podsol aus dem Leningrader Bezirk	A_1	0,06
		A_2	0,04
		B	0,04
38	Wie Nr. 37	A_1	0,06
		A_2	0,057
		B	0,04

Grauer Waldboden (Tabelle 80): Diese Böden zeigen im A_1-Horizont die gleiche Mangananreicherung wie die podsolierten Böden. Besonders reich an Mangan ist der Humushorizont der Waldböden, in denen die Manganzufuhr durch die Streu des Laubes erfolgt. Nadeln sind im Vergleich zum Laub noch reicher an Mangan. Die Untersuchungen von Bishop sind der beste Beweis für die Anreicherung von Mangan durch Wurzeln aus dem Untergrund im frischen Laub von Eukalyptus. Humus mit reicher Beimischung von Eukalyptuslaub hat 3—7% Mangan in den drei oberen Zoll des Bodens.

Tabelle 80

Mangangehalt des grauen Waldbodens

Profil-Nr.	Bodentyp	Horizont	Mn in %
61	Grauer Waldboden aus Kasan, Tatarische Republik.	A_0	0,20
		A_1-A_2	0,21
		A_2-B_1	0,03
		B_2-B_3	0,04
		C	0,05
3	Ausgelaugter Waldboden	A_0	0,19
		A_1	0,07
		B_1	0,07
		B_2	0,05
		C	0,06
23	Dunkelfarbiger Waldboden	A	0,06
		B	0,13

Als Ergänzung zum Profil 61 fügen wir folgende 1943 durchgeführte Analysen der bodenbedeckenden Vegetation, Gräser und Papilionaceen, und des Bodenprofils an. Die Holzarten bestehen im wesentlichen aus Eichen, Birken, Ahorn und Linden.

	Mangangehalt in der Trockensubstanz in %
Grasdecke	0,4
Grünes Laub	0,08
Vergilbtes Laub	0,12
Waldstreu, Horizont A_0	0,20
Bodenhorizont A_1—A_2	0,21
Bodenhorizont A_2—B_1	0,03
Bodenhorizont B_1—B_2	0,036
Bodenhorizont C	0,049

Kastanienbraune Böden und Schwarzerden (Tabelle 81): Sie sind durch regelmäßige Verteilung des Mangans über sämtliche Horizonte gekennzeichnet. Eine Manganansammlung insbesondere im A-Horizont ist nach CHALISEW, SACHAROW und anderen nicht festzustellen.

Tabelle 81

Mangangehalt der kastanienbraunen Böden und der Schwarzerden

Profil-Nr.	Bodentyp	Horizont	Mn in %
15	Heller kastanienbrauner Boden	A_1	0,1
		A_2	0,07
		B	0,06
		C	0,06
	Schwarzerden:		
3	Lehmige, gewöhnliche Schwarzerde	A_1	0,09
		A_2	0,07
		B	0,02
5	Anlehmige Schwarzerde	A	0,08
		B	0,085
9	Schwarzerde aus dem Asow-Bezirk	A_1	0,08
		A_2	0,05
		B	0,06
		C	0,04
19	Grauerde der Wüste	A	0,04
		B	0,04
		C	0,06

Die Grauerden der Wüste gleichen im allgemeinen annähernd den Schwarzerden; lediglich der A_1-Horizont der Solonetz-Grauerden weist einen erhöhten Mangangehalt auf.

Roterden (Tabelle 82): Sie haben äußerlich nicht die typischen Anzeichen für hohen Mangangehalt. Da aber der Boden aus dem Rhododendron-Wald reich an organischer Substanz ist, hat er auch einen höheren Mangangehalt. Roterden aus verschiedenen Bezirken des Kaukasus sind auch verschieden reich an Mangan. Den Roterden verwandte Laterite anderer Länder sind oft reicher an Mangan, was auf die Zusammensetzung des Untergrundes zurückzuführen ist.
Unlösliches MnO_2 ist gemeinsam mit Eisen- und Aluminium-Oxyden in diesen Böden angereichert. Die Bildung der Laterite ist also teils durch Auswaschung aller wasserlöslichen Verbindungen unter dem Einfluß der Wärme, teils durch Ausfallen von unlöslichem MnO_2 verursacht.

Tabelle 82

Mangangehalt der Roterden

Profil-Nr.	Bodentyp	Horizont	Mn in %
32	Roterde aus dem Botanischen Garten von Batum	A	0,05
		B	0,03
		C	0,05
34	Roterde aus dem Rhododendron-Wald . . .	A	0,08
		B	0,18

Kalkböden: Kalkgesteine und Dolomite sind oft reich an Mangan, weil ihre Gitter das isomorphe Mn^{II+} enthalten. Böden auf Kalkgesteinen und Dolomiten, die Terra rossa, enthalten infolge der Verwitterung außer Sesqui-Oxyden auch Mangan. Mangan wird unter dem Einfluß der alkalischen Reaktion der oberen Horizonte dieser manganreichen Bodentypen festgelegt, indem Oxydation erfolgt. Dadurch wird es für die Vegetation unzugänglich.

Tabelle 83

Mangangehalt der sogenannten Manganböden

Herkunft der Böden	Mn in %	Verfasser
Hawaii	9,74	KELLEY, 1909—1928
Tschiaturi	6,12	WINOGRADOW, 1943
Miskora	9,0	FERMOR, 1913
Tschakwy	4,0	NABOKICH, 1913

Manganreiche Bodentypen (Tabelle 83): Zum Schluß sollen noch die Bodentypen erwähnt werden, die 10 bis 15% Mangan enthalten. Es sind das die von KELLEY beschriebenen sauren Böden auf Hawaii. Der Boden aus dem Tschiaturi-Bezirk in der UdSSR enthält nach unseren Analysen ebenfalls über 6% Mangan. Die Böden aus den Gebieten mit Manganerzlagerstätten weisen ebenfalls einen hohen Mangangehalt auf.
In der Tabelle 84 wird der Mangangehalt der Böden der UdSSR zusammengefaßt angegeben. Die Fragen, die sich aus diesem Analysenmaterial ergeben, sollen dann im Anschluß daran ausführlich besprochen werden.

Die Verbindungsformen des Mangans und seine Anreicherung im Boden

Seit langem ist bekannt, daß Mangan im Boden in mindestens zwei Formen vorkommt und zwar als leichtlösliche und unlösliche Verbindungen. Die ersteren bestehen aus den Salzen des Mn^{II+} und kommen in den Bodenlösungen als Karbonat oder Bikarbonat, Sulfat und als andere leichtlösliche Salze bei saurer Reaktion bis p_H 6 vor. Wie bekannt, beginnt bei p_H 5,5 Fe^{II+} und bei p_H 8—8,5 mn^{II+} auszufallen nach der Gleichung:

$$Mn\,(HCO_3)_2 + 2\,H_2O = Mn\,(OH)_2 + 2\,H_2CO_3\,.$$

Die Eigenschaften dieses Hydrats sind gut bekannt. Falls die Oxydation des Mn^{II+} nicht schon in der Lösung erfolgt, dunkelt Mn $(OH)_2$ ($MnO \cdot n\,H_2O$) unter Einwirkung der Luft schnell nach und wandelt sich in eine höhere Oxydationsstufe um, die bedingt als $Mn(OH)_3$ oder $Mn_2O_3 \cdot n\,H_2O$ bezeichnet werden kann. Weitere Oxydation führt zur Bildung des wasserhaltigen $MnO_2 \cdot n\,H_2O$ und des kristallinen Pyrolusits MnO_2. Manganite, insbesondere MnO_2, sind im Wasser oder in Bodenlösungen unlöslich. Bekanntlich ist die Oxydation des Mn $(OH)_2$ bis zum MnO_2 nicht vollständig. Es werden Zwischenverbindungen verschiedener Art mit einem Gehalt an aktivem O_2 gebildet.[1]) JARILOWA stellte fest, daß bei Überschuß von Mn^{II+} das Verhältnis von aktivem O_2 zu Mn nicht höher als 0,5 ist. Zahlreiche Untersuchungen von NATTEL, MANN, JARILOWA und anderen über das Vorkommen von Mn_2O_3 im Boden beweisen, daß Mn^{III} zum größten Teil aus der Oxydation des Mn^{II+} hervorgeht. Nach MANN ist Mn^{III+} die erste Stufe der Oxydation. Mn^{III+} kann nach der Gleichung

$$Mn_2O_3 \rightarrow MnO + MnO_2$$

weiter umgewandelt werden. Dieser Prozeß ist nur unter schwach alkalischen Bedingungen bis p_H 7,5 möglich. Dabei geht Manganoxyd leicht in Mn $(OH)_2$ über.

¹) Nach NIEHOLZ und WALSON bis 89%, nach MEYER und NERLOCH bis 94%. (Vgl. auch HERRMANN und LIEVIN u. a.)

Tabelle 84

Mangangehalt der Böden der UdSSR

Bodentyp und Herkunft	Höchster Mangan-gehalt in %	Mittlerer Mangan-gehalt in %	Verfasser
Humus-Schotterboden der Kola-Halbinsel (6)[1]	0,12—0,69	0,42	IWANOWA und KOLOSSOW, 1937
Grauerden der UdSSR (16)	0,08—0,29	0,11	SINJAGIN, 1948
Verschiedene Böden			
aus der Lettischen Republik	0,002—0,23	—	KRUMINSCH, 1931
aus der russischen Ebene (6)	0,02—0,15	(0,08)	CHALISEW, 1934
aus dem Kasan-Bezirk (5)	0,02—0,16	0,06	TJURIN, 1925
aus dem Tambow-Bezirk (28)	0,03—0,31	0,17	TUMIN, 1916[2])
aus dem Tambow-Bezirk (21)	0,01—0,22	0,05	POLYNOW, 1927
Podsolierte Böden aus dem Norden (3)	nur Spuren bis 0,71	0,38	RHODE, 1937
Boden von den Waldai-Höhen	0,08—0,11	—	GRABOWSKAJA, 1934
Boden aus dem Ural	—	—	SMIRNOW, 1927
Boden aus dem Moskauer Bezirk	0,38—1,1	0,8	REMESOW, 1925
Schwarzerde aus dem Tambow-Bezirk	0,27—0,49	0,36	PRASSOLOW, 1939
Schwarzerde aus dem Süden	0,014—0,56	—	NABOKICH, 1913[2])
Schwarzerde aus Moskau	0,016—0,064	0,048	REMESOW und GOLUBEW, 1930
Böden aus Petrodworetz (4)	0,023—0,075	0,046	OGNEW, 1917
Kastanienbraune Böden (2)	0,24—0,28	0,26	PRASSOLOW und ANTIPOW-KARATAJEW, 1939
Böden aus der Krim (22)	0,12—0,72	0,40	dito, 1932
Schwarzerden aus dem Kuban-Bezirk (8)	0,23—0,33	0,30	IMSCHENEZKIJ, 1924
Böden aus der Burjat-Mongolei (2)	0,4 —0,90	0,55	POLYNOW und LISSOWSKIJ, 1930
Wald-Steppenboden aus dem Nuchin-Bez.	0,06—0,17	—	SACHAROW, 1935
Böden der russischen Ebene (50)	0,02—0,19	0,07	WINOGRADOW, 1941
Schwarzerde und Solonetz (30)	0,03—0,06	0,05	PONOMAREW, SEDLEZKIJ, 1940
Grauerden der Hungersteppe (6)	0,05—0,07	0,06	ROSANOW und RASCHEWSKAJA, 1948
Verschiedene Böden (22)	0,007—0,4	0,16	KOSSOWITSCH, 1917[2])
Podsolierte Böden (17)	0,005—0,10	0,03	PAWLOW, 1933
Boden aus der Ukrainischen Republik (4)	0,023—0,062	0,04[3])	WLASSJUK und GORNAJA, 1943
Schwarzerden aus dem Saratow-Bezirk (4)	0,24—1,20	0,6	LEVIN, 1947
Bodentypen der Steppe (19)	0,09—0,35	0,22	PONOMAREW u. ANTIPOW-KARATAJEW, 1947
Schwarzerden (48)	0,03—0,075	0,06	AFANASJEWA, 1947
Podsolierte Böden (22)	0,05—1,00	0,28	NOGINA, 1948
Waldböden (19)	0,02—0,90	0,46	NIKITINA, 1948
Waldböden aus dem Kaukasus (10)	0,045—0,12	0,13	PRASSOLOW, 1947

[1]) Die eingeklammerten Zahlen bedeuten die Anzahl der Proben.

[2]) Da die Angaben von PUCHNER (s. GLINKA), ISKÜL, DRANTZYN u. a. veraltet und vermutlich ungenau sind, sind sie hier nicht aufgeführt.

[3]) Mangan wurde hier dem Boden mit Schwefelsäure entzogen.

Bei p_H 8 entsteht $MnO_2 \cdot nH_2O$, weil bei diesem Reaktionsgrad das Oxydationspotential besonders hoch ist.
Hydration und Dehydration des Mangan-Oxyduls, die Reaktion des Milieus sowie das Redoxpotential des Bodens bestimmen die Geschwindigkeit der Überführung von Mn^{II+} zu Mn^{IV+}. Auch die Bildung der Hydrate von MnO, Mn_2O_3, Mn_3O_4 und MnO_2 scheint möglich zu sein. Das Gleichgewicht zwischen diesen Oxydationsstufen im Boden ist nur ganz allgemein bekannt. JARILOWA zeigte, daß im Reaktionsbereich von p_H 3,2 bis p_H 8,0 das Redoxpotential des Systems

$$Mn^{II+} \rightarrow Mn^{IV+} \cdot n\,H_2O$$

eine lineare Funktion der p_H ist. Aus dieser Beziehung ergeben sich die Veränderungen des Redoxpotentials je p_H-Einheit. Vermutlich wandelt sich das zuerst gebildete kolloidale wasserhaltige MnO_2 anschließend in Pyrolusit um. Wir müssen auf folgendes hinweisen:

1. Die oben beschriebenen Oxydationsprozesse erfolgen zwar notwendig unter Mitwirkung des Sauerstoffs,
2. Sie werden aber verursacht durch aerobe und anaerobe Mikroorganismen unter Beteiligung der organischen Substanz, so daß diese Vorgänge im Boden indirekt vom Bios gesteuert werden.

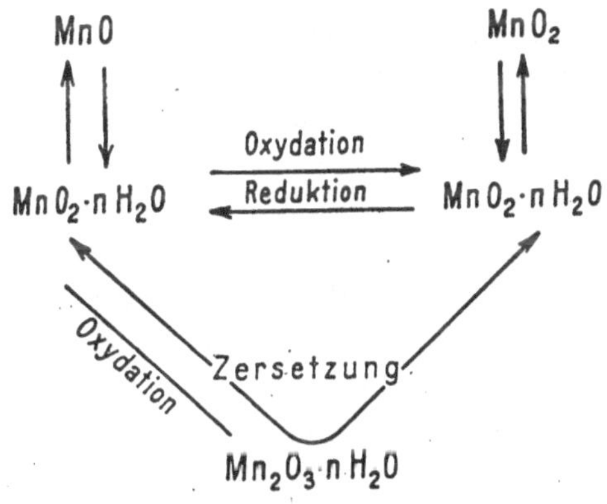

Abb. 3. Oxydations-Reduktions-Zyklus des Mangans

Die Beteiligung von Bakterien bei der Bildung der Manganausscheidungen ist wohl bekannt, ebenso das Vorkommen von manganspeichernden Bakterien, Pilzen und Pflanzen. Zahlreiche leichtlösliche Zersetzungsprodukte der organischen Substanz des Bodens wie Aminosäuren, Zucker und andere können die höheren Manganoxyde wieder reduzieren. Wie die Abb. 3 zeigt, stehen die geschilderten Vorgänge unter unmittelbarem Einfluß des Bios.

3. Schließlich wird die Oxydation durch Katalysatoren beschleunigt, z. B. durch die Salze der Alkaliböden. Die Hydrate des Mn^{III+} des wasserhaltigen MnO_2 und Pyrolusite sorbieren bei ihrer Bildung eine Reihe der in der Bodenlösung befindlichen Basen, insbesondere Ba^{II+}, Ra^{II+}, Co^{II+} auch Co^{III+}.

Saure Böden sind naturgemäß reicher an Mn^{II+}, alkalische Böden hingegen weisen nur Mn^{II+}-Spuren auf, die leicht oxydiert werden. Der Gesamtgehalt kann deshalb keinen Hinweis geben auf den Gehalt an löslichem Mn. Die Analysen von ROBINSON und SMOLIK zeigten bei längerem Entzug von Mangan aus dem Boden mit Wasser einen Gehaltsanstieg in der Lösung an; darum kann der wässerige Bodenauszug keine vergleichbaren Ergebnisse geben. In der Praxis wurde festgestellt, daß eine Überflutung des Bodens sowie mangelhafte Entwässerung und Entlüftung die Bildung von Mn^{II+}-Verbindungen erheblich begünstigen. Im Herbst, wenn der Boden mit Laub angereichert wird, also günstige Bedingungen für die Reduktion von Mangan durch Mikroorganismen und organische Substanzen gegeben sind, die Mangan löslich und damit beweglich machen, ist der oben beschriebene Vorgang besonders deutlich nachzuweisen. Ein hoher CO_2-Gehalt in der Bodenlösung erhöht die Löslichkeit und damit die Beweglichkeit von Mn^{II+}. In sauren Böden, z. B. in Torf und Moor, die reich an Reduktionsmitteln sind, wird Mangan bis zu leichtlöslichem Mn^{II+} reduziert und bildet in dieser Form den Hauptanteil des Gesamtgehalts. Diese Böden sind allerdings an Mn^{II+} verarmt. Neutrale und alkalische Böden enthalten Mangan vermutlich hauptsächlich in der Form von Mn^{III+} ($Mn_2O_3 \cdot n\,H_2O$). Das austauschfähige Mangan besteht zum Teil aus säurelöslichem Mn^{II+} und kann Kalzium im Basenaustausch ersetzen.

Danach enthält der Boden also zahlreiche Formen des Mangans, die in der Tabelle 85 zusammengestellt sind. P. A. WLASSJUK hat Karten über die Verteilung des löslichen Mangans im Boden der ukrainischen SSR hergestellt. Wie wir bereits erwähnten, ist die Verteilung des Mangans im Boden und in den Korngrößen unregelmäßig. Die Analysen von BROWN und BYERS zeigen, daß die feinen Fraktionen kleiner als 0,05 mm am manganreichsten sind (Tabelle 86). Über die Hälfte des Gesamtgehalts ist dabei als austauschfähiges Mn^{II+} vorhanden. Besonders reich an Mn^{II+} sind die sauren Laterite. Wie erwartet, sind die feinen Fraktionen des sauren Bodens reicher an Sorptions-Mangan als die des alkalischen Bodens. Kolloidale Fraktionen und Tone enthalten vermutlich kein MnO_2. Grobkörnige, sandige und schlammige Fraktionen enthalten infolge der guten Durchlüftung vorherrschend Mangan in der aktiven MnO_2-Form[1]).

MnO_2 kommt, wie bekannt, besonders häufig im Illuvial-Horizont der Podsole, der grauen Waldböden und ähnlichen Bodentypen vor. Wir erwähnten bereits die

[1]) MnO_2 im Boden zersetzt H_2O_2.

Tabelle 85

Verschiedene Manganverbindungen im Boden

Bodentyp	Gesamtgehalt in %	Maximale Werte an austauschfähigem Mn in %	Maximale Werte an wasserlöslichem Mn in %	Maximale Werte an unlöslichem Mn in %	Verfasser
Boden aus Ohio	$6{,}5 \cdot 10^{-2}$—2,27	$6{,}5 \cdot 10^{-3}$—$5{,}9 \cdot 10^{-2}$	$1{,}5 \cdot 10^{-2}$—$8{,}2 \cdot 10^{-2}$	$1{,}5 \cdot 10^{-2}$—$2{,}9 \cdot 10^{-2}$	MOLKOLM und MCVICKAR, 1942
Boden aus Großbritannien (3)[1]	—	$1 \cdot 10^{-4}$—$1{,}2 \cdot 10^{-3}$	$0{,}3 \cdot 10^{-2}$	$3 \cdot 10^{-4}$—$1 \cdot 10^{-2}$	TWYMAN, 1944
Verschiedene Böden der USA (18)	—	$1 \cdot 10^{-4}$—$8{,}2 \cdot 10^{-3}$	0,0—$6{,}5 \cdot 10^{-3}$	$1 \cdot 10^{-4}$—$5{,}4 \cdot 10^{-2}$	MC HARGUE u. HODGKIX, 1942
dito (18)	—	—	—	$7 \cdot 10^{-4}$—$1{,}2 \cdot 10^{-1}$	SHERMAN und HARMER, 1942
Boden aus Ohio	$6{,}5 \cdot 10^{-2}$—$2{,}3 \cdot 10^{-1}$	$6{,}5 \cdot 10^{-3}$—$5{,}9 \cdot 10^{-2}$	$1{,}5 \cdot 10^{-2}$—$8{,}2 \cdot 10^{-2}$	$1{,}5 \cdot 10^{-3}$—$2{,}9 \cdot 10^{-2}$	MC VICKAR und MALKOLM, 1942
Verschiedene Böden aus der USA	$2 \cdot 10^{-1}$—4,93 (1,63)	0,042—$4 \cdot 10^{-1}$ (0,16)	—	—	ROBINSON, 1929
dito (25)	—	$1{,}2 \cdot 10^{-4}$—$6{,}4 \cdot 10^{-2}$	0—$6{,}3 \cdot 10^{-4}$	—	MORRIS, 1940
Podsolierte Böden des europäischen Teiles der UdSSR	$5 \cdot 10^{-3}$—$1 \cdot 10^{-1}$	Spuren bis $2{,}5 \cdot 10^{-2}$	—	—	PAWLOW, 1933
Böden der ukrainischen SSR (71)	—	0,001—0,011	0,013—0,170[2]	—	WLASSJUK, 1950

[1]) Die eingeklammerten Zahlen bedeuten die Anzahl der Proben.
[2]) in 0,5 n H_2SO_4.

Tabelle 86

Mangangehalt verschiedener Bodenfraktionen

Bodentypen	Gesamtgehalt	Mn in %				Verfasser
	Mn in %	Gesamtgehalt	0,2 bis 0,02 mm	0,02 bis 0,002 mm	< 0,002 mm	
UdSSR						
Grauerde aus der Hungersteppe	0,065	—	0,05	0,064	0,096	ROSANOW und RASCHEWSKAJA, 1948
Versalzte Schwarzerde (3)[1]	0,05	0,016	—	—	—	PONOMAREW, 1940
Dunkelkastanienbrauner Boden	0,3	0,03	—	—	—	PRASSOLOW und ANTIPOW-KARATAJEW, 1939
USA						
Verschiedene Böden (15)	0,05 $(0{,}00-1{,}5 \cdot 10^{-1})$	0,16 $(2 \cdot 10^{-2}-4 \cdot 10^{-1})$	—	—	—	MIDDLTON, 1932
dito (3)	0,18—1,87 (Sand)	0,67—4,93	—	—	0,37—1,02	ROBINSON, 1929
dito (4)	0,02—0,09	0,03—0,08[2]	0,07 0,41[3]	—	0,03—0,35	BROWN und BYERS, 1936

[1]) Die eingeklammerten Zahlen bedeuten die Anzahl der Proben.
[2]) 5—50 μ.
[3]) 0,3—1,0 μ.

manganhaltigen Ortsteinschichten. Ein ähnliches Vorkommen, aber in größeren Ausmaßen, ist in den heißen Wüsten festzustellen, wo infolge überwiegender Oxydation MnO_2 gebildet wird. Manganreiche Bodentypen, wie auf Hawaii und bei Tschiaturi, weisen in sämtlichen Horizonten MnO_2 auf, wodurch die schokoladenbraune Färbung des Bodens verursacht wird. Zu bemerken ist noch, daß die meist alkalischen (kalkhaltigen) Bodentypen kein MnO_2 sorbieren. Infolge der oxydierenden Wirkung des Mn^{IV+} auf Eisenverbindungen wird Fe nicht sorbiert[1]). Infolgedessen entsteht ein Mangel an Eisen, der die Chlorose der Vegetation verursacht. Manganreiche Bodentypen sind daher unfruchtbar.

Mangankonkretionen in Ortsteinschichten

Sämtliche podsolierte Bodentypen vom Atlantik bis zur Grenze der Mandschurei weisen Mangan-Eisenkonkretionen auf. Insbesondere die Ortsteinhorizonte sind reich an solchen Konkretionen. Ihr Gehalt nimmt mit der Tiefe zu. Ihre Korngrößen sind ganz verschieden. Nach Scholzinsky, Hemmerling und anderen sind die groben Konkretionen reich an Mangan und ärmer an Fe und Al als die feinen; die letzteren weisen mehr Fe- und Al-Oxyde auf. Außer in Konkretionen kommt Mangan auch oft in weniger morphologisch ausgeprägten Formen vor, so als manganreiche Flecken, als Überzüge und Ansammlungen usw.

Das Vorkommen von Mangankonkretionen in russischen Böden, hauptsächlich in den Podsolen, ist von zahlreichen Bodenforschern berichtet worden. Die Tabelle 87 enthält die Ergebnisse von Bystrow, Nabokich, Sokolowskij und anderen.

Tabelle 87

Mangangehalt in Bodenkonkretionen

Herkunft	Mangangehalt in %	Verfasser
Verschiedene Bodentypen im Süden der UdSSR	1,84—11,7	Nabokich, 1911
Moskauer Bezirk	3,93	Sokolowskij, 1933
Moskauer Bezirk	1,6—3,6	Hemmerling, 1922
Lehmiger Podsol aus dem ehemaligen Smolensk-Gouvernement	13,5	Tumin, 1909
Schwarzerde aus dem Saratow-Bezirk	0,89—1,3	Lewin, 1947
Podsol aus dem subtropischen Schwarzmeer-Gebiet	0,84—2,5	Kowda, 1934
Ortstein	1,7—7,3	Kowda, 1934
Stark podsolierte Bodentypen	0,08—0,50	Bystrow, 1936

[1]) Auch andere labile Oxyde verhindern die Sorption von Eisen im Boden.

Das Vorkommen von Mangan wurde nicht nur in den Ortsteinhorizonten, sondern auch in den Schwarzerden, graubraunen Waldböden und anderen festgestellt, was auf seine Löslichkeit auch in diesen Bodentypen hinweist. Als erster entdeckte Nabokich und später Lewin Mangan in den Schwarzerden des Südens. Sie fanden bis 12% Mangan in diesen Böden. Winters, welcher Hunderte von Bodenproben aus der USA analysierte, stellte überall Mangankonkretionen fest. Das wurde auch von Helbig, Daherty, Robinson, Drosdow und anderen bestätigt. Damit kann also das Vorkommen der Mangankonkretionen, insbesondere in den A-, B- und sogar C-Horizonten der Podsole und anderer Bodentypen als allgemein verbreitete Erscheinung betrachtet werden. Wir müssen außerdem auf das Vorkommen von ähnlichen Eisen-Mangankonkretionen auf dem Grunde der Seen und Meere hinweisen. Insbesondere ihre morphologische und mineralogische Struktur ist von Samojlow und Butkewitsch[1]) erforscht worden.
Die Knollen enthalten Mangan vermutlich hauptsächlich in der Form von Mn_2O_3 und $MnO \cdot nH_2O$. Das Vorkommen von Pyrolusit in ihnen ist mit Sicherheit erkannt. Kristalline Schichten wechseln mit kolloidalen Schichten in den Konkretionen ab. Im Zentrum der Knollen kommen oft Kalkteilchen vor. Die Abscheidung von $CaCO_3$ aus den alkalischen Bodentypen verursacht vermutlich die Sorption der Manganverbindungen. Die Fixierung von Mn^{II+} in Dolomiten und Kalkgesteinen ist allgemein bekannt. So können auf fossilen Kalkmuscheln Mangan-Überzüge beobachtet werden. Unzweifelhaft ist, daß im Boden auch Bakterien existieren, die fähig sind, Mangan auszuscheiden. Gleichzeitig findet eine schnelle Oxydation des kolloidal zerteilten zweiwertigen Mangan-Oxydhydrats zu MnO_2 statt. Die Verschiedenheit des Verhältnisses Mn/Fe in den Konkretionen hängt von den Eigenschaften der Bikarbonate des Mangans und Eisens sowie von dem p_H ab, bei der die Fällung erfolgt ist. Bei einem p_H von 5 bis 6 wird allein Ferri-Oxydhydrat gefällt. Nur bei einem p_H von 8 bis 8,5 tritt Fällung von leicht oxydationsfähigem $Mn(OH)_2$ ein.
Es muß bemerkt werden, daß eine erschöpfende Darstellung über die Bildung der Eisen-Mangankonkretionen zur Zeit noch nicht existiert.

Zusammenfassung

Aus 250 bis 300 Analysen folgt, daß der mittlere Mangangehalt der Böden der russischen Ebene etwa $1 \cdot 10^{-1}$% beträgt und zwischen 0,01 und 0,4% schwanken kann. Wie bis jetzt bekannt ist, ist der Unterschied im Mangangehalt der verschiedenen Bodentypen nicht groß. Einen gewissen Anstieg weisen lediglich einige nördliche Bodentypen in Adscharien sowie die Roterden im Kaukasus auf. Man

[1]) Marine Eisen-Manganknollen erreichen oft ein Gewicht von 10 kg.

könnte vielleicht auf einen lokalen Anstieg des Mangangehalts im Boden des Brjansk-Bezirkes hinweisen. Wegen Mangel an genauen Feststellungen können wir aber keine bestimmten Gebiete nennen, in denen der Mangangehalt stark unterschiedlich ist. In den USA sind manganreiche Böden ebenfalls im Norden zu verzeichnen. Die südlichen Gebiete dagegen sind arm an Mangan.

Nach Blair verläuft die Grenze zwischen beiden Gebieten von New Brunswick bis zum Trenton. Wegen gewisser Mangan-Verarmung haben die Böden der Küstengebiete, z. B. in den USA, die Aufmerksamkeit der Wissenschaft erregt. Diese Verarmung ist durch die Feuchtigkeit des Klimas und durch die damit verbundene starke Auswaschung verursacht. Wie wir wiederholt betonten, wird aber in Torf- und Moorböden das Mangan angereichert. Auch unter dem Einfluß des ariden Klimas werden größere Mengen von MnO_2 im Boden festgelegt.

An Hand der Zahlenangaben der Tabelle 88 über den Mangangehalt der Böden verschiedener Länder ist ein Vergleich möglich: Der Mn-Gehalt der normalen Bodentypen beträgt 0,005 bis 0,5%, also durchschnittlich etwa 0,1%; er liegt also nur wenig höher als der der Gesteine (0,09%). Da es wohl bekannt ist, daß das Schicksal von Eisen und Mangan im Boden und in der Biosphäre verschieden ist, ist im Gestein das weite Verhältnis Fe : Mn von 50 durchaus verständlich. Da jedoch Eisen leichter als Mangan beweglich ist, wodurch eine leichte Anreicherung an Mangan im Boden erfolgt, verengert sich das Verhältnis Fe : Mn im Boden auf 30. Allgemein könnte man behaupten, daß kalkhaltige und tonige Bodentypen an Mangan reicher als sandige Böden sind. Je höher der p_H des Bodens ist, desto wahrscheinlicher ist auch die Anreicherung an Mangan und umgekehrt. Da aber die p_H-Zahl der verschiedenen Bodenprofile verschieden ist, ist die allgemeine vertikale Verteilung von Mangan über sämtliche Profile von Bedeutung. Als erwiesen kann die Mangananreicherung der A_1-Horizonte der Mehrzahl der Bodentypen angesehen werden, was besonders deutlich in den Podsolen und Waldböden festzustellen ist. Verschiedene Bodentypen weisen eine Mangananreicherung in den Ortsteinschichten auf. Mangankonkretionen kommen nicht nur in den B-, sondern auch in den C- und sogar in den A_1-Horizonten vor. Die Bildung von Manganknollen und Konkretionen ist bei den podsolierten Bodentypen der russischen Ebene und auch in anderen Ländern eine häufige Erscheinung. Die Manganverteilung in den Bodenprofilen ist durch die verschiedene Löslichkeit der Manganverbindungen bedingt. Mangan kommt im Boden als Mn^{II+}, Mn^{III+} und Mn^{IV+} vor. Ihre Bildung hängt unmittelbar vom Redoxpotential der Bodenlösung ab, deren Höhe wiederum von der p_H-Zahl der Lösungen abhängig ist.

Wir kommen jetzt noch einmal auf die Mangan-Ansammlung in den A_0- und A_1-Horizonten des Bodens zu sprechen. Mangan wird im Laub und in den Nadeln der Bäume konzentriert, wo es eine biochemische Rolle spielt. Durch Laub und

Tabelle 88

Mangangehalt des Bodens verschiedener Länder [1])

Herkunft	Höchster Mangangehalt in %	Mittlerer Mangangehalt in %	Verfasser
USA			
Verschiedene Böden (26)[2])	0,003—0,40	0,058	ROBINSON, 1914
„ „ (84)	0,02 —2,20	0,30	ROBINSON, 1929
„ „ (84)	0,006—0,12	0,054	MIDDLETON, SLATER und BYERS, 1932
„ „ (1020)	0,002—9,6	0,085	Nach MARBUT, 1935
Böden aus den feuchten Gebieten (466)	—	0,093	HILGARD, 1892
Böden aus den trockenen Gebieten (313)	—	0,043	HILGARD, 1892
Böden aus Kentucky (10)	0,002—0,25	0,100	SHEDD, 1914
Böden aus Nebraska	0,05 —0,10	—	GORTNER und ROST, 1912
Böden aus New Jersey (53)	0,005—0,21	0,05	BLAIR und PRINEE, 1936
„ „ „ „ (53)	0,065—0,23	—	MALKOM, MCVICKER, 1942
Böden aus Florida	(0,008—0,1)	(0,05)[3])	ROGERS, GALL, GADDUM und BARNETTE, 1939
Böden aus Wyoming (21)	0,020—0,052	0,054	WAIN, 1938
Böden aus Oregon (2)	0,02 —0,135	—	MARCH und POWERS, 1945
Böden aus Texas (21)	0,005—0,5	0,038	CARLYLE, 1931
Böden aus Indiana	0,006—0,03	—	CARR und BREWER, 1929
Böden aus Connecticut (11)	0,038—0,120	0,06	JAKOBSON und SWANBOCK, 1932
Verschiedene Böden der USA.	—	—	HARMER, 1922
Großbritannien			
Verschiedene Böden (3)	0,004—0,085	0,022	DUNN und VLOSEAM, 1932 TWYMAN, 1944
Böden aus Schottland (8)	0,0003—0,147	0,038	CORNER und SMITH, 1938
Frankreich			
Verschiedene Böden (13)	0,024—0,18	0,10	LECLERE, 1872
„ „	—	—	LERONX, 1944
Italien			
Verschiedene Böden (23)	0,02 —0,34	0,12	CONTINO, 1911

[1]) Um die Angaben zu vervollständigen, sind in dieser und teilweise in den anderen Tabellen einige Werke verzeichnet, die zwar keine Zahlen nennen, doch von Wichtigkeit sind. Die Angaben vor 1912 sind nicht angegeben; siehe GUTHRIE, LECLERE, PICHARD u. a.

[2]) Die eingeklammerten Zahlen bedeuten die Anzahl der Proben.

) Spektral-analytisch, nur zur Orientierung.

Fortsetzung von Tabelle 88

Mangangehalt des Bodens verschiedener Länder

Herkunft	Höchster Mangan-gehalt in %	Mittlerer Mangan-gehalt in %	Verfasser
Rumänien			
Verschiedene Böden	0,065—0,39	—	DULUGEA, 1914
Holland			
Verschiedene Böden (37) . . .	0,001—0,12	—	WESTER, 1923
Deutschland			
Verschiedene Böden	—	0,1	HELBIG, 1914
„ „	—	—	GISIGER, 1935
Österreich			
Quartäre Ablagerungen und dessen Böden	0,012—0,10	—	LEITMEIER und BARBER, 1947
Tschechoslowakei			
Verschiedene Böden (6) . . .	0,003—0,105	0,04	SMOLIK, 1933
Ungarn			
Verschiedene Böden	—	ca. 0,1	ENDREDY, ENDRE, 1940
Spanien			
Verschiedene Böden (77) . . .	0,1—1,0	—	GAELBENZA, RUIZ, AZCONA, 1944
„ „	—	—	ALBAREDA, HORRERA, BARRIEL, MUNOZ, TABOADELA, 1948
Norwegen			
Verschiedene Böden (40) . . .	0,02—0,2	—	BRYNILDSEN, 1915
„ „ (72) . . .	0,0001—0,350	—	VOGT und BERGH, 1948
„ „ (56) . . .	0,015—1,40	—	SVANBERG, 1938
Dänemark			
Verschiedene Böden	—	ca. 0,1	STEENBJERG, 1933—1939
Schweden			
Verschiedene Böden (2) . . .	0,000—0,025	0,0013[1])	BENGSTON, KARLSSON, MATTSON, 1943

[1]) Im salzsauren Bodenauszug.

Fortsetzung von Tabelle 88

Mangangehalt des Bodens verschiedener Länder

Herkunft	Höchster Mangan-gehalt in %	Mittlerer Mangan-gehalt in %	Verfasser
Inseln im Stillen Ozean			
Insel Trinidad	0,04 —0,35	—	McDonald und Rodrignez, 1935
Porto-Rico	—	—	Hopkins, Pagana und Silva, 1944
Hawaii (61)	0,015—0,90	0,15	Hough, 1937
Manganreiche Böden	1,70 —6,80	—	Kelly, 1909
Brasilien			
Verschiedene Böden	—	—	de Paiva Netto, 1942
Australien			
Verschiedene Böden	—	0,10	Samuel und Piper, 1928
,, ,, ...	—	—	Scott, 1932
,, ,, (2) . . .	0,13	0,13	Ceeper, 1935
Malaische Halbinsel			
Verschiedene Böden	—	—	Akhurst, 1933
Afrika			
Verschiedene Böden	0,0007—0,97	0,14	Van de Merve, 1938
,, ,, ...	0,10—0,25	0,17	Maufe, Keep, 1938
Insel Mauritius (37)	0,03—0,41	0,20	de Sornay, 1912
,, ,, ...	—	0,40	Boname, 1909
,, ,, ...	—	—	Craig, 1935
China			
Verschiedene Böden	0,00 —1,0	0,1	Lee, 1943
Japan			
Verschiedene Böden (50) . . .	0,007—0,3	0,10	Kawamura, 1934
,, ,, (21) . . .	0,06 —1,7	0,32	Jamada, 1934
Mandschurei			
Verschiedene Böden (16) . . .	0,014—0,09	0,05	Itikawa, 1934
Indien			
Böden aus Dekkan (5) u. a. .	0,01 —0,13	—	Jyer, Harihara und Rajagopalan, 1936
Verschiedene Böden (224) . .	0,02 —0,13	0,078	Hoon und Dhawan, 1943

Nadeln wird Mangan im Humushorizont als lösliches Mn^{II+} angereichert und gelangt mit den Lösungen in die tieferen Horizonte. Bei p_H 8 bis 8,5 erfolgt die Ausfällung von $Mn(OH)_2$. Bei einem Redoxpotential von —0,4 V und Einwirkung von Sauerstoff sowie auf biochemischem Wege unter Mitwirkung von Mikroorganismen ist $Mn(OH)_2$ der Oxydation äußerst leicht unterworfen. Das erste Produkt der Oxydation ist vermutlich Mn_2O_3-Hydrat, das nur unter bestimmten Bedingungen beständig sein kann, das dann weiter in MnO- und MnO_2-Hydrate zerfällt. Bei höherem p_H (etwa 8) verwandelt sich $MnO \cdot n\,H_2O$ hauptsächlich in MnO_2-Hydrat um, welches bei Wasserentziehung in kristallinen Pyrolusit übergeht.

Mn^{II+} kommt meist entweder gelöst im A- und B-Horizont vor oder wird von den kolloidalen Bodenkomplexen aufgenommen. $Mn(OH)_3$ stellt vermutlich den Hauptteil des löslichen Mangans in den alkalischen Bodentypen dar. MnO_2 ist unlöslich, für Pflanzen nicht aufnehmbar. Es kommt in Konkretionen und Ansammlungen jeder Art vor, hauptsächlich in den Ortsteinhorizonten der Podsole. Die Anreicherung von Mangan in den Bodenprofilen hängt von der Löslichkeit seiner Verbindungen ab, was mit der Hydration und Dehydration unter den Redoxbedingungen des Bodens verbunden ist. Die organische Substanz sowie auch die Organismen des Bodens wirken auf die Manganoxydation und Hydration seiner Verbindungen ein und bestimmen somit sein Schicksal in den Bodenhorizonten.

c) Kobalt und Nickel

Nickel und Kobalt sind typische Elemente der ultrabasischen Gesteine. In den frühdifferenzierten Gesteinen bildet Ni (0,78 Å) mit Mg (0,78 Å), Fe^{II+} (0,83 Å) und Co^{II+} (0,82 Å) nickelhaltige Mineralien wie Olivin, Pyroxene und andere. Sämtliche basischen Gesteine sind reich an Nickel und Kobalt. Der Nickelgehalt erreicht in den Duniten, Peridotiten und Serpentinen 0,5% mit einem Verhältnis von Ni : Co von etwa 20. Auch in basischen Gesteinen — wie im Basalt — herrscht dieses Verhältnis. Granite und andere saure Gesteine sind arm an Nickel und Kobalt mit einem Verhältnis Ni : Co = 2. Es findet also eine gewisse Anreicherung an Kobalt statt. Die Sedimentgesteine, Tone, Schiefer, Sande und Kalkgesteine haben einen Gehalt an Nickel und Kobalt von 10^{-3}% mit einem Verhältnis Ni : Co = 4. Dieses Verhältnis ist auch typisch für Sedimentgesteine, Oberflächenwasser sowie auch für die Böden und Organismen. Es ist unzweifelhaft, daß diese Anreicherung der Biosphäre an Kobalt im Vergleich zum Nickel von den Eigenschaften der Ni- und Co-Verbindungen abhängig ist, die unter verschiedenem p_H des Milieus und wechselnden physikalisch-chemischen Bedingungen beständig sind. Auch in den Sedimenten hält sich das Nickel an das Eisen, dann erfolgt seine Auswanderung in die Silikate, wodurch die sekundären Lagerstätten von Eisen und Nickel, sowie auch Nickelsilikate entstehen. Dabei muß das Eisen vor dem Nickel aus der Lösung ausfallen. Die beiden Elemente trennen sich also auf verschiedene Weise voneinander. Wohlbemerkt, die Trennung des selektiven Kobaltmangankonzentrats vom Nickel in den Erzen als Asbolan, Wad, Psilomelan ist bis heute jedoch ungeklärt. Die Formel $Co^{II+} \rightarrow Co^{III+} + 1{,}80$ V könnte vielleicht die gemeinsame Oxydation und die gleichzeitige Fällung von Kobalt und Mangan erklären. Das Oxydationspotential des Milieus müßte aber sehr hoch sein, um die Co^{III+}-Bildung zu ermöglichen, was nur in heißen Wüsten bei alkalischer Reaktion möglich erscheint.

Die ersten Hinweise über das Vorkommen von Nickel im Boden wurden im vorigen Jahrhundert bei den Untersuchungen von Meteoriten-Staub gewonnen. Qualitative Hinweise über das Vorkommen von Nickel, Kobalt und anderen Schwermetallen hat FORCHAMMER gemacht. REICHENBACH stellte Nickel in den Böden Österreichs, KROUT in den Böden vulkanischer Gebiete fest. In der UdSSR wurden die Untersuchungen über die Verteilung von Nickel und Kobalt im Rahmen der Untersuchung über die „Geochemie der Spurenelemente" von D. P. MALJUGA vorgenommen. Wir verwerten hier die dabei gewonnenen Ergebnisse. Obwohl Nickel genau wie Kobalt in allen Organismen vorkommt, bleibt seine biochemische Rolle doch unklar. Was Kobalt anbetrifft, so sind jetzt Gebiete bekannt geworden, deren Böden an Kobalt verarmt sind, wodurch unter den Haustieren, hauptsächlich bei Schafen, endemische Erkrankungen ausbrechen, die in einer besonderen Anämie der Tiere besteht. Auch die Einwirkung der Kobaltsalze auf die Bildung der Erythrozyten (Hämoglobin) ist nachgewiesen. In verschiedenen Gebieten von Australien und Neuseeland werden Düngungen mit Kobaltsalzen vorgenommen und auch besondere Methoden zur Einführung von Kobalt in das Viehfutter angewandt. Beim Auftreten von Anämie unter den Haustieren wurden in der UdSSR Kobaltsalze als Fütterung mit Erfolg erprobt. Vor kurzem ist es gelungen, aus der Leber der Tiere eine kristalline Substanz zu isolieren, welche die Anämie zum Stillstand bringt, das Vitamin „B_{12}", in dem ein Kobalt-Atom im Molekül eingebaut ist.

Podsolierte Torf- und graue Waldböden der russischen Ebene sind mit einigen Proben in der Tabelle 89 aufgeführt. Diese sowie auch andere Bodentypen sind um 2 bis 4mal reicher an Nickel als an Kobalt. Bezeichnend ist, daß der Nickelgehalt des Bodens höher liegt als der des Kupfers. Von PORFIRJEW und TROIZKAJA analysierte Podsole aus der Tartarischen Republik weisen im Vergleich mit anderen Bodentypen den höchsten Nickelgehalt auf, was vermutlich auf das nickelreiche Muttergestein im Perm zurückzuführen ist.

Der Gehalt an Nickel und Kobalt im Bodenprofil entspricht dem Eisengehalt. Der B-Horizont weist einen erhöhten Nickelgehalt, dagegen der A_2-Horizont

Tabelle 89

Nickel- und Kobaltgehalt podsolierter Torfböden und grauer Waldböden

Bodentyp	Horizont	Tiefe in cm	Ni in %	Co in %	Ni : Co	Verfasser
Mittel-podsolierter anlehmiger Boden	A_1		$2{,}4 \cdot 10^{-3}$	$1{,}4 \cdot 10^{-3}$	1,72	MALJUGA, 1944
Profil 46	A_2		$2{,}2 \cdot 10^{-3}$	$9{,}3 \cdot 10^{-4}$	2,36	
	B_1		$1{,}6 \cdot 10^{-3}$	$6{,}6 \cdot 10^{-4}$	2,43	
	B_2		$2{,}2 \cdot 10^{-3}$	$8{,}3 \cdot 10^{-4}$	2,63	
Grauer, anlehmiger Boden	A_1		$1{,}2 \cdot 10^{-3}$	—	—	
Podsolierter Waldboden	A_1 u. A_2		$8{,}3 \cdot 10^{-4}$	—	—	
aus Puschkino,	B_1		$1{,}0 \cdot 10^{-3}$	—	—	
Moskauer Bezirk	B_2		$1{,}2 \cdot 10^{-3}$	—	—	
	C		$6{,}8 \cdot 10^{-4}$	—	—	
	C_2		$6{,}5 \cdot 10^{-4}$	—	—	
Hellgrauer, mittel-	A_1		$3{,}3 \cdot 10^{-3}$	—	—	PORFIRJEW und TROIZKAJA, 1937
podsolierter Boden	A_2		$3{,}8 \cdot 10^{-3}$	—	—	
auf Ton (Plateau	B_1		$5{,}7 \cdot 10^{-3}$	—	—	
an der Wasser-	B_2		$8{,}0 \cdot 10^{-3}$	—	—	
scheide)	C_1		$2{,}0 \cdot 10^{-3}$	—	—	
	C_2		$3{,}0 \cdot 10^{-3}$	—	—	
Hellgrauer, mittel-	A_1		$4{,}2 \cdot 10^{-3}$ [1]	—	—	
podsolierter Boden	A_2		$4{,}1 \cdot 10^{-3}$	—	—	
auf Diluvium aus	B_1		$7{,}2 \cdot 10^{-3}$	—	—	
Tamertan (Tata-	B_2		$8{,}4 \cdot 10^{-3}$	—	—	
rische Republik)	C		$8{,}2 \cdot 10^{-3}$	—	—	
Dunkelbrauner,	A_1		$6{,}0 \cdot 10^{-3}$	—	—	
schwach podsolierter	A_2		$7{,}1 \cdot 10^{-3}$	—	—	
Boden des Alluvials	B_1		$8{,}2 \cdot 10^{-3}$	—	—	
auf permischen To-	B_2		$7{,}5 \cdot 10^{-3}$	—	—	
nen (Tatarische Rep.)	C		$8{,}1 \cdot 10^{-3}$	—	—	
Verschiedene Böden						
Schwach humushaltige, karbonathaltige		0—12	$1{,}0 \cdot 10^{-2}$	—	—	PORFIRJEW und TROIZKAJA, 1937
Sande (Fluß-Marsch in der Tatarischen		38—40	$6{,}6 \cdot 10^{-3}$	—	—	
Republik)		60—70	$4{,}5 \cdot 10^{-3}$	—	—	
Sandiger Boden aus	A_1		$1{,}7 \cdot 10^{-3}$	—	—	
dem Melekes- Bezirk	A_0		$1{,}9 \cdot 10^{-3}$	—	—	
(Tatarische Republik)	B		$2{,}3 \cdot 10^{-3}$	—	—	
	C		$1{,}8 \cdot 10^{-3}$	—	—	
Ausgelaugter, grauer			$2{,}7 \cdot 10^{-3}$	$8{,}1 \cdot 10^{-4}$	3,32	MALJUGA, 1946
Waldboden			$1{,}7 \cdot 10^{-3}$	$6{,}4 \cdot 10^{-4}$	2,66	
(Profil Nr. 2)			$2{,}2 \cdot 10^{-3}$	$6{,}7 \cdot 10^{-4}$	3,28	
			$2{,}2 \cdot 10^{-3}$	$7{,}8 \cdot 10^{-4}$	2,82	
			$2{,}1 \cdot 10^{-3}$	$7{,}2 \cdot 10^{-4}$	2,02	
Torf-Gley-Boden	A_0		$2{,}6 \cdot 10^{-3}$	$4{,}9 \cdot 10^{-4}$	5,30	
(Profil Nr. 43)	A_1		$1{,}0 \cdot 10^{-3}$	$1{,}5 \cdot 10^{-4}$	6,65	
	B		$1{,}2 \cdot 10^{-3}$	$2{,}2 \cdot 10^{-4}$	5,46	

[1]) Der Auszug erfolgte mit konz. Salzsäure.

vermutlich eine Verarmung an Nickel auf. MALJUGA weist auf eine stärkere Nickelanreicherung im Vergleich zum Kobalt im Ortstein der podsolierten und grauen Waldböden hin.

Dagegen enthalten schwarze manganhaltige Ortsteine mehr Kobalt als Nickel. Im allgemeinen sind die unteren Horizonte und das Muttergestein am reichsten an Nickel und Kobalt. Manchmal ist nur die Tendenz zur Kobaltanreicherung im Humushorizont zu verzeichnen (Tabelle 89). Unter verschiedenen anderen Proben sind in der Tabelle 89 auch zwei Profile der grauen Waldböden und eine Probe des Torf-Gley-Bodens aufgeführt. In der Verteilung von Nickel und Kobalt in diesen Böden können dieselben Gesetzmäßigkeiten festgestellt werden, wie bei den podsolierten Bodentypen. Bei hohem Gehalt an organischer Substanz in den A_0- und A_1-Horizonten findet auch eine merkliche Nickel- und Kobaltkonzentrierung statt.

Schwarzerden sind unter allen anderen Bodentypen der russischen Ebene am reichsten an Nickel und Kobalt. Der Gehalt an Kobalt beträgt durchschnittlich 10^{-3}%. Wie die Tabelle 90 zeigt, ist mit gleichmäßiger Eisenverteilung über sämtliche Profile der Schwarzerden auch Nickel und Kobalt gleichmäßiger verteilt als z. B. in den Podsolen und Waldböden.

Tabelle 90

Kobalt- und Nickelgehalt der Schwarzerden

Profil-Nr.	Herkunft	Bodenhorizont	Tiefe in cm	Ni in %	Co in %	Verhältnis Ni : Co	Verfasser
3	Gewöhnliche, anlehmige Schwarzerde	A_1	—	$3{,}9 \cdot 10^{-3}$	$6{,}7 \cdot 10^{-4}$	5,81	MALJUGA, 1946
		A_2	—	$3{,}3 \cdot 10^{-3}$	$5{,}6 \cdot 10^{-4}$	5,90	
		B	—	$3{,}5 \cdot 10^{-3}$	$7{,}5 \cdot 10^{-4}$	4,67	
		C	—	$4{,}8 \cdot 10^{-3}$	$1{,}2 \cdot 10^{-3}$	4,00	
9	Schwarzerde aus dem Asow-Bezirk	—	—	$7{,}7 \cdot 10^{-3}$	$1{,}3 \cdot 10^{-3}$	5,97	
		—	—	$4{,}6 \cdot 10^{-3}$	$1{,}0 \cdot 10^{-3}$	4,60	
		—	—	$6{,}3 \cdot 10^{-3}$	$1{,}1 \cdot 10^{-3}$	5,72	
		—	—	$4{,}5 \cdot 10^{-3}$	$1{,}0 \cdot 10^{-3}$	4,50	
	Ausgelaugte, anlehmige Schwarzerde auf tertiärem Ton aus der Tschuwaschi-Republik, Malo-Jaltsch-Bezirk	—	0—12	$3{,}3 \cdot 10^{-3}$	—	—	PORFIRJEW und TROIZKAJA, 1937
		—	18—28	$4{,}3 \cdot 10^{-3}$	—	—	
		—	37—47	$3{,}9 \cdot 10^{-3}$	—	—	
		—	55—65	$5{,}3 \cdot 10^{-3}$	—	—	

Versalzte, kastanienbraune Böden, Grauerden und Solonetz der Kaspischen Senke. (Tabelle 91). Sie weisen im Vergleich zu den Schwarzerden eine wesentliche Verarmung an Nickel und Kobalt auf. Solonetzböden aus der Semitschnaja-Station (Nordkaukasus) erwiesen sich als kobaltreich (Probe Nr. 16).

Tabelle 91

Nickel- und Kobaltgehalt der kastanienbraunen Böden, Grauerden und im Solonetz

Profil-Nr.	Bodentyp	Bodenhorizont	Tiefe in cm	Ni in %	Co in %	Verhältnis Ni : Co	Verfasser
15	Heller, kastanienbrauner Boden	—	—	$5{,}9 \cdot 10^{-3}$	$1{,}2 \cdot 10^{-3}$	4,92	MALJUGA, 1946
		—	—	$2{,}5 \cdot 10^{-3}$	$8{,}2 \cdot 10^{-4}$	3,04	
		—	—	$3{,}5 \cdot 10^{-3}$	$1{,}3 \cdot 10^{-3}$	2,70	
		—	—	$2{,}2 \cdot 10^{-3}$	$6{,}7 \cdot 10^{-4}$	3,28	
19	Grauerde	A	—	$1{,}0 \cdot 10^{-3}$	$3{,}4 \cdot 10^{-4}$	2,94	
		B	—	$2{,}8 \cdot 10^{-3}$	$6{,}1 \cdot 10^{-4}$	4,60	
		C	—	$2{,}9 \cdot 10^{-3}$	$8{,}8 \cdot 10^{-4}$	3,31	
16	Solonetz mit Säulenstruktur	A	—	$3{,}3 \cdot 10^{-3}$	$8{,}8 \cdot 10^{-4}$	3,72	
		B	—	$4{,}8 \cdot 10^{-3}$	$1{,}8 \cdot 10^{-3}$	2,56	
		C	—	$4{,}8 \cdot 10^{-3}$	$1{,}3 \cdot 10^{-3}$	3,68	

Roterden (Tabelle 92). Der absolute Gehalt an Nickel und Kobalt der Roterden aus Adscharien ist wie in den Schwarzerden annähernd gleich hoch. Die Ursache hierfür liegt in dem an Nickel und Kobalt reichem basischen Muttergestein. Diese Böden enthalten auch in beträchtlichen Mengen Eisen. Das Verhältnis Ni : Co ist das gleiche wie auch bei den übrigen Bodentypen der UdSSR.

Tabelle 92

Nickel- und Kobaltgehalt der Roterden

Profil-Nr.	Herkunft	Horizont	Tiefe in cm	Ni in %	Co in %	Verhältnis Ni : Co	Verfasser
32	Roterden	A	6,84	$2{,}7 \cdot 10^{-3}$	$1{,}0 \cdot 10^{-3}$	2,7	MALJUGA, 1946
		B	7,07	$6{,}4 \cdot 10^{-3}$	$1{,}4 \cdot 10^{-3}$	4,5	
		C	9,32	$6{,}5 \cdot 10^{-3}$	$1{,}5 \cdot 10^{-3}$	4,3	
	Roterde aus Batum (Teeplantage)	A	—	$3{,}5 \cdot 10^{-3}$	—	—	KIDSOW, 1938
		B	—	$2{,}7 \cdot 10^{-3}$	—	—	
		C	—	$6{,}2 \cdot 10^{-3}$	—	—	

Nickel- und kobaltreiche Böden auf ultrabasischen Gesteinen: Böden auf Gabbro und insbesondere auf Duniten, Pyroxenen und Serpentiniten sind oft außerordentlich reich an Nickel und Kobalt — und auch an Chrom. Besonders häufig kommen solche Böden auf Serpentingesteinen vor. Bei der Verwitterung von Serpentin erfolgt die Anreicherung der Bodenschichten mit Nickel, Kobalt und Chrom, wobei sich diese Elemente in Spuren auch auf die benachbarten Böden verbreiten. Bei der Verwitterung von Serpentin werden Nickel und Kobalt als Bikarbonate durch CO_2 und andere Säuren ausgewaschen. Das Grundwasser solcher Nickelvorkommen enthält bis 0,02% Nickel. In den Silikaten und anderen Gesteinen wird Nickel mit Leichtigkeit durch Mangan und andere Basen ausgetauscht. Dabei erfolgt vermutlich die Trennung vom Kobalt. Das Ergebnis sind verhältnismäßig nickelreiche „sekundäre" wasserhaltige Silikate sowie Nickeleisen mit Mangan in der Verwitterungskruste der Serpentingesteine. Diese Vorgänge sind in den Ural-Serpentiniten durch GINSBURG ausgezeichnet beschrieben worden. Im Bereich solcher Vorkommen enthalten Böden bis 0,5% Nickel (Tabelle 93).

Nicht nur Serpentingesteine, sondern auch andere nickelhaltige Gesteine geben an den Boden Spuren von Nickel ab. Als Beispiel können die Gebiete von Makola

Tabelle 93

An Nickel reiche Böden aus den Verwitterungsgebieten von Nickellagerstätten

Herkunft	Horizont	Tiefe in cm	Nickelgehalt in %	Kobaltgehalt in %	Verhältnis Ni : Co	Verfasser
UdSSR						
Rotbrauner Ton	A_1	0—5	$3{,}1 \cdot 10^{-1}$	$3{,}6 \cdot 10^{-2}$	8,6	MALJUGA, 1946
	A_2	45—50	$1{,}3 \cdot 10^{-1}$	$1{,}5 \cdot 10^{-2}$	8,7	
Steppenboden auf Ocker-Miozäntonen (Schelik-tinsk-Vorkommen)	B_1	100—105	$6{,}9 \cdot 10^{-2}$	$8{,}0 \cdot 10^{-5}$	8,62	
Graubrauner Steppenboden auf Serpentingestein (AKKERMAN-Vorkommen)	A_1	0—5	$6{,}2 \cdot 10^{-1}$	$2{,}1 \cdot 10^{-2}$	30	
	A_2	25—30	$2{,}0 \cdot 10^{-1}$	$8{,}4 \cdot 10^{-3}$	23	
	B^1	45—50	$1{,}6 \cdot 10^{-1}$	$8{,}6 \cdot 10^{-3}$	18	
Anlehmiger Podsol aus Alapajewsk	A_0	0—2	$1{,}0 \cdot 10^{-2}$	—	—	
	A_1	0—5	$4{,}6 \cdot 10^{-3}$	$1{,}3 \cdot 10^{-3}$	3,5	
Wiesen-Moorboden aus dem Alapajewsk-Bezirk	A_1	0—5	$1{,}0 \cdot 10^{-1}$	$7{,}5 \cdot 10^{-3}$	13	
Lehmiger Wald-Podsol, Tjulen-Grube bei Ufa	A_1	0—5	$1{,}3 \cdot 10^{-2}$	$1{,}2 \cdot 10^{-3}$	11	
Graubrauner Steppenboden auf Bunttonen aus dem Kempers-sajsk-Bezirk	A_1	0—5	$3{,}1 \cdot 10^{-1}$	$3{,}6 \cdot 10^{-2}$	8,6	
USA						
Böden aus den an Mn, Ni, Co reichen Gebieten	—	—	—	0,002—0,3	—	ROBINSON und EDGINGTON, 1945
Böden aus Maryland auf Serpentin und Dunit; Mineralboden aus Belt-Salts	—	—	—	$3{,}8 \cdot 10^{-2}$	—	KIDSON, 1937
Böden auf Serpentingestein	—	0—5	$6{,}2 \cdot 10^{-1}$	$2{,}1 \cdot 10^{-2}$	30	BIRELL, 1935
	—	25—30	$2{,}0 \cdot 10^{-1}$	$8{,}4 \cdot 10^{-3}$	24	
	—	45—50	$1{,}6 \cdot 10^{-1}$	$3{,}6 \cdot 10^{-3}$	45	

(Finnland) und Südkaukasus genannt werden. Auf Grund der Analyse von Pflanzenaschen konnte der Umfang der Nickellagerstätte auf der Karte ausgegrenzt werden. Pflanzenaschen enthalten oft etwa $5 \cdot 10^{-4}\%$ Nickel. Interessant ist, daß diese und insbesondere graubraune Steppenböden aus dem Ural in den oberen Horizonten eine starke Erhöhung des Nickel- und Kobaltgehaltes und eine Änderung des Verhältnisses Ni : Co aufweisen. Anstatt des normalen in den übrigen russischen Bodentypen geltenden Verhältnisses von etwa 4 haben diese Böden ein Verhältnis Ni : Co von 10 und sogar von 20. Diese Werte entsprechen dem Verhältnis Ni : Co in den ultrabasischen Gesteinen. Auch die Pflanzen dieser Gebiete haben ein Verhältnis Ni : Co von 10 bis 20, anstatt normalerweise von 4, was auf Nickellagerstätten hinweist.

Verbindungsformen von Nickel und Kobalt im Boden

Beide Elemente kommen in zwei Formen vor. Kobalt ist als Co^{III+} imstande, komplexe Verbindungen mit der organischen Substanz zu bilden. Man kann behaupten, daß der Hauptanteil von Nickel und Kobalt im Boden spurenweise in den Gittern der Alumosilikate enthalten ist. Infolge der Austauschsorption ist der andere Teil nur locker mit den Silikaten verbunden. Dieser Teil des Nickels und Kobalts in Form von Hydraten und anderen leicht löslichen Salzen ist leicht mit Säure auszuziehen. Nickel- und Kobalthydrate kommen in der Bodenlösung bei p_H 6,8 vor. Viele Forscher führten Versuche durch, austauschbares Ni^{II+} und Co^{II+} mit verdünnten Säuren, z. B. mit Essigsäure, bei p_H 2,5 auszuziehen. So teilen Mitschell, Scott und andere[1]) folgende Ergebnisse mit:

	Nickel (Gesamt)	Ni (löslich)	Co (Gesamt)	Co (löslich)
Boden auf Gneis	$2,6 \cdot 10^{-3}$	$1,4 \cdot 10^{-4}$	$1,4 \cdot 10^{-3}$	$1,3 \cdot 10^{-4}$
Boden auf Diorit	$2,3 \cdot 10^{-2}$	$1,9 \cdot 10^{-3}$	$3,3 \cdot 10^{-3}$	$2,3 \cdot 10^{-4}$
Boden auf Granit	$7,0 \cdot 10^{-4}$	$1,6 \cdot 10^{-5}$	$1,4 \cdot 10^{-3}$	$4,6 \cdot 10^{-5}$
Gemischter Boden	$2,8 \cdot 10^{-3}$	$7,9 \cdot 10^{-5}$	$1,1 \cdot 10^{-3}$	$7,6 \cdot 10^{-5}$
Toniger Boden.	$2,7 \cdot 10^{-3}$	$6,9 \cdot 10^{-5}$	$1,1 \cdot 10^{-3}$	$6,0 \cdot 10^{-5}$
Gemischter Boden	$2,2 \cdot 10^{-3}$	$5,0 \cdot 10^{-5}$	$2,1 \cdot 10^{-3}$	$4,1 \cdot 10^{-5}$
Quarzhaltiger Boden	$1,6 \cdot 10^{-3}$	$5,6 \cdot 10^{-5}$	$1,0 \cdot 10^{-4}$	$1,4 \cdot 10^{-5}$
Ton	$1,3 \cdot 10^{-3}$	$6,0 \cdot 10^{-5}$	$4,0 \cdot 10^{-4}$	$2,6 \cdot 10^{-5}$

Mit verdünnter Essigsäure können also 3 bis 5% Nickel und Kobalt dem Boden entzogen werden. Die Menge von aufnahmefähigem Kobalt ist vermutlich dem pflanzenlöslichen Eisen gleich. Kobalt wird oft mit schwachen HCl-Lösungen

[1]) Siehe auch die Arbeiten von Robinson und Edgington; Mc Naught, Kidson, Stenton, Diton und Askew. In Gebieten der Verbreitung der Endemie unter den Weidetieren (Neuseeland, Australien) infolge Kobaltmangel wird Kobalt im Boden hauptsächlich im HCl-Auszug bestimmt.

Tabelle 94

Kobaltgehalt der Podsole in der UdSSR im 10%igem HCl-Auszug

Herkunft	Mittlerer Gehalt in %	Verfasser
Lettische SSR (Peternilkskaja-Station)		
Dunkelfarbiger, sumpfiger Boden	—	PEIWE und AJSAPJETE, 1949
„ „ „ bepflanzt	$1{,}1 \cdot 10^{-4}$	
„ „ „ „	$1{,}2 \cdot 10^{-4}$	
Rasenpodsol, sandig	$1{,}35 \cdot 10^{-4}$	
Lielplanonskaja-Station		
Graubrauner, schwerer Boden	$4{,}5 \cdot 10^{-5}$	
„ „ „ (Acker)	$4 \cdot 10^{-4}$	
„ „ „ (Wiese)	$3{,}7 \cdot 10^{-4}$	
Sandiger Rasenpodsol (Acker)	$4 \cdot 10^{-5}$	
Nakatne-Kolchos		
Graubrauner Geschiebelehm	$2{,}8 \cdot 10^{-4}$	
Meschotnenskaja-Station		
Graubrauner Boden	$3{,}85 \cdot 10^{-4}$	
Rasenpodsol auf Geschiebelehm	$2{,}6 \cdot 10^{-4}$	
Uswir-Kolchos		
Rasenpodsol auf Geschiebelehm	$2 \cdot 10^{-4}$	
UdSSR		
Rybinsk-Bezirk im Jaroslaw-Gebiet, Kolchos „Semledelez“, Weide	$2{,}7 \cdot 10^{-4}$	KOWALSKIJ und TSCHEBAEWSKAJA, 1949
„ „ „	$8 \cdot 10^{-5}$	
„ „ „	$1{,}2 \cdot 10^{-4}$	
„ „ Acker	$5{,}5 \cdot 10^{-4}$	

entzogen (z. B. bei Untersuchungen über seinen Mangel im Boden). In der UdSSR wurden solche Analysen in Böden der Lettischen SSR durchgeführt. Auch im Jaroslaw-Bezirk wurden einige Böden auf Manganmangel untersucht.

Im Boden kommen außerdem wasserlösliches Ni^{II+} und Co^{II+} vor. Dieser Gehalt ist in normalen Böden praktisch nicht festzustellen. Zu erwähnen bleibt noch, daß Flußwasser etwa 10^{-6}% Nickel und 10^{-7}% Kobalt enthält. Versuche über den Entzug von Nickel und Kobalt aus Böden mit Wasser wurden allerdings nicht angestellt. Die Bodenreaktion (p_H) und der Untergrund könnten hier ihre Wirkung auf den Gehalt an wasserlöslichem Nickel und Kobalt ausüben. Lediglich im Grundwasser auf Serpentingestein wurde festgestellt, daß der Gehalt an löslichem Nickel oft bis 0,04 % beträgt. Wir weisen noch darauf hin, daß Nickel und Kobalt genau wie auch andere Metalle in den Humushorizonten mehrerer Bodentypen angesammelt werden, d. h. die organische Substanz fixiert vermutlich diese Elemente. Aus den sauren Torfböden werden sie andererseits ausgewaschen.

Zusammenfassung

Wir konnten uns davon überzeugen, daß die Verteilung von Nickel und Kobalt im Boden im allgemeinen und auch in der UdSSR unmittelbar von der Beschaffenheit der bodenbildenden Gesteine abhängt. Die auf Granit, Diorit oder Andesit, Basalt und ultrabasischen Gesteinen gebildeten Böden unterscheiden sich stark im Gehalt an Nickel und Kobalt. Im allgemeinen gilt folgende Abstufung:

	Ni in %	Co in %
Böden auf Granit	nur Spuren	$1{,}0 \cdot 10^{-4}$
Böden auf Diorit	$3{,}0 \cdot 10^{-5}$	$1{,}0 \cdot 10^{-4}$
Böden auf Andesit	—	$1{,}2 \cdot 10^{-3}$
Böden auf Basalt	—	$8{,}0 \cdot 10^{-4}$
Boden auf Gabbro	—	$2{,}0 \cdot 10^{-3}$
Boden auf Serpentingestein	$5{,}0 \cdot 10^{-1}$	$1{,}0 \cdot 10^{-2}$

Die Böden der russischen Ebene gleichen annähernd den auf Granit, Schiefer und Ton entwickelten Böden. Unter den verschiedenen Bodentypen sind die Schwarzerden am reichsten an Nickel und Kobalt. Auch Böden auf basischen Gesteinen aus Adscharien zeigen einen erhöhten Nickel- und Kobaltgehalt. Podsole und saure Torfböden der russischen Ebene hingegen sind an beiden Elementen verarmt. Lediglich die auf den östlichen Uralabhängen liegenden Böden bilden eine Ausnahme. Die saure Reaktion der Torfböden begünstigt vermutlich die Auswaschung von Nickel und Kobalt. Uns bekannt gewordene Analysen von Torfböden, z. B. die von Kidson in Böden auf Neuseeland, weisen einen geringen Gehalt an Kobalt nach. Wir bemerken, daß Kobalt in Terra-rossa-Böden auf Kalkgestein angereichert wird. So fand z. B. Rigg im Kalkgestein $2 \cdot 10^{-5}$% und in der „Terra rossa" $2{,}6 \cdot 10^{-3}$% Kobalt. In sämtlichen Böden, die wir jetzt behandeln, ist das Verhältnis Ni : Co = 4, ist also das gleiche wie in der Biosphäre. Einen außerordentlich hohen Nickel- und Kobaltgehalt weisen die Böden auf Serpentingesteinen und auf Lagerstätten von silikatischen Eisennickelerzen im Ural auf. Unter ähnlichen Bedingungen ist das gleiche auch in anderen Ländern zu beobachten. In allen diesen Böden ist das Verhältnis Ni : Co 10 bis 20, was auf diese Herkunft hinweist[1]). Wenn man solche nickelreichen Böden ausschließt und lediglich die „normalen" Böden Europas, der USA und anderer Länder betrachtet, kann der mittlere Gehalt an Nickel mit etwa $4 \cdot 10^{-3}$% und an Kobalt mit etwa $3 \cdot 10^{-4}$% angenommen werden. Diese Feststellungen wurden auf Grund von rund

[1]) Bertrand und Makragnatz haben das Verhältnis Ni : Co überhaupt nicht beachtet, obwohl in ihrer Arbeit normale Böden beschrieben sind, deren Ni- Co-Verhältnis = 46,9 (?) ist.

Tabelle 95

Nickel- und Kobaltgehalt in

Herkunft	Höchster Nickelgehalt in %	Mittlerer Nickelgehalt in %
UdSSR		
Böden der russischen Ebene (33)[1]	$1 \cdot 10^{-3}$—$7{,}7 \cdot 10^{-3}$	$3{,}4 \cdot 10^{-3}$
Böden aus der Tatarischen SSR (28)	$1{,}3 \cdot 10^{-3}$—$8{,}2 \cdot 10^{-3}$	$5{,}0 \cdot 10^{-3}$
Böden aus der Lettischen SSR (21)	—	—
USA		
Verschiedene Böden (49)	$5 \cdot 10^{-5}$—$2{,}3 \cdot 10^{-3}$	$3{,}6 \cdot 10^{-4}$
„ „ aus Florida (16)	0— $8 \cdot 10^{-3}$	(n. 10^{-3})[2]
„ „ Kentucky		$3{,}7 \cdot 10^{-4}$
„ „ auf Serpentin (3)	$3 \cdot 10^{-2}$— $4 \cdot 10^{-2}$	$4 \cdot 10^{-2}$
Neuseeland		
Verschiedene Böden (19)		
Böden der Süd- und Nord-Insel von Neuseeland (189)		
dito (11)		
Kalkgestein		
Verschiedene Böden (4)		
Kalkgestein (bodenbildend)		
Verschiedene Böden		
Großbritannien (Schottland)		
Verschiedene Böden auf kristallinen Gesteinen (8)	$7 \cdot 10^{-4}$—$2{,}3 \cdot 10^{-2}$	$4{,}6 \cdot 10^{-3}$
„ „ „ „ „ (2)		
„ „ „ „ „ (8)		
„ „ „ „ „ (5)		
„ „ „ „ „ (10)		
Australien		
Verschiedene Böden	0—$3{,}9 \cdot 10^{-3}$	
Böden auf Kalkgestein	—	
Spanien		
Verschiedene Böden	$1 \cdot 10^{-2}$—$5 \cdot 10^{-2}$	
Frankreich		
Verschiedene Böden (28)	$5 \cdot 10^{-4}$—$3{,}9 \cdot 10^{-3}$	$2 \cdot 10^{-3}$
Deutschland		
Böden und Muttergesteine (14)	$2 \cdot 10^{-3}$—$1{,}7 \cdot 10^{-2}$	$2 \cdot 10^{-3}$
Dänemark		
Verschiedene Böden		
Tasmanien		
Verschiedene Böden	0—$3{,}9 \cdot 10^{-3}$	
Japan		
Verschiedene Böden		
Schweden		
Verschiedene Böden		

[1]) Die eingeklammerten Zahlen bedeuten die Anzahl der Proben.
[2]) In 9 von 16 Bodenproben.

Tabelle 95
Böden verschiedener Länder

Höchster Kobaltgehalt in %	Mittlerer Kobaltgehalt in %	Verhältnis Ni : Co	Verfasser
$1{,}5 \cdot 10^{-4}$—$1{,}5 \cdot 10^{-3}$	$8{,}9 \cdot 10^{-4}$	3,8	MALJUGA, 1944
—	—	—	PORFIRJEW und TROIZKAJA, 1937
$4 \cdot 10^{-5}$— $4 \cdot 10^{-4}$[1]	$2 \cdot 10^{-4}$[1]	—	PEIWE, 1949
$1 \cdot 10^{-5}$—$2{,}4 \cdot 10^{-4}$	$2 \cdot 10^{-5}$	4,5	SLATER, 1937
—	—	—	ROGERS, 1939
—	$1{,}6 \cdot 10^{-4}$	2,3	Mc HARGUE, 1925
—	—	—	ROBINSON, STEINKOENIG und MILLER, 1917
$1 \cdot 10^{-5}$—$9{,}5 \cdot 10^{-5}$[1]	$3{,}2 \cdot 10^{-5}$[1]	—	Mc NOUGHT, 1937
$3 \cdot 10^{-5}$—$8{,}5 \cdot 10^{-3}$[1]	$7{,}7 \cdot 10^{-4}$[1]	—	KIDSON, 1937/38
$3 \cdot 10^{-4}$—$6{,}2 \cdot 10^{-3}$[1]	$1{,}8 \cdot 10^{-3}$[1]	—	DIXON, 1936
$2 \cdot 10^{-5}$—$1{,}2 \cdot 10^{-3}$	$3 \cdot 10^{-4}$	—	STANTON, 1944
$1 \cdot 10^{-5}$— $3 \cdot 10^{-5}$[1]	$2 \cdot 10^{-5}$[1]	—	ASKEW, 1939
$2{,}5 \cdot 10^{-4}$—$6{,}6 \cdot 10^{-4}$[1]	$4 \cdot 10^{-4}$[1]	—	DIXON, KIDSON, KIGG, 1940
—	—	—	MAUNSELL, 1945
$1 \cdot 10^{-4}$—$3{,}3 \cdot 10^{-3}$	$1{,}4 \cdot 10^{-3}$	3,3	MITCHELL, 1945
$3{,}9 \cdot 10^{-4}$—$1{,}6 \cdot 10^{-3}$	—	—	PATTERSON, 1938
$0{,}8 \cdot 10^{-4}$—$5{,}4 \cdot 10^{-4}$	$2{,}0 \cdot 10^{-4}$	—	CORNER und SMITH, 1938
$1 \cdot 10^{-4}$—$1{,}5 \cdot 10^{-4}$	$1{,}0 \cdot 10^{-4}$	—	STEWART, 1941
$3 \cdot 10^{-3}$—$1{,}4 \cdot 10^{-2}$	$6 \cdot 10^{-3}$	—	DAVIDSON und MITCHELL, 1940
0—$3{,}9 \cdot 10^{-4}$	$2{,}2 \cdot 10^{-4}$	—	DUMAZESQUE, 1943
$9 \cdot 10^{-5}$— $6 \cdot 10^{-4}$	ca. $2 \cdot 10^{-4}$	—	RIGG, 1940
—	ca. 10^{-2} (?)	—	GUELBENZU, 1944
$3 \cdot 10^{-5}$—$1{,}2 \cdot 10^{-3}$	$4{,}5 \cdot 10^{-4}$	4,9	BERTRAND und MOKRAGNATZ, 1922
—	—	—	SCHRECKENTHAL, 1927
$0{,}1 \cdot 10^{-4}$—$1{,}5 \cdot 10^{-4}$(?)	$6 \cdot 10^{-5}$ (?)	—	HARWEY, 1937, HUDERWOOD und HARVEY, 1938
0,0—$3{,}9 \cdot 10^{-4}$	—	—	DUMARESQUE, 1943
($2 \cdot 10^{-3}$)	—	—	HIRAI und TAKAGI, 1937
—	$n \cdot 10^{-4}$	—	SVANBERG und EKMAN, 1949

[1]) Kobalt im n/10-HCl-Auszug.

200 Bestimmungen bei Nickel und 500 Bestimmungen bei Kobalt gemacht (Tabelle 95). Zahlreiche Analysen zeigen, daß Salzsäureauszüge am wenigsten Kobalt aus Rasenpodsol, Moor- und ähnlichen Böden lösen, am meisten aber aus anlehmigen, graubraunen Böden, sowie aus den Schwarzerden. Die vertikale Verteilung von Nickel und Kobalt entspricht der des Eisens. Gesteine und Untergrund sind in der Regel am reichsten an Nickel und Kobalt. Auch andere Verfasser, z. B. SLATER, ROBINSON, weisen darauf hin. Wir müssen eine gewisse Abhängigkeit der Nickel- und Kobaltanreicherung vom Humusgehalt hervorheben. GOLDSCHMIDT fand in einem Mineralboden etwa $2{,}0 \cdot 10^{-3}\%$ und in der Humusasche desselben Bodens aber $1 \cdot 10^{-2}\%$ Nickel. In den Podsolen und grauen Waldböden ist eine gewisse Anreicherung bei der Bildung von Ortsteinhorizonten festzustellen. Die Böden mit Eisenkonkretionen weisen stets größere Mengen an Nickel und Kobalt auf. Als Beispiel ist nachstehend ein Bodenprofil mit Eisenkonkretionen aus Nigeria, analysiert von KIDSON, aufgeführt:

Tiefe in cm	Co-Gehalt in %
0—13	$1{,}3 \cdot 10^{-3}$
25—33 Konkretionen	$1{,}1 \cdot 10^{-2}$
41—59 Ton	$6{,}3 \cdot 10^{-4}$

In sauren Böden nimmt der Kobaltgehalt merklich in der Richtung zum Gestein ab.

Wie wir bereits beim Prozeß der gemeinsamen Fällung von Nickel und Eisen erwähnten — beweglich sind lediglich die Ni^{II+}- und Fe^{II+}-Ionen — erfolgt einerseits eine Anreicherung von Nickel in den Eisenkonkretionen des Ortsteins (Vorkommen von Ni in Eisenerzen) und die Trennung von Co, das andererseits selektiv mit den Hydroxyden des Mn^{III} und Mn^{IV} ausfällt.

Zum Schluß noch ein Hinweis: Es existieren Gebiete mit hohem Nickelgehalt auf Serpentingestein, in denen Pflanzen und Tiere dem Einfluß von konzentrierten Nickellösungen unterliegen. Die Pflanzen, besonders die Samen in diesen Gebieten, zeigen einen hohen Nickelgehalt. Außerdem ist bekannt, daß pflanzenlösliches Nickel die Morphologie der Pflanze verändert. Eine Erklärung dafür steht allerdings noch aus. Im Bezirk der Nickellagerstätten von Kemperssajsk wurden von uns Vegetationsversuche darüber durchgeführt. Bei „Anemone patens", „Artemisia" und insbesondere bei „Linosyris villosa" traten morphologische Veränderungen auf. Ferner sind Gebiete bekannt, die Mangel an Kobalt aufweisen, so in Neuseeland, Australien, Neu-Süd-Wales, Kenya, England, USA und Kanada, wo z. B. Schafe unter typischer endemischer Anämie leiden. Vermutlich ist diese Endemie in einem solchem Ausmaße verbreitet, daß eingehendere Untersuchungen erforderlich sind.

10. Über das Vorkommen von Kupfer, Zink und Cadmium im Boden

a) Kupfer

Granit, Gneis und andere saure Gesteine, sowie Schiefer und Sandsteine haben einen durchschnittlichen Kupfergehalt von etwa 10^{-2} bis 10^{-3}%, während basische Gesteine einen höheren Gehalt von $2 \cdot 10^{-2}$% aufweisen. Daraus geht klar hervor, daß der Cu-Gehalt im Boden vom Muttergestein abhängig ist. Wir werden uns später noch davon überzeugen. Kupferhaltige Sandsteine und die Lagerstätten von Kupfererzen, Malachit, Chalkopyrit und andere sind in der Regel die Hauptquellen für den Kupfergehalt des Bodens. In der Gegenwart treten neue Kupferquellen in der Umgebung der Industrie, in Städten und Dörfern auf: Kupferhaltiger Rauch aus den Schmelzöfen und insbesondere zahlreiche kupferhaltige Insektizide, die in großen Mengen Obstgärten und Weinbergen zugeführt werden. Es ist erwiesen, daß dadurch der Boden an Kupfer angereichert wird. Da diese Frage jedoch nur lokale Bedeutung hat, werden wir sie nicht weiter behandeln; eine umfangreiche Literatur darüber liegt vor.

Die biochemische Rolle des Kupfers ist seit Anfang des 19. Jahrhunderts bekannt. Deshalb hat der Kupfergehalt des Bodens und der Vegetation seit langem wissenschaftliches Interesse. Die biologische Rolle des Kupfers ist äußerst bedeutsam. Kupfer ist ein Bestandteil des blauen Blutpigments des Hämocyanins der Crustaceen und Mollusken. Im Blut der höheren Tiere ist es im Hämocuprein gebunden und auch in anderen Porphyrinen, z. B. im Zytochrom und Turacin, enthalten. Der Kupfergehalt des Milieus und des Bodens wirkt limitierend auf die Entwicklung verschiedener Organismen ein. Auf die Biochemie des Kupfers ist man in der Gegenwart aufmerksam geworden, als erkannt wurde, daß Kupfermangel die Erkrankung der Vegetation, insbesondere des Getreides (sogenannte „Krankheit der Nichtausreifung") sowie auch eine besondere Art der Anämie der Tiere und auch des Menschen hervorruft. Diese Krankheiten sind in verschiedenen Ländern unter verschiedenen Namen bekannt. Wir haben ferner auch auf die morphologische Veränderung mancher Pflanzen infolge eines außerordentlich hohen Kupfergehaltes im Boden hinzuweisen.

Die Böden aus Chibiny (Tabelle 96): Sie weisen in sämtlichen Profilen einen niedrigen Kupfergehalt auf. Der A_0-Horizont, der beträchtliche Pflanzenreste aufweist, ist nur schwach kupferhaltig; eine Bindung des Kupfers an die organische Substanz scheint also nicht stattzufinden. Eine Ausnahme bildet der A_0-Horizont der Torf-Gley-Böden mit einem deutlich nachweisbaren, aber doch geringen Kupfergehalt. Der A_2-Horizont des Profils Nr. 44 zeigt eine starke Abnahme von

Kupfer. Der B-Horizont im Profil Nr. 42 ist fast so reich an Kupfer wie der C-Horizont, der am kupferreichsten ist. Aus den bodenbildenden Chibiny-Gesteinen wird also Kupfer abgegeben, was vermutlich auf die saure Reaktion des Bodens zurückzuführen ist.

Tabelle 96

Kupfergehalt der Tundraböden

Profil-Nr.	Bodentyp	Horizont	Cu in %	Organ. Subst. in %	Verfasser
42	Böden der Gebirgstundra	A_0, A_1	$8 \cdot 10^{-4}$	17,8	
		B	$2 \cdot 10^{-3}$	5,48	
		C	$3 \cdot 10^{-3}$	2,50	
44	Podsolierter Humus-Illuvial-Boden. . . .	A_0, A_1, A_2	an $2 \cdot 10^{-4}$	38,0	
		B	$8 \cdot 10^{-4}$	11,1	
		C	$1 \cdot 10^{-3}$	2,5	
43	Torf-Gley-Boden . . .	A_0	$2 \cdot 10^{-3}$	10,29	
		A_1	$8 \cdot 10^{-4}$	24,8	
		B	an $5 \cdot 10^{-4}$	6,06	
	,, ,, ,, . . .	A_0	$2,3 \cdot 10^{-3}$	—	MALJUGA,
		A_1	$1,1 \cdot 10^{-3}$	—	1946

Podsolierte Böden (Tabelle 97): Sie weisen einen mittleren Kupfergehalt von $2 \cdot 10^{-3}$% und darunter auf. In der Regel (Probe Nr. 35 und 46) sind die Muttergesteine etwas reicher an Kupfer. Der A_0-Horizont enthält Kupfer, aber sein Gehalt ist kleiner als der des Muttergesteins. Ein Verlust an Kupfer ist im A_2-Horizont (Probe Nr. 38 und folgende) nachweisbar, was insbesondere für die von IWANOW und SEDLEZKIJ analysierten Böden zutrifft. Der B-Horizont weist in der Regel den gleichen Kupfergehalt auf wie der C-Horizont. Der höhere Kupfergehalt im B-Horizont ist nicht groß genug, um das mit Sicherheit behaupten zu können, obwohl es nicht ausgeschlossen erscheint.

Auffällig ist ein hoher Kupfergehalt und auch ein ebensolcher Gehalt an Eisen und Chrom in dem podsolierten Boden auf Bänderton (Probe Nr. 37) im Vergleich zu demselben Bodentyp auf Geschiebelehm (Probe Nr. 38).

Graue Waldböden (Tabelle 98): Sie haben einen geringen Kupfergehalt in den A_0- und A_1-Horizonten (Probe Nr. 2).

Tabelle 97

Kupfergehalt der podsolierten Böden

Profil-Nr.	Bodentyp	Horizont	Cu in %	Organ. Subst. in %	Verfasser
35	Mittelpodsolierter, anlehmiger und leichter Boden	A_1	$1 \cdot 10^{-3}$	1,89	
		B_1	$1 \cdot 10^{-3}$	—	
		B_2	$1 \cdot 10^{-3}$	—	
		C	$2 \cdot 10^{-3}$	—	
46	Anlehmiger, podsolierter leichter Boden	A_0	$8 \cdot 10^{-4}$	—	MALJUGA, 1946
		A_1	$5{,}5 \cdot 10^{-4}$	—	
		B	$6{,}4 \cdot 10^{-4}$	—	
		C	$6{,}8 \cdot 10^{-4}$	—	
37	Podsolierter Boden auf Bänderton	A_1	$1 \cdot 10^{-3}$	3,60	
		A_2	$1 \cdot 10^{-3}$	0,13	
		B	$1 \cdot 10^{-3}$	0,10	
38	Podsolierter Boden auf Geschiebelehm	A_1	$6 \cdot 10^{-4}$	2,65	
		A_2	$8 \cdot 10^{-4}$	0,07	
		B	$1 \cdot 10^{-3}$	—	
	Schwachpodsolierter Sandboden	A_1	$1 \cdot 10^{-3}$	—	
		A_2	$3 \cdot 10^{-4}$	—	
		B	$1 \cdot 10^{-3}$	—	
		C	$3 \cdot 10^{-4}$	—	
	Schwachpodsolierter Lehmboden	A_1	$3 \cdot 10^{-3}$	—	IWANOW, 1939
		A_2	$1{,}6 \cdot 10^{-3}$	—	
		B	$3{,}3 \cdot 10^{-3}$		SEDLEZKIJ, 1941
	Schwachpodsolierter Torfboden .	A_1	$3{,}2 \cdot 10^{-3}$	—	
		A_2	$1{,}6 \cdot 10^{-3}$	—	
		B	$3{,}1 \cdot 10^{-3}$	—	
		C	$3{,}1 \cdot 10^{-3}$		

Tabelle 98

Kupfergehalt der grauen Waldböden

Profil-Nr.	Bodentyp	Horizont	Cu in %	Organ. Subst. in %	Verfasser
2	Ausgelaugter, grauer Waldboden	A_0	$1 \cdot 10^{-3}$	3,73	
		A_1	$1{,}5 \cdot 10^{-3}$	1,0	
		B	$1 \cdot 10^{-3}$	0,49	
		C	$1 \cdot 10^{-3}$	0,03	
		D	$1{,}5 \cdot 10^{-3}$	—	
	wie oben	A_0	$1{,}2 \cdot 10^{-3}$		
		A_1	$1{,}0 \cdot 10^{-3}$		
		B	$9{,}4 \cdot 10^{-4}$		MALJUGA, 1944
		C	$8{,}4 \cdot 10^{-4}$		
		D	$7{,}6 \cdot 10^{-4}$		
22	Graue Waldböden (Eichen-, Nußbaum- und Ahorn-Wald). . .	A	$1 \cdot 10^{-3}$	—	
		B	$1 \cdot 10^{-3}$	—	
		C	$1{,}5 \cdot 10^{-3}$	—	
23	Graubraune Waldböden	A	$3 \cdot 10^{-3}$		
		B	$3 \cdot 10^{-3}$	0,16	

Schwarzerden (Tabelle 99): Während in den Podsolen und Waldböden die humushaltigen oberen Horizonte nur eine schwache Tendenz zur Kupferanreicherung zeigen, weisen dagegen die Schwarzerden diese deutlich auf. Der Kupfergehalt der Schwarzerden entspricht dem Humusgehalt; mit abnehmendem Humus sinkt auch der Kupfergehalt. Der Untergrund der verschiedenen Gebiete weist einen unterschiedlichen Kupfergehalt auf.

Tabelle 99

Kupfergehalt der Schwarzerden

Profil-Nr.	Herkunft	Horizont und Tiefe	Cu-Gehalt in %	Organ. Subst. in %	Verfasser
3	Normale, lehmige Schwarzerde	A_1	$2 \cdot 10^{-3}$	6,30	
		A_2	$1 \cdot 10^{-3}$	4,15	
		B	$1,5 \cdot 10^{-3}$	1,82	
		C	$1,5 \cdot 10^{-3}$	0,13	
	wie oben	A_1	$1,7 \cdot 10^{-3}$	—	
		A_2	$1,2 \cdot 10^{-3}$	—	
		B	$1,9 \cdot 10^{-3}$	—	MALJUGA, 1944
		C	$1,6 \cdot 10^{-3}$	—	
5	Anlehmige Schwarzerde .	A	$1,5 \cdot 10^{-3}$	—	
		B	$1,5 \cdot 10^{-3}$	—	
9	Schwarzerde aus dem Asow-Bezirk	A	$2,0 \cdot 10^{-3}$	3,27	
		A_2	$2,0 \cdot 10^{-3}$	1,18	
		B	$1,5 \cdot 10^{-3}$	0,21	
		C	$3,0 \cdot 10^{-3}$	0,14	
	wie oben	A	$2,3 \cdot 10^{-3}$	—	
		A_2	$1,3 \cdot 10^{-3}$	—	MALJUGA, 1944
		B	$1,7 \cdot 10^{-3}$	—	
		C	$1,7 \cdot 10^{-3}$	—	
39	Ausgelaugte Schwarzerde	A	$8,0 \cdot 10^{-4}$	—	
		B	$8,0 \cdot 10^{-4}$	—	
	Ausgelaugte Schwarzerde auf Lößlehm aus dem Kursk-Bezirk	0—10 cm	$5,6 \cdot 10^{-3}$	—	
		40—50 ,,	$6,1 \cdot 10^{-3}$	—	IWANOW und SEDLEZKI, 1939—41
		90—100 ,,	$3,1 \cdot 10^{-3}$	—	
		120—130 ,,	$2,1 \cdot 10^{-3}$	—	
		170—180 ,,	$3,5 \cdot 10^{-3}$	—	
		250—260 ,,	$5,0 \cdot 10^{-3}$		
		280—290 ,,	$5,0 \cdot 10^{-3}$	—	
		350—360 ,,	$5,0 \cdot 10^{-3}$	—	

Kastanienbraune Böden und Grauerden aus dem Kaspischen Bezirk (Tabelle 100): Kastanienbraune Böden haben einen gleichbleibenden Kupfergehalt in sämtlichen Horizonten. Zwei Proben der gleichen Grauerde sind aus dem Boden getrennt entnommen worden. Unsere Analysen zeigen starke Schwankungen im Kupfergehalt dieser Böden.

Tabelle 100

Kupfergehalt der kastanienbraunen Böden und Grauerden aus dem Kaspischen Bezirk

Profil-Nr.	Herkunft	Horizont	Cu-Gehalt in %	Organ. Subst. in %	Verfasser
15	Helle, kastanienbraune Böden	A	$1{,}5 \cdot 10^{-3}$	1,84	
		B	$1{,}5 \cdot 10^{-3}$	nur Spuren	
		C	$2{,}0 \cdot 10^{-3}$	,, ,,	
		D	$2{,}0 \cdot 10^{-3}$	,, ,,	
	,, ,, ,,		$1{,}4 \cdot 10^{-3}$	—	MALJUGA, 1944
			$1{,}3 \cdot 10^{-3}$	—	
			$1{,}3 \cdot 10^{-3}$	—	
			$1{,}5 \cdot 10^{-3}$	—	
19	Grauerden aus der Wüste . .	A	1	0,32	
		B	2	0,03	
		C	2	—	
	,, ,, ,, ,, . .	A	$5 \cdot 10^{-4}$	—	MALJUGA, 1944
		B	$8{,}4 \cdot 10^{-4}$	—	
		C	$1{,}2 \cdot 10^{-3}$	—	
14	Solonetz mit Säulenstruktur	A	$2{,}1 \cdot 10^{-3}$	—	
			$2{,}3 \cdot 10^{-3}$	—	
			$2{,}6 \cdot 10^{-3}$	—	

Roterden und andere Bodentypen aus dem Kaukasus (Tabelle 101): Die Bodentypen der Kaukasus-Roterden, Profil Nr. 32 und 34, Gelberden und der podsolierte Boden aus dem Talysch-Bezirk sind auf basischen Gesteinen entwickelt und daher im Vergleich zu den übrigen Böden der russischen Ebene besonders reich an Kupfer. Roterden sowie Gelberden weisen einen homogenen Kupfergehalt in sämtlichen Horizonten auf und einen erhöhten Gehalt im A-Horizont. Bei intensiver Podsolierung sinkt der Kupfergehalt in den A- und B-Horizonten im Vergleich zum Muttergestein stark ab. Das weist auf eine Verarmung an Kupfer in den A- und B-Horizonten hin; vgl. den stark podsolierten Lehmboden aus dem Talysch-Bezirk.

Tabelle 101
Kupfergehalt der Roterden

Profil-Nr.	Herkunft	Horizont	Cu-Gehalt in %	Organ. Subst. in %	Verfasser
32	Roterde	A	etwa $1 \cdot 10^{-2}$	1,63	MALJUGA, 1944
		B	„ $5 \cdot 10^{-3}$		
		C	„ $2 \cdot 10^{-2}$	0,01	
	„	A	$2,7 \cdot 10^{-2}$		
		B	$1,1 \cdot 10^{-2}$		
		C	$1,7 \cdot 10^{-2}$		
34	„	A	$3,0 \cdot 10^{-3}$	10,8	
		B	$5,0 \cdot 10^{-3}$		
	„ aus Adscharien		$1,4 \cdot 10^{-2}$		IWANOW, 1939, und SEDLEZKI, 1941
			$1,33 \cdot 10^{-2}$		
			$1,33 \cdot 10^{-2}$		
			$1,23 \cdot 10^{-2}$		
			$1,32 \cdot 10^{-2}$		
	Stark podsolierter Lehmboden .	A_1	$5,26 \cdot 10^{-3}$		
		A_2	$5,5 \cdot 10^{-3}$		
		B_1	$7,0 \cdot 10^{-3}$		
		B_2	$7,3 \cdot 10^{-3}$		
		C	$1,1 \cdot 10^{-2}$		
	Podsolierter Gley aus dem Talysch-Bezirk		$8,0 \cdot 10^{-3}$		
			$8,0 \cdot 10^{-3}$		
			$8,14 \cdot 10^{-3}$		
			$6,9 \cdot 10^{-3}$		
			$7,4 \cdot 10^{-3}$		
	Gelberde auf Olivin-Basalt aus dem Talysch-Bezirk.		$1,0 \cdot 10^{-2}$		
			$1,0 \cdot 10^{-2}$		
			$1,0 \cdot 10^{-2}$		
			$1,0 \cdot 10^{-2}$		
			$9,2 \cdot 10^{-2}$		

Der Kupfergehalt der Moorboden

Infolge endemischer Krankheitserscheinungen bei Pflanzen und Tieren wurde dem Kupfergehalt und seiner Verteilung in Moorböden große Aufmerksamkeit gewidmet. Getreide kommt auf solchen Böden nicht zur Reife.[1]) Düngung mit Kupfer beseitigt in solchen Böden diese Erscheinung. Die Erkrankung kommt im

[1]) Als Ursache ist die sogenannte „Weiß-Seuche" zu nennen. In verschiedenen Ländern hat diese Erkrankung andere örtliche Namen; sie tritt bei einem Kupfergehalt des Bodens unter $1 \cdot 10^{-3}$% auf.

Tabelle 102

Kupfergehalt der Torfböden aus der UdSSR

Bodenart	Horizont	Herkunft	Cu in % (in trockenem Boden)
Moor	A	Station Talka, weißruss. SSR (Weide)	$5 \cdot 10^{-4}$
	B	,, ,, ,, ,, ,,	$5 \cdot 10^{-4}$
	C	,, ,, ,, ,, ,,	$5 \cdot 10^{-4}$
Moor	A	Station Schodiko, weißruss. SSR (Versuchsfeld)	$2{,}7 \cdot 10^{-4}$
	B	,, ,, ,, ,, ,,	$3 \cdot 10^{-4}$
	C	,, ,, ,, ,, ,,	$2{,}5 \cdot 10^{-4}$
	A	,, ,, ,, ,, ,,	$5 \cdot 10^{-4}$
	B	,, ,, ,, ,, ,,	$5 \cdot 10^{-4}$
	C	,, ,, ,, ,, ,,	$5 \cdot 10^{-4}$
	A	,, ,, ,, ,, ,,	$5 \cdot 10^{-4}$
	B	,, ,, ,, ,, ,,	$5 \cdot 10^{-4}$
	C	,, ,, ,, ,, ,,	$3 \cdot 10^{-4}$
Moor	A	Station Talka, weißruss. SSR (Sumpf)	$4 \cdot 10^{-4}$
	B	,, ,, ,, ,, ,,	$2{,}5 \cdot 10^{-4}$
	C	,, ,, ,, ,, ,,	$3 \cdot 10^{-4}$
Moor	A	Zentrale Moor-Versuchsstation in Minsk	—
	B	,, ,, ,, ,, ,,	$8 \cdot 10^{-4}$
	C	,, ,, ,, ,, ,,	$8 \cdot 10^{-4}$
Moor	A	Station Wassilewitschi, „Wedria" (nicht melioriertes Moor)	Spuren
	B	,, ,, ,, ,, ,,	$6 \cdot 10^{-4}$
	C	,, ,, ,, ,, ,,	$4 \cdot 10^{-4}$
Sandboden . .	A	,, ,, ,, ,, ,,	—
	B	,, ,, ,, ,, ,,	$5 \cdot 10^{-4}$
	C	,, ,, ,, ,, ,,	$7{,}5 \cdot 10^{-4}$
Moorboden . .	A	Station Bychowo „Woronino" (weißruss. SSR), (Versuchsfeld)	$8 \cdot 10^{-4}$
	B	,, ,, ,,	$5 \cdot 10^{-4}$
	C	,, ,, ,,	$7 \cdot 10^{-4}$
Moorboden . .	A	Rudjanskij-Bezirk (weißruss. SSR) (trockengelegtes Moor)	$2 \cdot 10^{-4}$
	B	,, ,, ,, ,,	$1{,}5 \cdot 10^{-4}$
	C	,, ,, ,, ,,	$2 \cdot 10^{-4}$
Moorboden . .	A	Bardilowka, „Pljantowka" (weißruss. SSR), (Niederungs-Moor)	$8 \cdot 10^{-4}$
	B	,, ,, ,, ,,	$7{,}5 \cdot 10^{-4}$
	C	,, ,, ,, ,,	Spuren

Fortsetzung von Tabelle 102

Kupfergehalt der Torfböden aus der UdSSR

Bodenart	Horizont	Herkunft	Cu in % (in trockenem Boden)
Moorboden . .	A	Ljuban (weißruss. SSR), Sowchos	$4 \cdot 10^{-4}$
	B	,, ,, ,, ,,	—
	C	,, ,, ,, ,,	$1{,}5 \cdot 10^{-4}$
Sandboden . .	A	,, ,, ,, ,,	$1{,}5 \cdot 10^{-4}$
	B	,, ,, ,, ,,	$5 \cdot 10^{-4}$
	C	,, ,, ,, ,,	$5 \cdot 10^{-4}$
Torf.	A	Elektr.-Werk „Belij Moch" (Moskauer Bezirk)	$4 \cdot 10^{-4}$
	B	,, ,, ,, ,, ,, ,,	$3 \cdot 10^{-4}$
	C	,, ,, ,, ,, ,, ,,	$4 \cdot 10^{-4}$
Torf.	A	Station Brassowo, Orel-Bezirk	$5 \cdot 10^{-4}$
	B	,, ,, ,, ,,	$5 \cdot 10^{-4}$
	C	,, ,, ,, ,,	$1 \cdot 10^{-3}$
Torf.		Tschernigow-Bezirk, Moor bis 20 cm	$5 \cdot 10^{-4}$
		,, ,, Rand des Moores	$8 \cdot 10^{-4}$
Torf.		Kursk-Bezirk, Torfmoor „Plosskoje", bis 20 cm	$1{,}5 \cdot 10^{-3}$
		,, ,, ,, ,, am Rande	$2 \cdot 10^{-3}$
Torf.		Chibiny, „WJR", Moostorf	$2 \cdot 10^{-4}$
		,, Riedgras-Moor	$8 \cdot 10^{-4}$
Torf.		Jaroslaw-Bezirk, Sowchos „Luschki"	$1 \cdot 10^{-3}$
Torf.		Stark degradierte staubartige anlehmige Abart	$3 \cdot 10^{-3}$
Torf.		Poltawa-Bezirk, Sulsk-Versuchsfeld	$2{,}5 \cdot 10^{-4}$
		,, ,, Moorrand	$8 \cdot 10^{-4}$
Torf.		Molotow-Bezirk, „Krassaka", Moor	$8 \cdot 10^{-4}$
		,, ,, Rand des Moores	$1 \cdot 10^{-3}$
Torf.		Nowgorod-Bezirk, Moor-Versuchsfeld	Spuren
Torf.		Westsibirien, Versuchsstation, Schilftorf	Spuren
Torf.		desgl. Moorrand, schwarzerdeartiger Boden	$1 \cdot 10^{-3}$
Torf.	A	Talka-Station, mit „Ogarok"[1]) gedüngtes Feld	$5 \cdot 10^{-4}$
Torf.	A	desgl. trockengelegtes Moor	$5 \cdot 10^{-4}$
Torf.	A	Zentrale Moor-Versuchsstation der weißruss. SSR (Altes Ackerfeld)	$5 \cdot 10^{-4}$
Torf.	A	Station Wassilewitschi „Wedria"	Spuren
Torf.	A	Station Bychowo, mit „Ogarok" gedüngtes Feld	$5 \cdot 10^{-4}$
Torf.	A	WSSR, Rudjanskij-Bezirk, Moor	$1 \cdot 10^{-3}$
Torf.	A	Minsk-Bezirk, Zentrale Moorversuchs-Station, mit „Ogarok" gedüngtes Moor	$8 \cdot 10^{-4}$
		desgl.	$5 \cdot 10^{-4}$

[1]) „Ogarok" = kupferhaltige Aufbereitungsabfälle oder Schlacken (Anmerk. des Herausgebers).

Bereich der Moor- und Sand-Podsole in Norddeutschland sowie in Dänemark, Schweden, Polen, Estland, Weißrußland, in Florida und anderen Ländern vor. Wir haben überwiegend Moorböden aus der weißrussischen SSR untersucht, wo das Nichtreifen von Getreide festgestellt worden war, siehe Tabelle 102. Zum Vergleich sind Angaben über ähnliche Bodentypen anderer Länder in der Tabelle 103 beigefügt.

Tabelle 103
Mittlerer Kupfergehalt der Moorböden verschiedener Länder

Herkunft	Kupfergehalt in %	Verfasser
UdSSR		
Moorböden (74)	$6 \cdot 10^{-4}$	WINOGRADOW, 1941
Deutschland		
Moorböden (3)	$3{,}3 \cdot 10^{-4}$	HOFFMANN, 1941
USA		
Moorböden aus Florida (4)	$2{,}1 \cdot 10^{-3}$	BRYAN und BECKER, 1935

Der Kupfergehalt der oben erwähnten Böden ist in der Regel niedrig. Manche Moorböden können allerdings einen normalen, unter Umständen sogar hohen Kupfergehalt aufweisen, so z. B. die Proben aus den Mooren von Plosskoje und Luschki im Kudenskij-Bezirk (Weißrussische SSR). Wir haben einen etwas erhöhten Kupfergehalt am Rande der Moorböden und zwar im Mineralboden und im Schlamm, im Vergleich zum Torf feststellen können. Unter der Berücksichtigung des Umstandes, daß Moorböden oft bis 50% organische Substanz enthalten, ist der Kupfergehalt in den anderen Podsolen etwas höher als in normalen Böden. Eine gewisse Erhöhung des Kupfergehaltes ist im A-Horizont der sauren Moorböden festzustellen. Diese sind vermutlich fähig, das Kupfer einerseits zu fixieren, andererseits seine Wanderung bei saurer Reaktion zu begünstigen.

Durch die Humusschicht hindurchsickernde sehr verdünnte Kupferlösungen werden im Boden sorbiert. Die Art der Bindung zwischen Humus und Kupfer ist jedoch nicht bekannt. Dagegen konnte festgestellt werden, daß bei der Melioration der Moorböden sowie der schweren, lehmigen Böden im allgemeinen viel größere Mengen von Kupfer benötigt werden als für die leichteren Bodenarten. Man könnte darum annehmen, daß die Beweglichkeit des Kupfers in Moorböden von der Reaktion sowie von der Art und dem Verwesungsgrad der Pflanzenreste in solchen Böden abhängt. Es ist zu vermuten, daß die organischen Verbindungen solcher Böden einen Teil des Kupfers enthalten, der für die Pflanzen unerreichbar ist. Deshalb wird der Kupfermangel der Moorböden nicht nur durch den absoluten Kupfergehalt bestimmt, sondern maßgebend ist die Art der Fixierung durch den

Torf. Darüber aber später. Zahlreiche Bodenforscher, wie z. B. BRYAN, BECKER und DUMARESA, stellten Kupferverarmung in Moor- und Sandböden der „Saltsickness-Gebiete“ fest.[1]) Es ist nicht ausgeschlossen, daß der Kupfergehalt der verschiedenen Moorbodentypen unterschiedlich ist. IWANOW und SEDLEZKIJ z. B. bestimmten im Jahre 1946 den Kupfergehalt für verschiedene Moorböden aus dem Moskauer Gebiet wie folgt:

Niederungs-Moor;
Minimaler Gehalt $3 \cdot 10^{-4}$%, maximaler Gehalt $8{,}9 \cdot 10^{-3}$%, mittlerer Gehalt $2 \cdot 10^{-3}$%.

Hochmoor;
Minimaler Gehalt $3 \cdot 10^{-4}$%, maximaler Gehalt $2 \cdot 10^{-3}$%, mittlerer Gehalt $1 \cdot 10^{-3}$%.

Tonige Torfböden;
Minimaler Gehalt $1{,}9 \cdot 10^{-3}$%, maximaler Gehalt $6{,}7 \cdot 10^{-3}$%, mittlerer Gehalt $4 \cdot 10^{-3}$%.

Böden auf kupferreichen Gesteinen

Wie bekannt, sind Böden und Pflanzen auf Kupferlagerstätten (kupferhaltige Sandsteine, Malachit, Sulfide) auch außerordentlich reich an Kupfer. Bis jetzt sind keine systematischen Untersuchungen über diese Vorkommen durchgeführt worden. Zur Zeit haben wir Kenntnis über die Kupferverteilung aus den Gebieten des westlichen Uralvorlandes in der Zone der permischen Sandsteine. Ferner erforschten VOGT und BERGH das Gebiet von Ross in Norwegen, PRAT und KOMAREK das Kupfervorkommen in der Nähe von Banska-Bistrica in der Slowakei[2]), WARREN und HAWATSON mehrere Gebiete in den USA. Der Kupfergehalt der Böden im Bereich der Kupferlagerstätten beträgt meist den zehnten Teil des Erzgehalts und sinkt am Rande des Vorkommens rasch ab (siehe Tabelle 104). Bezeichnend ist, daß nicht alle Pflanzen auf solchen Böden wachsen. Manche Pflanzen sind durch Cu morphologisch verändert worden, so daß sich Arten gebildet haben, die größere Mengen Kupfer vertragen.

Die Verbindungsformen des Kupfers im Boden

Wie auch andere Schwermetalle, kommt Kupfer im Boden vor: 1. als wasserlösliches Salz, 2. als anorganische Substanz gebundene Ionen, und 3. auch im Gitter der unverwitterten Alumosilikate und anderer Mineralien. Vermutlich ist der Hauptanteil der wasserlöslichen Kupferverbindungen an organische Säuren wie Oxal- und Zitronensäure gebunden oder bildet leichtlösliche komplexe Verbindungen wie z. B. Cu mit NH_4^+. Was wasserlösliches Kupfer anbetrifft, so beträgt

---

[1]) Dazu gehören auch die Riesensümpfe Sibiriens von Wassjuganskoje, Tarmansskoje u. a.
[2]) Auf deutschen Karten Neusohl (Anmerk. des Herausgebers).

Tabelle 104

Kupfergehalt der Böden auf Kupferlagerstätten

Böden	Mittlerer Kupfergehalt in %	Verfasser
UdSSR		
Rotbraune, lehmige Steppenböden (Ocker-Miozänlehm im Ural, Aktjubinsk-Bezirk (Tschelekta u. a.) .	$1{,}1 \cdot 10^{-2}$	MALJUGA, 1946
Graubraune, lehmige Steppenböden (auf Serpentingesteinen) Ural, Chalilowo-Bezirk	$2{,}5 \cdot 10^{-2}$	MALJUGA, 1946
Auf kupferhaltigen Permsedimenten	0,1 bis 3,0	WINOGRADOW, 1940
Deutschland		
Kupferschiefer	$1{,}26 \cdot 10^{-2}$	STOLZE, 1936
„	$3{,}9 \cdot 10^{-1}$	LEHMANN, 1896
Ungarn		
Kupfervorkommen	$7 \cdot 10^{-2}$	VEDRÖDI, 1894
Tschechoslowakei		
Banska-Bystrica	bis 39	PRAT und KOMAREK, 1935
Norwegen		
Ross-Bergwerk	$2 \cdot 10^{-2}$	VOGT und BERGH, 1947

sein Anteil im normalen Boden weniger als $1 \cdot 10^{-4}$ %, also weniger als 1% des gesamten Kupfergehalts des Bodens. Es wurde von uns festgestellt, daß im Sommer dem Boden mehr Kupfer entzogen wird als im Herbst, was vermutlich auf die Entwässerung zurückzuführen ist. Wärme wirkt auf die Auswaschung des Kupfers durch Wasser ein; je höher die Bodentemperatur, desto größer die Kupferverluste. Der Gehalt an wasserlöslichem Kupfer in der Bodenlösung und im Flußwasser ist etwa 10^{-6}%. Saure Böden sind arm an wasserlöslichem Kupfer, weil vermutlich bei p_H 4,5 bis 5 Kupfer in die Lösung übergeht. Bei höherem p_H als 4,5 ist die Bildung von $Cu(OH)_2$ sowie von neutralen Cu^{II+}-Salzen und vielleicht auch die Bindung von Cu an PO_4, H_2S, CO_2 leicht möglich, weil diese Salze unter normalen Bedingungen schwer löslich sind. Bedeutend leichter und in größeren Mengen wird Kupfer aus den Böden durch Ausziehen mit HCl und HNO_3 entzogen. Dabei wird auch das im Bodenkomplex adsorbierte Kupfer löslich. Der Gehalt an adsorbiertem Cu^{II+} und Cu^{+} hängt vom Gehalt an feinen Fraktionen des Bodens ab.

Nach LUKAS findet im Boden in der Zone des niedrigsten p_H nur eine minimale Cu-Sorption statt. Wir konnten zeigen, daß saure Böden mit einem geringen

Gehalt an feinen Fraktionen und hohem Gehalt an organischer Substanz, was entscheidend ist, arm an Kupfer sind. Wie bekannt, bildet Kupfer mit Huminsäuren stabilere Verbindungen als alle anderen Metalle, mit Ausnahme von Blei. Der Charakter dieser Verbindungen hängt allerdings von der Eigenschaft der organischen Substanz ab. Humus, insbesondere saurer, fixiert Kupfer, das dadurch unlöslich und für Pflanzen unaufnehmbar wird. Andererseits bewies HARWITZ, daß die Zufuhr von frischen Pflanzenresten die Kupferlöslichkeit in verschiedenen Lösungsmitteln erhöht. Es ist uns nicht bekannt, welche Verbindungen das Kupfer zusammen mit der organischen Substanz des Torfes bildet. Wir erinnern uns daran, daß gerade in sauren, an organischer Substanz reichen Böden Kupfermangel herrscht und mit seiner Unzugänglichkeit für Pflanzen die Krankheitserscheinungen verbunden sind.

ANTIPOW-KARATAJEW studierte die wechselnde Sorption des Kupfers in verschiedenen Böden und wies auch auf die nicht umkehrbare Kupfersorption in stark humosen Böden hin.[1]) Kupfer befindet sich danach nur teilweise im adsorbierten Zustand, der andere Teil ist so fest mit der organischen Substanz verbunden, fester als Kalzium und Mangan, daß er unlöslich und vermutlich unaufnehmbar für Pflanzen ist. Zum Schluß noch etwas über die Fixierung oder Adsorption von Kupfer durch Mikroorganismen. Viele Mikroorganismen sind gegen Cu^{II+} empfindlich und darum kann nach MULDER der Kupfergehalt des Bodens mit Hilfe der biologischen Analyse, das Wachstum der Mikroorganismen betreffend, in verschiedenen Böden beurteilt werden.

Zusammenfassung

Den Einfluß des Muttergesteins auf den Kupfergehalt des Bodens zeigen besonders anschaulich die Gelb- und Roterden Adschariens und des Talysch-Gebietes im Gegensatz zu den Böden der russischen Ebene. Die auf kupferreichen basischen Gesteinen gebildeten Roterden enthalten $10^{-2}\%$ Kupfer und sind reicher an Kupfer als die gelben Erden mit $10^{-3}\%$. Keiner der Prozesse in der Russischen Ebene, weder die Bildung der Schwarzerden noch die Podsolierung, verändert den mittleren Kupfergehalt im Untergrund und im Boden. Ein anderes Beispiel sind die kupferreichen Böden auf den Kupferlagerstätten, deren Kupfergehalt 0,1 % und höher ist. Die Bodenbildung verändert den Kupfergehalt nur wenig.

In den an organischer Substanz und Humuskolloiden reichen alkalischen Böden ist insbesondere im Humushorizont eine gewisse Kupferanreicherung festzustellen, ähnlich wie bei den Schwarzerden der UdSSR. Auch andere ähnliche Bodentypen weisen die gleichen Merkmale auf. Aus den ständig durchspülten Böden mit saurer oder neutraler Reaktion — Podsole, graue Waldböden u. a. —

[1]) Von den Bodenkolloiden binden die Montmorillonnittone Kupfer besonders fest.

Tabelle 105

Kupfergehalt der Böden

Böden	Höchster Kupfergehalt in %
UdSSR	
Basische zonale Böden der russischen Tiefebene (55)	$2 \cdot 10^{-4}$ bis $2 \cdot 10^{-2}$
„ „ „ „ „ „ (33)	$5 \cdot 10^{-4}$ „ $1{,}7 \cdot 10^{-2}$
Verschiedene Böden, vorwiegend Roterden (39) . .	$3 \cdot 10^{-4}$ „ $1{,}4 \cdot 10^{-2}$
Torfböden (74)	$2 \cdot 10^{-4}$ „ $6 \cdot 10^{-3}$
USA	
Long Island, Oregon (4)	$6 \cdot 10^{-3}$ „ $1{,}7 \cdot 10^{-2}$
Verschiedene Böden (49)	$1 \cdot 10^{-4}$ „ $3{,}4 \cdot 10^{-3}$
Böden aus Florida (72)	$1 \cdot 10^{-4}$ „ $8 \cdot 10^{-2}$
Utah (47)	$3{,}9 \cdot 10^{-4}$ „ $5{,}1 \cdot 10^{-3}$
Böden aus Florida, vorwiegend Sandböden (38) . .	$2 \cdot 10^{-5}$ „ $2 \cdot 10^{-3}$
Oregon (16)	$1{,}2 \cdot 10^{-4}$ „ $3{,}4 \cdot 10^{-3}$
Verschiedene Böden (16)	$1{,}2 \cdot 10^{-4}$ „ $3{,}3 \cdot 10^{-3}$
Kentucky	—
Verschiedene Staaten (34)	$1 \cdot 10^{-4}$ „ $4{,}5 \cdot 10^{-3}$
Puerto-Rico, Hawaii (3)	$3 \cdot 10^{-3}$ „ $1{,}4 \cdot 10^{-2}$
Atlantik-Küste (134)	$2 \cdot 10^{-4}$ „ $1{,}1 \cdot 10^{-2}$
Frankreich	
Verschiedene Böden (30)	$2 \cdot 10^{-4}$ „ $2 \cdot 10^{-3}$
Australien	
Verschiedene Böden	$2{,}6 \cdot 10^{-4}$ „ $1{,}7 \cdot 10^{-3}$
Großbritannien	
Böden aus Schottland (8)	$1{,}1 \cdot 10^{-3}$ „ $5{,}9 \cdot 10^{-3}$
Neuseeland	
Böden von der Süd-Insel (17)	$6 \cdot 10^{-4}$ „ $3{,}2 \cdot 10^{-3}$
Schweden	
Verschiedene Böden (742)	$2 \cdot 10^{-4}$ „ $1{,}8 \cdot 10^{-2}$
Dänemark	
Verschiedene Böden (über 2000)	2,0 „ $4{,}0 \cdot 10^{-3}$

Tabelle 105
verschiedener Länder

Mittlerer Kupfergehalt in %	Verfasser	Anmerkung
$2 \cdot 10^{-3}$	WINOGRADOW, 1940	
$2 \cdot 10^{-3}$	MALJUGA, 1944	
$6 \cdot 10^{-3}$	IWANOW, 1939; SEDLEZKIJ, 1941	
$6{,}2 \cdot 10^{-4}$	WINOGRADOW, 1940	
$9{,}5 \cdot 10^{-3}$	SCAPTASON, 1940; WOOD, 1945	
$1 \cdot 10^{-3}$	SLATER, HOLMES und BYERS, 1937	
ca. $1 \cdot 10^{-3}$	ROGERS, GALL, GADDUM und BARNETTE, 1939	
$1{,}7 \cdot 10^{-3}$	GREVES und ANDERSEN, 1936	In den Gebieten mit niedrigem Kupfergehalt herrscht „Saltsickness“
$5 \cdot 10^{-4}$	BRYAN und BECKER, 1934	
$1{,}6 \cdot 10^{-3}$	CARRIGAN und ROGERS, 1940	
$1{,}7 \cdot 10^{-3}$	JONES und HATCH, 1937	
$7{,}2 \cdot 10^{-4}$	McHARGUE, 1925	
$1 \cdot 10^{-3}$	MANNS und RUSSELL, 1935	
$5{,}2 \cdot 10^{-3}$	MANNS und RUSSELL, 1935	
$1{,}2 \cdot 10^{-3}$	MAQUENNE und DEMOUSSY, 1920	
$2{,}5 \cdot 10^{-3}$	HOLMES, 1943	
—	DUMARESQ, 1943	wie oben
$3{,}2 \cdot 10^{-3}$	CORNER und SMITH, 1938	
$2 \cdot 10^{-3}$	DIXON, 1936	
$1{,}7 \cdot 10^{-3}$	LUNDBLAD und SVANBERG, 1949	
—	STEENBJERG, 1940/50	

mit einem Kupfergehalt von $1 \cdot 10^{-3}$ bis 10^{-4}% wird Kupfer in beträchtlichen Mengen ausgewaschen. Torf- und Moorböden verlieren noch größere Mengen Kupfer. Kupfer wird am stärksten vom Humus sorbiert. Die im Boden verbliebenen Kupferanteile werden festgehalten, vermutlich als organische Komplexe, ähnlich wie durch H_2S und PO_4, wodurch das komplex gebundene Kupfer in sauren Böden für Pflanzen unlöslich wird. Wie wir bereits erwähnten, treten bei Pflanzen Erkrankungen wegen Kupfermangel auf Moorböden auf. Diese Erkrankungen sind in den Gebieten der torfigen und sandigen Podsole Europas und Amerikas bekannt. Wir wollen nun alle bekanntgewordenen Angaben über den Kupfergehalt der Böden verschiedener Länder vergleichen (Tabelle 105). Laterite auf Granit weisen einen Kupfergehalt von $1 \cdot 10^{-3}$% und auf Kalkgestein einen solchen von $1 \cdot 10^{-4}$% auf. Lößböden haben nach SLATER einen schwankenden Kupfergehalt. Den mittleren Kupfergehalt des Bodens könnte man auf Grund von etwa 1000 Analysen mit $2 \cdot 10^{-3}$ annehmen, also um das vier- bis fünffache niedriger als den der Erdkruste. Bemerkenswert ist, daß der Nickelgehalt im Boden um zwei- bis dreimal höher als der Kupfergehalt ist. Meerwasser dagegen hat im Vergleich zum Nickelgehalt einen fünf- bis sechsfach höheren Kupfergehalt. Das weist direkt auf die Auswaschung von Kupfer, insbesondere durch Aminosäuren, sowie auf Ausfällung von Nickel im Meeresschlamm hin. Es ist noch zu erwähnen, daß Flußwasser reicher an Kupfer ist als Meerwasser. Zusammenfassend können wir feststellen, daß der Kupfergehalt des Bodens um das fünffache und der Nickelgehalt um das zweifache niedriger als in den Gesteinen ist. Hinsichtlich der Kupferverteilung in den Böden kann behauptet werden, daß der A-Horizont der basischen humusreichen Böden (Schwarzerden, Böden der USA-Prärien und ähnliche) am kupferreichsten ist. Er liegt etwa um das zwei- bis dreifache höher als der des Muttergesteins. Der Illuvialhorizont der Podsole ist an Kupfer verarmt. In der Regel sind die Muttergesteine entweder reicher an Kupfer als die Böden oder der Kupfergehalt ist ebenso hoch; manchmal jedoch sind die Muttergesteine an Cu ärmer als die Böden. Besonderes Interesse verdient die Frage nach der Beweglichkeit des Kupfers im Boden sowie seine Fixierung durch organische Substanzen und Mikroorganismen.

b) Zink und Cadmium

Die basischen Gesteine enthalten etwas mehr Zink und Kadmium — auch Kupfer — als die sauren.

Verhältnis Cd : Zn

Granit	$6{,}0 \cdot 10^{-3}$ Zn	$1 \cdot 10^{-5}$ Cd	ungefähr 500
Basische Gesteine	$1{,}3 \cdot 10^{-2}$ Zn	$2 \cdot 10^{-5}$ Cd	„ 1000

In den „ferromagnesialen" Urgesteinen bildet Zink einen vorwiegenden Bestandteil im Biotit, in Amphibolen und Pyroxenen. Darum ist der Zinkgehalt dieser Mineralien ebenso hoch wie an Fe_2O_3 und MnO. Zinksulfid bildet oft reiche Lagerstätten. Infolge der annähernd gleichen Eigenschaften von Zink, Kadmium, In, Ga, Tl enthalten Zinksulfide, z. B. Sphalerit, größere Mengen dieser Spurenelemente. Kadmium erleidet im großen und ganzen das gleiche Schicksal wie Zink, weil es dieses in den Urgesteinen begleitet. Die Geochemie von Zink und Kadmium ist allerdings noch nicht erschöpfend erforscht. Das Verhältnis Cd : Zn liegt in den Graniten und anderen sauren Gesteinen etwas höher als in den basischen. Das liegt vermutlich am Kadmium, dessen Ionen-Radius größer als der des Zinks ist und an seiner Umwandlung in die später auskristallisierenden Mineralien des Magmas. Das Verhältnis Zn : Cd in den Gesteinen ist nicht festgestellt, liegt aber vermutlich zwischen 500 : 1 bis 1 : 1000.

Das geochemische Schicksal von Zink und insbesondere von Kadmium in der Biosphäre ist völlig unerforscht. Die Zinklagerstätten sind oft das Zentrum der Verbreitung. Nicht nur Sedimentgesteine, sondern auch benachbarte Böden können so an Zink angereichert werden.

In den Böden werden häufig Ansammlungen von Galmei, Sphalerit und anderen Zinksulfiden festgestellt, seltener von anderen Zinkmineralien. Saure Lösungen, z. B. CO_2, lösen Zink mit Leichtigkeit und darum wird Zink leicht fortgespült. Alkalische Lösungen fixieren Zink in den Gesteinen. Aus $CaCO_3$-Lösungen fallen Zink und Kadmium aus, daher sind Kalkgesteine und deren Böden oft reicher an Zink, vermutlich auch an Kadmium. Die Ionenradien sind bekanntlich für Ca^{++} 1,06 Å, für Cd^{++} 1,03 Å. Auf das Vorkommen von Zink im Boden wurde vermutlich als erster Jonrisson aufmerksam. Die Geo- und Biochemie des Zinks wurde erst in den letzten 20 Jahren gründlich studiert, nachdem spektralanalytische und andere Methoden eingeführt waren. Bis dahin fehlten zuverlässige Bestimmungsmethoden völlig. Erst im letzten Zeitabschnitt ist die gewaltige biologische Bedeutung des Zinks im Boden klar geworden. Die Verteilung des Zinks im Boden wurde daher zum Mittelpunkt der allgemeinen Aufmerksamkeit. Besonders sorgfältig und systematisch hat Hibbard darüber gearbeitet.

Mit zunehmendem Zinkgehalt sind auch die Erkrankungen der Vegetation verknüpft. In den Gebieten der Zinkverbreitung in verschiedenen Ländern wurden die Vertreter der sogenannten „Galmei-Flora" entdeckt: „Viola calaminaria", „Alsine verna", „Armeria halleri", „Silene inflata", „Thlaspi calaminaria" und manche andere typische Zinkpflanzen. Andererseits ruft Mangel an Zink im Boden die sogenannte „Rosette"-Erkrankung bei Citrus und anderen Pflanzen hervor.[1])

[1]) Bodenbakterien und andere niedere Organismen werden durch Zink im Boden morphologisch verändert.

In der Biochemie der Tierwelt spielt Zink vermutlich eine bedeutende, vielleicht nicht geringere Rolle als Kupfer. Es genügt darauf hinzuweisen, daß Zink ein Bestandteil der Karbohydrase des Blutes ist und im Gift mancher Schlangenarten enthalten ist. Auch viele andere Zinkverbindungen spielen eine wichtige Rolle im tierischen Stoffwechsel. Die Bedeutung von Kadmium auf diesem Gebiet ist noch völlig unklar. Es ist bezeichnend, daß Kadmium bei gleicher Konzentrierung giftiger auf Organismen wirkt als Zink.

Zink und Kadmium in den Böden der UdSSR (Tabelle 106)

Tundraböden. Der Zinkgehalt in diesen Böden ist durchschnittlich um 1,5- bis 2-fach höher als in den übrigen Böden der UdSSR. Er schwankt zwischen $4 \cdot 10^{-3}$ bis $1{,}2 \cdot 10^{-2}$%. Der Zinkgehalt der an organischer Substanz reichen Bodenhorizonte ist nur unwesentlich höher. Eine Erhöhung des Zinkgehaltes dieser Böden mit hohem Gehalt an organischer Substanz, wie z. B. im Profil Nr. 43, ist auf das Muttergestein basischer Herkunft zurückzuführen, das etwas zinkreicher ist, eine Tatsache, die von Wichtigkeit zu sein scheint. Der Kadmiumgehalt ist dem Zinkgehalt nicht proportional; das Verhältnis Zn : Cd ist mit 3000 bis 5000 stark schwankend.

Podsolierte Böden. Die Tonböden des Leningrader Bezirks (Profil Nr. 35 und 37) weisen einen doppelt so hohen Zinkgehalt auf als die Podsole auf der Grundmoräne aus dem Moskauer Bezirk. Das Gegenteil wurde für Kadmium festgestellt: Die letzteren weisen einen höheren Kadmiumgehalt auf als die Böden des Leningrader Bezirks, daher ist auch das Verhältnis Zn : Cd verändert.

Graue Waldböden haben — wie auch andere Bodentypen — in sämtlichen Horizonten einen ausgeglichenen Zinkgehalt. Lediglich der A-Horizont weist einen etwas erhöhten Zink- und vielleicht auch Kadmiumgehalt auf. Die ausgelaugten grauen Waldböden sind in sämtlichen Horizonten etwas reicher an Kadmium (Profil Nr. 2).

Schwarzerden weisen in sämtlichen Horizonten von allen Böden den höchsten Zink- und Kadmiumgehalt auf. Dadurch wird bestätigt, daß die Zink- und Kadmiumverteilung im Boden auch von der organischen Substanz sowie von anderen Ursachen (wie z. B. Bodentextur, Kolloidgehalt, Art des Muttergesteins, p_H usw.) abhängig ist. Das Verhältnis Zn : Cd liegt hier schwankend bei 1000.

Kastanienbraune Böden und Grauerden weisen keine besonderen Merkmale im Zink- und Kadmiumgehalt auf. Das Verhältnis Zn: Cd gleicht annähernd dem der Schwarzerden.

Roterden haben einen erhöhten Zinkgehalt — bis $8{,}5 \cdot 10^{-3}$%. Der Kadmiumgehalt ist hier bedeutend niedriger als in den übrigen Bodentypen. Das Verhältnis Zn: Cd erreicht 5000: 1.

Zusammenfassung

Der Zinkgehalt des Bodens hängt von der Beschaffenheit des Muttergesteins, der Bodentextur, dem p_H und vom Gehalt der organischen Substanz ab. Die Beschaffenheit des Gesteins ist der bestimmende Faktor für den Zink- und Kadmiumgehalt der Böden. Die Böden auf basischen sowie Kalkgesteinen, die Vorkommen von Sulfiden und von Galmei, schließen wir aus, sind stets reicher an Zink und Kadmium. Dagegen sind die Böden auf Granit und Gneis an beiden Elementen verarmt. Sandige Böden, Podsole und Laterite verlieren diese beiden Elemente leichter als lehmige oder feinkörnige Bodentypen. Von der Herkunft und Beschaffenheit der Sedimentgesteine hängen auch die Grenzen der Gebiete mit unterschiedlichem Zinkgehalt ab. HOLMES beschrieb z. B. die Zinkverteilung in den Böden der Atlantischen Küste.

Es sind mindestens drei Bodengruppen nach der Höhe des Gehalts an Zink und Kadmium zu unterscheiden. Die erste Gruppe umfaßt Böden mit einem hohen Zinkgehalt. Diese Böden sind in den Gebieten mit Zinkerz-, Galmei- und Sulfid-Vorkommen festgestellt worden. Auf Grund des Zinkgehalts der Böden und Pflanzen ist der Bereich der Zinkvorkommen leicht festzustellen. Das wurde von uns im südlichen Ural und von VOGT, BERG, RANKAMA und von LUNDEGARDH in verschiedenen Gebieten Skandinaviens festgestellt. In der Nachbarschaft solcher Lagerstätten sind Zinkspuren nachweisbar.

Die zweite Gruppe umfaßt Böden mit einem mittleren Zinkgehalt, so schwankt z. B. der Zinkgehalt in den Böden der russischen Ebene zwischen $2 \cdot 10^{-3}$ und $1{,}2 \cdot 10^{-2}$%. Der Kadmiumgehalt beträgt $1 \cdot 10^{-6}$ bis $7 \cdot 10^{-5}$%, also durchschnittlich etwa $5 \cdot 10^{-3}$% Zink und 10^{-5}% Kadmium.

Die dritte Gruppe umfaßt Böden mit nur geringem Zink- und Kadmiumgehalt. Diese an beiden Elementen armen Böden sind nur oberflächlich erforscht. Auf das Vorhandensein solcher Böden mit einem Gehalt an Zink und Kadmium bis 10^{-4}% weisen unsere Beobachtungen sowie auch Feststellungen anderer Forscher hin. Auf Grund von etwa 500 Analysen könnte man als mittleren Gesamtgehalt der Erde etwa $5 \cdot 10^{-3}$% annehmen. Die Analysen über den Kadmiumgehalt der Böden sind zum ersten Male in der UdSSR durchgeführt worden. Aus ihnen geht klar hervor, daß das Verhältnis Zn: Cd für Böden etwas höher ist, als man aus diesem Verhältnis im Urgestein vermuten konnte. Es ist zu bemerken, daß das letzte Wort hierüber noch nicht gesprochen werden kann, weil nur wenige Bestimmungen über den Kadmiumgehalt im Granit und Basalt durchgeführt worden sind. Verschiedene Forscher geben auch unterschiedliche Verhältniszahlen von Zn: Cd an. Vermutlich liegt das Verhältnis Zn: Cd für diese Gesteine bei 1000: 1. Dieses Verhältnis deutet auf keine stark unterschiedliche Anreicherung beider Elemente in den Böden und Sedimentgesteinen hin. Bemerkenswert ist, daß der

Tabelle 106

Zink- und Kadmiumgehalt der Böden

Profil-Nr.	Bodentyp	Bodenhorizont	Zn in %	Cd in %	Verhältnis Zn : Cd	Verfasser
	Tundra-Böden					
42	Gebirgstundra	A_1, A_0	$5{,}3 \cdot 10^{-3}$	$1 \cdot 10^{-6}$	5000	WINOGRADOW und BERGMANN, 1944
		B	$8{,}5 \cdot 10^{-3}$	$1 \cdot 10^{-6}$	8500	
		C	$1{,}2 \cdot 10^{-2}$	$1 \cdot 10^{-6}$	12000	
44	Humus-Illuviale. . . .	A_0, A_1, A_2	$5{,}3 \cdot 10^{-2}$	$1{,}0 \cdot 10^{-6}$	5300	
		B	$4{,}0 \cdot 10^{-3}$	$1{,}5 \cdot 10^{-6}$	3200	
		C	$8{,}5 \cdot 10^{-3}$	$4{,}0 \cdot 10^{-6}$	2100	
43	Torf-Gley	A_0	$7{,}6 \cdot 10^{-3}$	$6{,}0 \cdot 10^{-6}$	1260	
		A_1	—	—	—	
		B	$7{,}4 \cdot 10^{-3}$	$3{,}0 \cdot 10^{-6}$	2470	
	Podsolierte Böden					
35	Podsole	A_1	$3{,}3 \cdot 10^{-3}$	$6{,}5 \cdot 10^{-6}$	500	
		B_1	$2{,}5 \cdot 10^{-3}$	$3{,}7 \cdot 10^{-6}$	700	
		B_2	$2{,}5 \cdot 10^{-3}$	$3{,}7 \cdot 10^{-6}$	700	
		C	$3{,}4 \cdot 10^{-3}$	$5{,}0 \cdot 10^{-6}$	1480	
37	Podsole auf Bänderton .	A_1	$3{,}5 \cdot 10^{-3}$	$2{,}5 \cdot 10^{-6}$	1400	
		A_2	$1{,}01 \cdot 10^{-2}$	$1{,}5 \cdot 10^{-6}$	660	
		B	$6{,}4 \cdot 10^{-3}$	$3{,}7 \cdot 10^{-6}$	1730	
	Graue Waldböden					
61	Graue Waldböden . . .	A_0, A_1, A_2	$2{,}8 \cdot 10^{-3}$	$1 \cdot 10^{-5}$	280	(?)
		A_2—B_1	$2{,}6 \cdot 10^{-3}$	$1 \cdot 10^{-6}$	2600	
		B_2—B_3	$3{,}0 \cdot 10^{-3}$	$2 \cdot 10^{-6}$	1500	
		C	$4{,}7 \cdot 10^{-3}$	$2 \cdot 10^{-6}$	2350	
2	Ausgelaugte Grauerden	A	$6{,}5 \cdot 10^{-3}$	$2 \cdot 10^{-5}$	325	WINOGRADOW und BERGMANN, 1944
		A_1	$3{,}6 \cdot 10^{-3}$	$2 \cdot 10^{-5}$	180	
		B_1	$5{,}0 \cdot 10^{-3}$	$1 \cdot 10^{-5}$	500	
		B_2	$4{,}7 \cdot 10^{-3}$	$7 \cdot 10^{-5}$	630	
		C	$4{,}7 \cdot 10^{-3}$	—	940	
23	Graubraune Waldböden	A	—	—	—	
		B	$7{,}2 \cdot 10^{-3}$	$2{,}5 \cdot 10^{-6}$	3000	

Fortsetzung von Tabelle 106

Zink- und Kadmiumgehalt der Böden

Profil-Nr.	Bodentyp	Bodenhorizont	Zn in %	Cd in %	Verhältnis Zn : Cd	Verfasser
	Schwarzerden					
3	Lehmige Schwarzerde .	A_1	$9 \cdot 10^{-3}$	$6 \cdot 10^{-6}$	1500	
		A_2	$9 \cdot 10^{-3}$	$1,3 \cdot 10^{-5}$	800	
		B	$6,3 \cdot 10^{-3}$	$2 \cdot 10^{-6}$	3150	
		C	—	—	—	
5	Anlehmige Schwarzerde	A	$7,3 \cdot 10^{-3}$	$5 \cdot 10^{-6}$	1600	
		B	$6,2 \cdot 10^{-3}$	$1 \cdot 10^{-5}$	620	
		C	—	—	—	
9	Schwarzerde aus dem Asow-Bezirk	A_1	$6,3 \cdot 10^{-3}$	$4,5 \cdot 10^{-6}$	1400	
		A_2	$5,8 \cdot 10^{-3}$	$6 \cdot 10^{-6}$	1000	
		B	$5,5 \cdot 10^{-3}$	$3 \cdot 10^{-6}$	1800	
		C	$5,5 \cdot 10^{-3}$	$5 \cdot 10^{-6}$	1100	
	Kastanienbraune Erden und Grauerden					
15	Helle kastanienbraune .	A_1	$5,3 \cdot 10^{-3}$	$7 \cdot 10^{-6}$	750	
		A_2	$5,9 \cdot 10^{-3}$	$1 \cdot 10^{-6}$	5900	
		B	$4,4 \cdot 10^{-3}$	$1,5 \cdot 10^{-6}$	3000	
		C	$5,9 \cdot 10^{-3}$	$6,5 \cdot 10^{-6}$	840	
19	Grauerde der Wüste . .	A	$3,9 \cdot 10^{-3}$	$8,5 \cdot 10^{-6}$	460	
		B	$4,1 \cdot 10^{-3}$	$5,0 \cdot 10^{-6}$	820	
	Roterden					
32	Roterde aus dem Botanischen Garten in Batum	A	$4,6 \cdot 10^{-3}$	—	—	
		B	$4,1 \cdot 10^{-3}$	$1 \cdot 10^{-6}$	5000	
		C	$5,8 \cdot 10^{-3}$	—	—	
34	Roterde aus dem Rhododendronwald, Batum	A	$7,3 \cdot 10^{-3}$	—	—	
		B	$8,3 \cdot 10^{-3}$	—	—	

Tabelle 107
Zinkgehalt der Böden

Bodentyp	Gesamt-Zinkgehalt Höchster Gehalt in %	Mittlerer Gehalt in %
UdSSR		
Böden der russischen Ebene (48)	$2{,}5 \cdot 10^{-3}$ bis $1{,}2 \cdot 10^{-2}$	$5 \cdot 10^{-3}$
USA		
Louisiana, Texas (50)	$4 \cdot 10^{-4}$ „ $8{,}3 \cdot 10^{-3}$	$4{,}6 \cdot 10^{-3}$
Oregon (5)	$5 \cdot 10^{-3}$ „ $1{,}4 \cdot 10^{-2}$	$1 \cdot 10^{-2}$
Küste des Atlantik (132)	$1{,}1 \cdot 10^{-3}$ „ $1{,}5 \cdot 10^{-2}$	$5{,}9 \cdot 10^{-3}$
Hawaii (5)	$1{,}8 \cdot 10^{-2}$ „ $3{,}1 \cdot 10^{-2}$	$2{,}5 \cdot 10^{-2}$
Kalifornien (17)	$5{,}5 \cdot 10^{-2}$ „ $3{,}3 \cdot 10^{-2}$	$1{,}0 \cdot 10^{-2}$
Florida (1)	—	$(2 \cdot 10^{-2})$
Verschiedene Böden (50)	$2 \cdot 10^{-4}$ bis $2.4 \cdot 10^{-3}$	$1 \cdot 10^{-3}$
Japan		
Verschiedene Böden (11)	—	—
Schweden		
Verschiedene Böden	$3 \cdot 10^{-3}$ „ $2{,}3 \cdot 10^{-2}$	$1{,}6 \cdot 10^{-2}$
Norwegen		
Böden (134) im Gebiet der Zink-Vorkommen	$4 \cdot 10^{-4}$ „ $7{,}5 \cdot 10^{-1}$	—

Zinkgehalt der Böden durchschnittlich doppelt so hoch ist wie der des Kupfers; doch ist seine Verteilung gleichmäßiger.

Von allen Horizonten weist der Humushorizont einen erhöhten Zink- und Kadmiumgehalt auf. Von dem hohen Gehalt an organischer Substanz hängt auch die Erhöhung des Gehalts an beiden Elementen, z. B. in den Schwarzerden, ab. Ein klares Bild über die Zinkverarmung im Untergrund ist nicht vorhanden, obwohl diese Neigung in den Profilen Nr. 2, 3, 5, 9 u. a. der Tabelle 106 hervortritt. Die Löslichkeit beider Elemente hängt von der Verbindungsform des Zinks und Kadmiums sowie vom p_H des Milieus ab. Beide Elemente sind bei hohen p_H-Zahlen in den an $CaCO_3$ reichen Böden unlöslich; in den sauren Böden dagegen, bei p_H 5 und niedriger, sind sie leicht löslich.

Nun noch einiges über die Verbindungsform des Kadmiums in den Böden. Das Verhalten von Kadmium kann lediglich auf Grund des ähnlichen Verhaltens von Zink beurteilt werden. Infolge des geringen Kadmiumgehalts im Boden ist eine gründlichere Erforschung und Bestimmung seiner Geo- und Biochemie zur Zeit erschwert.

Tabelle 107
verschiedener Länder

Austauschbares Zink: Höchster Gehalt in %	Austauschbares Zink: Mittlerer Gehalt in %	Verfasser
—	—	WINOGRADOW und BERGMANN, 1949
—	—	BOGGS und ALLEN, 1936
$2{,}0 \cdot 10^{-4}$ bis $6 \cdot 10^{-2}$	$3{,}5 \cdot 10^{-4}$	POWERS und PANG, 1947
—	—	HOLMES, 1943
$6 \cdot 10^{-5}$ „ $1{,}4 \cdot 10^{-3}$	$5{,}2 \cdot 10^{-4}$	TAKAZAWA und SHERMAN, 1947
$1 \cdot 10^{-5}$ „ $5{,}8 \cdot 10^{-4}$	$2{,}3 \cdot 10^{-3}$ [1])	HIBBARD, 1940
—	—	JONES, 1936
—	—	SLATER, 1937
—	—	HIRAI, 1937
—	—	LUNDEGARDH, 1948
—	—	VOGT und BERGH, 1947

Genau wie andere Metalle, insbesondere aus der Eisengruppe, kommt auch Zink als Mineral, als Sphalerit, Galmei, in den Alumosilikaten (wo Zink in Spuren vorhanden ist), sowie als Salz der Kohlensäure und anderer Säuren vor. Es ist erwiesen, daß bei steigendem Salz- oder CO_2-Gehalt der Bodenlösung auch der Zinkgehalt im Wasser ansteigt. In den Böden ist unlösliches Zink vom löslichen zu unterscheiden. Außerdem können durch Anwendung von sauren Lösungen (Essigsäure, p_H 3,0) und von KCl-Lösung beträchtliche Mengen Zink dem Boden entzogen werden. Wie die Tabelle 107 zeigt, sind einige Prozent des gesamten Zinkgehalts wasserlöslich. Die Löslichkeit des Zinks hängt von der Bodenreaktion ab. Alkalische Lösungen ziehen Zink überhaupt nicht aus. Je saurer die Lösung ist, desto größere Mengen Zink — insbesondere aus den Humushorizonten — können entzogen werden. HIBBARD erforschte sehr gründlich die Löslichkeit des Zinks im Boden mit Hilfe verschiedener Salze und saurer Lösungen. Im Wasser oder in schwachsauren Lösungen, z. B. von CO_2, wird leichtlösliches Zink auch von den

[1]) Säureauszug.

Pflanzen leicht aufgenommen. Die „Rosette"-Erkrankung der Pflanzen tritt auf alkalischen Böden seltener als auf sauren Böden auf, weil die ersteren reicher an Zink sind. Je niedriger der p_H ist, desto leichter wird Zink von den Pflanzen aufgenommen.

So ist nach LYMAN und DEAN z. B. auf Hawaii der Reaktionsgrad der Böden, die viel Zink abgeben, p_H 5,9. Bei der Verwitterung saurer Gesteine, z. B. von Granit, geht ein Teil des Zinks verloren. In den Kalkgesteinen hingegen geht Zink schwer in Lösung, weil es teilweise ausfällt. Bodenlösungen mit hohem p_H auf Kalkgestein fixieren Zink oder wandeln es in Sorptionsverbindungen um. Auch Phosphate fällen unter solchen Bedingungen Zink. Zum größten Teil befindet sich Zink im wechselnden Zustand im Boden und kann durch Basenaustausch entzogen werden. Häufig sind bis 5% und mehr an austauschbarem Zink in fruchtbaren Böden festgestellt worden.

Nicht nur der p_H der Umwelt, sondern auch die Textur des Bodens und die organische Substanz verändern die Löslichkeit des Zinks. Aus den lehmigen Böden mit feinen Korngrößen wird Zink z. B. nur schwer durch Wasser oder schwachsaure Lösungen entzogen, dagegen aber leicht fixiert.

Wie bekannt, ist der Zinkgehalt um so höher, je reicher der Bodenhorizont an organischer Substanz ist. Die organische Substanz sorbiert unzweifelhaft Zink. Von großer Bedeutung ist dabei auch die Beschaffenheit der organischen Substanz (z. B. frisches Laub oder Huminsäure). Organische Substanzen, die Zink löslicher machen, sind nicht auszuschließen. Wie Bakterien und Pilze, so benötigt auch die übrige Mikroflora Zink. Sie speichert Zink im Eiweiß.

11. Das Vorkommen von Blei, Zinn und Molybdän

a) Blei und Zinn

Der mittlere Gehalt der Erdkruste an Blei beträgt $1{,}6 \cdot 10^{-3}$ %, an Zinn $4 \cdot 10^{-3}$ %. Ihre Verteilung in den Böden ist so gut wie unbekannt geblieben, dagegen ist ihr Vorkommen schon seit langem festgestellt.

Die größte Beachtung schenkten die Forscher den Böden der städtischen Umgebung, weil hier durch den Rauch der Fabriken, durch Insektenbekämpfungsmittel, durch die Auspuffgase der Fahrzeuge usw. die Verseuchung der Böden erfolgt. In dieser Richtung wurden zahlreiche Untersuchungen eingeleitet, die wir hier allerdings nicht behandeln wollen. Manche bekanntgewordenen Bestimmungen, wie z. B. von BERTRAND und OKODA, über den Blei- und Zinngehalt der normalen Böden sind unzweifelhaft übertrieben, weil es sich nicht um den Gesamtgehalt von Blei in den städtischen Böden handelt, sondern nur um den in HCl (?) löslichen Anteil. Größeres Vertrauen verdienen die Analysen von anderen Forschern, z. B. von HIBBARD, der nicht den Gesamtgehalt an Blei bestimmt hat,

Tabelle 108

Bleigehalt der UdSSR-Böden

Profil-Nr.	Bodentyp	Horizont	Pb in %	In HNO_3 gelöstes Pb in %
43	Torf-Gley	A_0	nicht festgestellt	—
42	Gebirgs-Tundra	B	„ „	—
37	Podsol auf Bänderton	A_1	$3,8 \cdot 10^{-4}$	—
38	Podsol auf Geschiebelehm	A_1	$1,7 \cdot 10^{-3}$	—
35	Anlehmige Mittelpodsole	A_1	$1,46 \cdot 10^{-3}$	—
		B_1	$1,02 \cdot 10^{-3}$	—
		C	$0,49 \cdot 10^{-3}$	—
2	Ausgelaugter grauer Waldboden	A	$4,33 \cdot 10^{-3}$	$3,2 \cdot 10^{-4}$
		B	$1,3 \cdot 10^{-3}$	$2,2 \cdot 10^{-4}$
		C	—	$1,4 \cdot 10^{-4}$
3	Normale lehmige Schwarzerde	A	$2,37 \cdot 10^{-3}$	$9 \cdot 10^{-4}$
		A_1	$2,22 \cdot 10^{-3}$	$7,9 \cdot 10^{-4}$
		B_1	$0,91 \cdot 10^{-3}$	$5,8 \cdot 10^{-4}$
		C	$1,04 \cdot 10^{-3}$	$1,1 \cdot 10^{-4}$
5	Anlehmige Schwarzerde auf alten Sedimenten	A	$0,26 \cdot 10^{-3}$	—
19	Grauerde	A	$0,63 \cdot 10^{-3}$	—
15	Heller kastanienbrauner Boden	A	$1,6 \cdot 10^{-3}$	—
14	Kastanienbrauner Boden	A	—	$0,3 \cdot 10^{-4}$
8	Schwarzerde aus dem Asow-Bezirk	A	$0,37 \cdot 10^{-3}$	$0,4 \cdot 10^{-4}$
23	Graubrauner Waldboden	A	$2,37 \cdot 10^{-3}$	—
32	Roterde	A_1	$1,0 \cdot 10^{-3}$	—

sondern den in Essigsäure löslichen Anteil. In der Tabelle 108 geben wir die Angaben von S. J. Sinjakowa an, die wohl als die zuverlässigsten angesehen werden können. Die Tabelle 109 enthält zusätzlich die von uns gesammelten Bestimmungen. Bis jetzt wurden nur wenige sorgfältige Analysen durchgeführt. Der Bleigehalt der Böden der russischen Ebene schwankt zwischen $0,37 \cdot 10^{-3}$% und $4,33 \cdot 10^{-3}$%, beträgt also durchschnittlich $1,2 \cdot 10^{-3}$%. Er ist also kaum niedriger als der der Gesteine ($1,6 \cdot 10^{-3}$%). Auch die Böden anderer Länder weisen den gleichen Bleigehalt auf. Es ist schwer, die Frage nach der Ursache des verschiedenen Bleigehalts der verschiedenen Bodentypen der russischen Ebene zu beantworten. Fest steht, daß die Tundraböden und ihre Humushorizonte arm an Blei sind. Der Gehalt der übrigen Böden ist mehr oder weniger gleich. Hinsichtlich der Verteilung über die einzelnen Horizonte könnte auf Grund unserer Analysen von drei Bodenprofilen und einer Analyse von Jones und Hatch auf eine Ansammlung in den A_1-Horizonten der grauen Waldböden und der Schwarzerden geschlossen werden. Die Verteilung ist infolge der geringen Anzahl von Untersuchungen noch nicht erschöpfend genug geklärt. Es wurde lediglich eine starke „Neigung“ des Bleis zum Humus festgestellt. Auch

Tabelle 109

Bleigehalt der Böden verschiedener Länder

Bodentyp	Höchster Pb-Gehalt in %	Mittlerer Pb-Gehalt in %	Verfasser
UdSSR			
Verschiedene Böden (21)	$2{,}6 \cdot 10^{-4}$ bis $4{,}3 \cdot 10^{-3}$	$1{,}2 \cdot 10^{-3}$	SINJAKOWA, 1944
„ „ (5)	$1{,}32 \cdot 10^{-3}$ „ $3{,}3 \cdot 10^{-3}$	$2{,}4 \cdot 10^{-3}$	BOLOTOW, 1938
Frankreich			
Böden aus Paris (6) . .	$2 \cdot 10^{-2}$ „ $2{,}6 \cdot 10^{-2}$	($2{,}3 \cdot 10^{-2}$)	BERTRAND, 1933
USA			
Verschiedene Böden (5) .	$7{,}6 \cdot 10^{-4}$ „ $1{,}7 \cdot 10^{-3}$	$1{,}2 \cdot 10^{-3}$	JONES und HATCH, 1937
„ „ . .	$5 \cdot 10^{-5}$ „ $2 \cdot 10^{-3}$ [1]	—	ALLISON und GADDUM, 1937
Oregon (5).	$7{,}6 \cdot 10^{-4}$ „ $1{,}7 \cdot 10^{-3}$	$1{,}2 \cdot 10^{-3}$	JONES und HATCH
Spanien			
Verschiedene Böden (77)	$1 \cdot 10^{-4}$ „ 10^{-3}	10^{-3}	GUELBENZA, 1944
Japan			
Verschiedene Böden. . .	—	—	HIRAI, 1937
Norwegen			
Verschiedene Böden (134)	0 bis $4{,}4 \cdot 10^{-3}$	10^{-3}	VOGT und BERGH, 1947

die Verbindungsformen von Blei in den Böden sind noch unbekannt. S. J. SINJAKOWA führte den Bleientzug mit HNO_3 durch, wobei bis zu 60% Blei gelöst wurden. Blei kann auch nach HIBBARD teilweise durch CH_3COOH und andere organische Säuren entzogen werden. In die CH_3COOH-Auszüge gelangen bis 30% Blei. Obwohl die Art der Verbindung mit der organischen Substanz noch nicht klar ist, steht doch fest, daß die Bleibeweglichkeit im Boden eine wichtige Rolle spielt. Es genügt, zu betonen, daß Blei aus dem Humus leichter zu entziehen ist, als aus den Mineralböden. Der Bleiverlust der Böden scheint nur gering zu sein, wenn man den Gehalt von $1{,}2 \cdot 10^{-3}$% mit dem der Erdkruste von $1{,}6 \cdot 10^{-3}$% vergleicht. Die qualitativen Bestimmungen über den Bleigehalt der Böden sind unzureichend (siehe ROGERS und MITCHELL).

Angaben über das Vorkommen von Zinn in den Böden der russischen Tiefebene fehlen völlig. Die Untersuchungen über den Zinngehalt von BERTRAND und später von PELIČEK in drei Bodenprofilen auf Granit aus Rosna (Tschechoslowakei) geben

[1]) Essigsaurer Auszug.

wohl einen zu hohen Gehalt an. Nach diesen Untersuchungen enthalten die Böden aus Rosna 0,01 bis 0,05% Blei neben Zinn als SnO_2, wobei die oberen Horizonte einen erhöhten Bleigehalt bis 0,05% aufweisen, was auf Bleispeicherung durch Pflanzenreste zurückzuführen ist. Es liegen nur wenige genauere Angaben vor und vermutlich ist der Zinngehalt der Böden doch bedeutend niedriger, weil die Spektralanalyse in der Regel nur selten Zinn nachweist. Das Schicksal von Blei und Zinn im Boden ist also nur ungenau und unzureichend bekannt.

b) Molybdän

Die sauren Gesteine enthalten etwa $3 \cdot 10^{-4}$% Molybdän, also etwas mehr als die basischen. Der Molybdängehalt der Sedimentgesteine ist nur vereinzelt bestimmt worden, so daß unsere Kenntnisse über seine Geochemie ebenfalls lückenhaft sind. Noch mangelhafter ist unsere Kenntnis über seine Verteilung im Boden. Systematisch ausgeführte Analysen fehlen hierüber fast gänzlich. Die biochemische Bedeutung des Molybdäns ist vermutlich größer und umfassender als angenommen wird. STEINBERG, MULDER u. a. haben auf seine Mitwirkung im Stickstoffhaushalt der Pflanzen hingewiesen. Neuerdings sind Beobachtungen über die biochemische Rolle des Molybdäns bekanntgeworden. Es liegen zahlreiche Untersuchungsergebnisse über die Einwirkung bei der Stickstoff-Fixierung durch Knöllchenbakterien vor. Wie C. G. WINOGRADOWA feststellte, enthalten viele Leguminosen, z. B. Klee, in den Knöllchen und im Samen beträchtliche Mengen Molybdän im Vergleich zu den vegetativen Pflanzenorganen. Von einem erhöhten Molybdängehalt der Böden hängt die Molybdänanreicherung in Leguminosen ab. Bei Molybdänmangel im Boden treten Vegetationserkrankungen auf.[1])

THOMAS, NOWACK, PELISEK, ROGERS u. a. bestimmten den Molybdängehalt in Böden. Wir müssen aber nochmals betonen, daß einigermaßen systematische Untersuchungen über die Molybdänverteilung in Böden noch nicht vorliegen. Die Tabelle 110 enthält die Analysenergebnisse der untersuchten Böden der russischen Tiefebene. Wie daraus zu entnehmen ist, schwankt der Molybdängehalt von $1{,}5 \cdot 10^{-4}$ bis $1{,}2 \cdot 10^{-3}$%, ist im Durchschnitt also $2{,}6 \cdot 10^{-4}$%. Er ist annähernd so groß wie der der Massengesteine ($3 \cdot 10^{-4}$%).

Den höchsten Molybdängehalt bis $1{,}2 \cdot 10^{-3}$ weisen die Tundraböden auf. Die übrigen analysierten Böden haben einen gleichmäßigen Molybdängehalt. Von allen Horizonten zeigen die A-Horizonte eine gewisse Molybdänanreicherung. Auch der A-Horizont der Böden aus dem Tal des San Joaquin (Tab. 111) hat nach BARSHAD einen erhöhten Molybdängehalt. Dabei kann auch eine allgemeine Tendenz der Zunahme an Molybdän vom B-Horizont zum Muttergestein

[1]) Nach ANDERSEN (Südaustralien), FRICKE und DAVIES.

Tabelle 110

Molybdängehalt der Böden der russischen Ebene

Profil-Nr.	Bodentyp	Horizont	Tiefe der Probeentnahme in cm	Mo in % im trocknen Boden
	Tundraboden			
44	Humus-Illuvialpodsole	A_0—A_1	0—3	—
		A_2	3—6	$4 \cdot 10^{-4}$
		B	6—25	$3 \cdot 10^{-4}$
		C	25	$2 \cdot 10^{-4}$
43	Torf-Gley	A_0	0—15	$3 \cdot 10^{-4}$
		A_1	15—25	$4 \cdot 10^{-4}$
		B	25—50	$3 \cdot 10^{-4}$
42	Gebirgs-Tundra	A_0—A_1	0—25	$1{,}2 \cdot 10^{-4}$
		B	25—45	$3 \cdot 10^{-4}$
		C	45—65	$2 \cdot 10^{-4}$
	Podsole			
37	Podsol auf Bänderton	A_1	—	$2 \cdot 10^{-4}$
		A_2	—	$2 \cdot 10^{-4}$
		B	—	$2 \cdot 10^{-4}$
38	Podsol auf Grundmoräne	A_1	—	$2 \cdot 10^{-4}$
		A_2	—	$2 \cdot 10^{-4}$
		B	—	$3 \cdot 10^{-4}$
35	Mittlerer leichter Podsol auf Geschiebelehm	A_1	0—10	$1{,}5 \cdot 10^{-4}$
		B_1	35—45	$1{,}5 \cdot 10^{-4}$
		B_2	55—65	$2 \cdot 10^{-4}$
		C	95—105	$2 \cdot 10^{-4}$
61	Grauer und graubrauner Waldboden	A_0	0—2	$4 \cdot 10^{-4}$
		A_1—A_2	2—22	$2 \cdot 10^{-4}$
		A_2—B_1	22—48	$1{,}5 \cdot 10^{-4}$
		B_1—B_2	48—95	$2 \cdot 10^{-4}$
		C	95—101	$2 \cdot 10^{-4}$
2	ebenso	A	6—5 (17)	$2 \cdot 10^{-4}$
		A_1	20—25 (16)	$2 \cdot 10^{-4}$
		B_1	40—45 (32)	$1{,}5 \cdot 10^{-4}$
		B_2	75—80 (35)	$2{,}5 \cdot 10^{-4}$
		C	100—105	$2{,}0 \cdot 10^{-4}$
23	Graubrauner Waldboden	A	0—5 (32)	$3 \cdot 10^{-4}$
		B	32—40 (32)	$2 \cdot 10^{-4}$

Fortsetzung von Tabelle 110
Molybdängehalt der Böden der russischen Ebene

Profil-Nr.	Bodentyp	Horizont	Tiefe der Probeentnahme in cm	Mo in % im trocknen Boden
	Schwarzerden			
3	Gewöhnliche lehmige	A_1	0—5 (24)	—
		A_2	24—32 (28)	$1,5 \cdot 10^{-4}$
		B	80—88 (56)	$2 \cdot 10^{-4}$
		C	128—144	$2 \cdot 10^{-4}$
5	Anlehmige	A	0—5 (40)	$2,5 \cdot 10^{-4}$
		B	45—50 (44)	$2,5 \cdot 10^{-4}$
		C	100	—
9	Schwarzerde aus dem Asow-Bezirk	A_1	0—5 (40)	$2 \cdot 10^{-4}$
		A_2	40—45 (42)	$2 \cdot 10^{-4}$
		B	90—95 (41)	$2 \cdot 10^{-4}$
		C	130—140	$2 \cdot 10^{-4}$
	Kastanienbraune Böden			
15	Helle kastanienbraune	A_1	0—5 (17)	$2 \cdot 10^{-4}$
		A_2	30—35 (23)	$3 \cdot 10^{-4}$
		B	60—65	$2,5 \cdot 10^{-4}$
		C	110—115 (107)	$3 \cdot 10^{-4}$
19	Grauerde der Wüste	A	0—5 (63)	$2 \cdot 10^{-4}$
		B	65—70 (62)	$3 \cdot 10^{-4}$
		C	160—170 (70)	$3 \cdot 10^{-4}$
	Roterden			
32	Aus Batum (Profil Nr. 168) . . .	A	0	$4 \cdot 10^{-4}$
		B	40—50	$2,5 \cdot 10^{-4}$
		C	90—100	$2 \cdot 10^{-4}$
34	Aus dem jungfräulichen Rhododendron-Wald (Profil Nr. 128) . . .	A	0	$3 \cdot 10^{-4}$
		B	40—50	$3 \cdot 10^{-4}$
	Mittlerer Gehalt der 53 Proben			$2,6 \cdot 10^{-4}$

festgestellt werden. Es ist zu vermuten, daß Molybdän wie auch andere chemische Elemente durch Pflanzenwurzeln aus den tieferen Horizonten emporgeholt wird und durch das Laub in die oberen Horizonte gelangt, wo es im Humus angereichert wird.

Die Tabelle 111 gibt einige Bestimmungen über den Molybdängehalt der Böden verschiedener Länder. Auf Grund von etwa 100 Analysen beträgt der Molybdängehalt der Böden durchschnittlich etwa 10^{-4}%, liegt also nur wenig niedriger als in den Gesteinen. Sandige Böden, Dünen, Sande und die Böden auf Serpentingestein sind als verarmt an Molybdän zu bezeichnen. Der Molybdänmangel der letzteren wird an Pflanzenkrankheiten erkannt. Man darf allerdings dabei nicht übersehen, daß diese Bodentypen im allgemeinen reich an Mangan, Nickel und Chrom sind, bei gleichzeitigem Mangel an Kalzium. Aus Südaustralien, Tasmanien, Neuseeland liegen Berichte über Molybdänmangelerscheinungen auf einigen Bodentypen vor. Wie wir bereits hingewiesen haben, steigt in den Gebieten der Molybdänvorkommen der Gehalt in den Böden bis 10^{-3}% und höher an, was sich im Pflanzennachwuchs manifestiert.[1]) Es konnte z. B. ein hoher Molybdängehalt der Böden in Kalifornien in den Tälern des San Joaquin- und des Kern-Rivers festgestellt werden. Auch in Colorado, Neu-Mexiko, Arizona, Utah, Wyoming, South-Dakota, Montana, Oklahoma und Kansas ist in giftigen Selen-Böden der Morrison-Juraformation ein hoher Molybdängehalt nachgewiesen worden. Auf Grund des Gehalts an Molybdän und an anderen Elementen kann nach Molybdänlagerstätten geschürft werden. Als besonders deutliches Beispiel für die schädliche Wirkung von hohem Molybdängehalt auf den Gesundheitszustand des Viehs sind die Böden von Gloucester, Warwick und Lincoln in England zu nennen, Schon seit langem wurde vermutet, daß die „teartness"-Erkrankung auf den Böden dieser Lias-Formation mit dem hohen Mo-Gehalt zusammenhängt. Die ursächlichen Beziehungen wurden aber erst in letzter Zeit erkannt. Die oberen Horizonte dieser Böden enthalten 3,0 bis 5,0 · 10^{-3}% Molybdän (siehe Tabelle 112). Der Mo-Gehalt in diesen Böden steigt mit zunehmender Tiefe an. Dabei wird nach Ferguson, Lewis u. a. Molybdän in lehmigen, neutralen oder alkalischen Böden konzentriert. In Gebieten mit an Molybdän reichen, jedoch sauren Lehmböden konnte „teartness" nicht beobachtet werden. Alkalische und kalkhaltige Böden sind reicher an löslichem Molybdän, das die Erkrankung hervorruft. Die Pflanzen auf diesen Böden enthalten bis 10^{-3}% Molybdän, wovon 80% wasserlöslich sind. Die Verfütterung von trockenem Heu verträgt das Vieh ohne Schaden. Die Viehkrankheit „teartness" herrscht nur in den Gebieten, deren Molybdängehalt bedeutend höher ist als der der russischen Tiefebene.

[1]) In verschiedenen Gebieten wurden auch Vieherkrankungen festgestellt. Da aber die Böden auch reich an Barium und Schwermetallen sind, muß die Frage erst eingehender untersucht werden, ehe hierüber Bestimmtes ausgesagt werden kann.

Tabelle 111

Molybdängehalt der Böden verschiedener Länder

Bodentyp	Höchster Mo-Gehalt in %	Mittlerer Mo-Gehalt in %	Verfasser
UdSSR			
Böden d.russ.Tiefebene (52)	$1 \cdot 10^{-4}$ bis $1{,}2 \cdot 10^{-3}$	$2{,}6 \cdot 10^{-4}$	Winogradow und Winogradowa, 1946
USA			
Verschiedene Böden (8) .	$8 \cdot 10^{-6}$ „ $2{,}0 \cdot 10^{-3}$	$6{,}0 \cdot 10^{-4}$ [1])	Stanfield, 1935
Moorböden (5)	$3 \cdot 10^{-4}$ „ $2{,}1 \cdot 10^{-3}$	$1{,}2 \cdot 10^{-3}$	Nichols und Rogers, 1944
Kalifornien (36)	$1 \cdot 10^{-5}$ „ $9{,}7 \cdot 10^{-4}$	$2{,}2 \cdot 10^{-4}$	Barshad, 1948
Großbritannien			
Schottland (?)	0 „ $2{,}0 \cdot 10^{-4}$	—	Mitchell, 1944
Somerset (gesunde und kranke Böden) (17) . .	$2 \cdot 10^{-4}$ „ $2{,}2 \cdot 10^{-2}$	$3{,}85 \cdot 10^{-3}$	Lewis, 1943
Holland			
Verschiedene Böden (7) .	$1 \cdot 10^{-6}$ „ $2{,}2 \cdot 10^{-5}$	$1{,}2 \cdot 10^{-5}$	Ter Meulen, 1931
Deutschland			
Gelegenheitsmuster (2) .	$6 \cdot 10^{-4}$ „ $7{,}0 \cdot 10^{-4}$	$7 \cdot 10^{-4}$	Niel, 1935
Japan			
Verschiedene Böden. . .	—	—	Hirai, 1937
Neuseeland			
Verschiedene Böden (8) .	$2{,}8 \cdot 10^{-5}$ bis $1{,}3 \cdot 10^{-4}$	10^{-4}	Perrin, 1946
Frankreich			
Verschiedene Böden Frankreichs sowie anderer Länder (20). . .	$4{,}3 \cdot 10^{-4}$ „ $6{,}9 \cdot 10^{-3}$	$2{,}9 \cdot 10^{-4}$	Bertrand, 1940
Argentinien			
Verschiedene Böden. . .	$2 \cdot 10^{-5}$ „ $2{,}4 \cdot 10^{-4}$	—	Trelles und Amato, 1950

[1]) Im HCl- und HNO_3-Auszug.

Tabelle 112

Böden des Somerset und anderer Bezirke auf der Lias-Formation Englands

Böden		Anzahl der Profile	Höchster Mo-Gehalt in %	Mittlerer Mo-Gehalt in %
p_H etwa 7,5	Vieh durch „teartness“ gefährdet	8	$1{,}8 \cdot 10^{-3}$ bis $2{,}24 \cdot 10^{-2}$	$5{,}6 \cdot 10^{-3}$
p_H etwa 7,5	Vieh durch „teartness“ gefährdet	2	$2{,}0 \cdot 10^{-4}$ „ $1{,}2 \cdot 10^{-3}$	$6{,}9 \cdot 10^{-4}$
p_H etwa 6	frei von „teartness“	6	$9{,}0 \cdot 10^{-4}$ „ $7{,}6 \cdot 10^{-3}$	$2{,}6 \cdot 10^{-3}$

Barshad stellte fest, daß der Molybdängehalt der Pflanzen von dem Gesamtgehalt sowie auch von dem bei pH 8 löslichem Molybdän abhängt. So enthielt z. B. „Medicago hispida“ $5 \cdot 10^{-4}$ bis $1 \cdot 10^{-3}$% an Molybdän (1 bis $2 \cdot 10^{-2}$% in der Trockensubstanz) und an wasserlöslichem $3 \cdot 10^{-4}$ bis $6 \cdot 10^{-4}$%. Hülsenfrüchte sind an Molybdän reicher als andere Pflanzen. Falls Leguminosen auf den Weiden stark vertreten sind, erkrankt das Vieh an „teartness“, im Mangelfall bleibt es gesund. In an Molybdän reichen Gebieten tritt „teartness“ dagegen nicht auf, wenn Leguminosen auf den Weideböden fehlen.

V. Das Vorkommen der radioaktiven Elemente im Boden

Die Gesteine sowie auch die Böden enthalten alle bekannten — vermutlich auch die noch unbekannten — radioaktiven Elemente. Bis jetzt sind folgende radioaktive Elemente bekannt (ohne Zerfallsprodukte):

$$^{238}\mathrm{U} - 8\,\mathrm{He} \rightarrow {}^{206}\mathrm{Pb}$$
$$^{235}\mathrm{AcU} - 7\,\mathrm{He} \rightarrow {}^{207}\mathrm{Pb}$$
$$^{232}\mathrm{Th} - 6\,\mathrm{He} \rightarrow {}^{208}\mathrm{Pb}$$
$$^{176}\mathrm{Lu} - \beta \rightarrow$$
$$^{142}\mathrm{Sm} - \alpha \rightarrow$$
$$^{87}\mathrm{Rb} - \beta \rightarrow {}^{87}\mathrm{Sr}$$
$$^{40}\mathrm{K} \begin{cases} \beta \rightarrow {}^{40}\mathrm{Ca} \\ \mathrm{K} \rightarrow {}^{40}\mathrm{Ar} \end{cases}$$

und andere mehr, wie z. B. ^{14}C, ^{3}H, Xe.

Uns interessiert hier nur der Gehalt an starken radioaktiven Elementen. Es sind dies: U, Th und Ac, die als die Stammväter von drei radioaktiven Familien der natürlichen Isotopen anzusehen sind (vgl. Abb. 4). Radioaktiver Zerfall ist von Alpha-, Beta- und Gamma-Strahlung begleitet. Bei dem Zerfall entstehen in jeder Familie Emanationen von kurzer Lebensdauer von Radon, Thoron und Actinon. Diese radioaktiven Gase bilden dann bei weiterem Zerfall ^{206}Pb, ^{208}Pb, ^{207}Pb und He. Da Alpha- und Beta-Strahlen die Atmosphäre ionisieren, können ihre Mengen gemessen werden.

Die bekannteste Methode der Bestimmung der Radioaktivität des Bodens und der Gesteine ist die Messung der Ionisierung durch α-Teilchen, wofür meist Elektrometer oder Elektroskope benutzt werden. Bei dieser Methode wird allerdings der gesamte durch U, Th und Ac und ihren Zerfallprodukten verursachte Ionisierungseffekt bestimmt. Man kann die allgemeine Radioaktivität der Gesteine auch mit Hilfe der α- oder β-Strahlungen, oder mit beiden zusammen, unter Verwendung des Zählrohrs von Geiger und Müller nachweisen.

Die durch diese Methoden nachgewiesene allgemeine Radioaktivität des Bodens und der Gesteine zeigt keine bestimmten Elemente an, die die Strahlung verursachen. Diese häufig angewandten Methoden haben also nur vergleichende

Bedeutung. So z. B. bestimmt die Emanationsmethode alle aus dem radioaktiven Zerfall von Th, U und Ac gebildeten Emanationen. Aus dem Boden gelangen die Emanationen in die Atmosphäre.

Zwischen dem Emanationsgehalt der Atmosphäre und des Bodens besteht eine gewisse Abhängigkeit. Die Emanationen diffundieren aus dem Boden in die Atmosphäre. Der Gehalt an Emanationen hängt von der Beschaffenheit des Bodens, seiner Struktur und Textur — ob verdichtet oder bröcklig — ab, die beide die

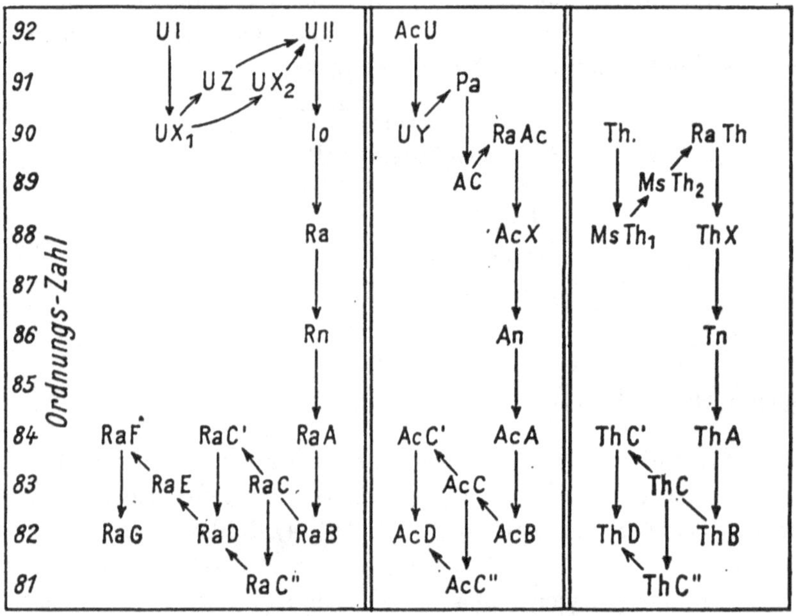

Abb. 4. Zerfallsreihen der radiumaktiven Elemente

Diffusionsgeschwindigkeit dieser Gase in der Atmosphäre bestimmen. Darum werden Emanationen von manchen Bodentypen festgehalten, von anderen dagegen schnell abgegeben. So weisen z. B. gefrorene Böden, Torfe und Lehme einen höheren Gehalt an Radon auf als feuchter Sand, aus dem Radon mit Leichtigkeit diffundiert oder auch ausgewaschen wird. Stark durchspülte Böden sind an Radon verarmt, aride dagegen bleiben verhältnismäßig lange radioaktiv. Mit zunehmender Tiefe steigt der Gehalt an Radon. An kolloidalen Fraktionen reiche Böden sind radioaktiver als andere. Es ist klar, daß U- und Th-reiche Böden auch an Emanationen reich sein werden. Ferner ist bemerkenswert, daß die Radioaktivität des Bodens nicht mit dem Gehalt an $CaCO_3$ oder organischer Substanz korreliert. Zahlreiche Analysen über den Radon-Gehalt der Bodenluft liegen vor, vgl. Tabelle 113.

Tabelle 113

Radongehalt der Bodenluft

Herkunft	$\frac{\text{Curie}}{\text{cm}^3} \cdot 10^{-12}$	Verfasser
Großbritannien		
Verschiedene Böden	0,25	SATTERLY, 1912
„ „	0,16	SMITH, WRIGHT und SMITH, 1912
USA		
Verschiedene Böden	0,24	SANDERSON, 1912
„ „	0,63	KOVACH, 1944
Holland		
Verschiedene Böden	—	SIZOO, 1947
Neuseeland		
Verschiedene Böden	0,20	MARDSEN und WATSON-MUNRO, 1944
Frankreich		
Verschiedene Böden	—	LEPAPE, 1935
Deutschland		
Verschiedene Böden	0,008	KÖHLER, 1914
„ „	0,07—0,28	GOCKEL, 1908
„ „	0,25—1,20	OLUJIE, 1918

Daraus folgt, daß Böden ungefähr eine Radioaktivität von $10^{-12} \frac{\text{Curie}}{\text{cm}^3}$ besitzen. Außerdem liegen auch ältere Analysen vor.[1])

Die Fähigkeit des Bodens, die Emanationen festzuhalten, wird durch die Emaniermethode, d. h. durch die Absonderung von Emanationen aus dem trockenen Boden, beurteilt. W. J. BARANOW (siehe Tabelle 114) untersuchte die Emanation von Radium und Thorium in den russischen Bodentypen.

Wie aus dem Weiteren zu ersehen ist, stehen die Produkte des U- und Th-Zerfalls im Boden in keinem radioaktiven Gleichgewicht mit den Muttersubstanzen. Darum stellen die Untersuchungen der allgemeinen Radioaktivität keine Bestimmungen der U-, Th- und Ra-Gehalte des Bodens dar, die etwas über das geochemische Schicksal der radioaktiven Elemente aussagen könnten.

Um U, Th im Boden zu bestimmen, ist es notwendig, die Bodenproben nach bestimmten Verfahren in Lösung zu bringen, um die Emanationen zu gewinnen. Da

[1]) D. J. MENDELEJEW führte in seinen „Grundlagen der Chemie" (VIII. Ausgabe, Seite 733) aus: „A. W. PELL stellte fest, daß silurische Bodensedimente aus Zarsskoje Selo bei Petersburg gewisse radioaktive Eigenschaften besitzen, was sich auf das Wachstum der Pflanzen und die Gesundheit der Menschen auswirkt." Hierüber liegen auch Arbeiten von folgenden Forschern vor: SCHENK, 1906; GOCKEL, 1910—14; KOVACH; MORITA, 1943; ALIVERTI, 1949 u. a.

Tabelle 114
Thoron- und Radon-Emission

Bodentyp	Tn in %	Rn in %
Torfboden, Moortundra	18	53
Gebirgstundra	100	87
Podsol	46	36
Podsol	40	24
Mittlerer podsolierter anlehmiger Boden	31	18
Heller kastanienbrauner Boden	26	30
Anlehmige Schwarzerde	66	40
Grauerde der Wüste	23	22
Roterde	49	47
Roterde	51	52

sich die aufgesammelten Emanationen im Gleichgewicht mit den Mutter-Elementen befinden müssen, werden sie nach der Emanationsmethode berechnet. Da sich ferner die Halbwertzeiten der Ra- und Th-Emanationen unterscheiden, kann so der Gehalt an U und Th bestimmt werden. Zur Zeit sind nur Untersuchungen über Gehalt und Verteilung von Ra, U und Th im Boden bekannt. Der Gehalt an anderen Elementen kann nur aus ihrem radioaktiven Gleichgewicht berechnet werden.

Gesteine enthalten:

	Ra in %	U in %	Th in %	Verhältnis Th : U
Saure Gesteine (Granit)	$1{,}4 \cdot 10^{-10}$	$4 \cdot 10^{-4}$	$1{,}3 \cdot 10^{-3}$	3,2
Basische Gesteine	$0{,}4 \cdot 10^{-10}$	$1{,}2 \cdot 10^{-4}$	$4 \cdot 10^{-4}$	3,2
Ultrabasische Gesteine	$0{,}2 \cdot 10^{-10}$	$7 \cdot 10^{-5}$	$2 \cdot 10^{-4}$	3,2
Sedimentgesteine (Ton)	$0{,}6 \cdot 10^{-10}$	—	—	—

Die Geochemie von Th, U und Ra ist an die sauren Gesteine geknüpft. Th, U und eine Reihe anderer drei- und vierwertiger Elemente treten in den Mineralien paragenetisch verbunden auf; Ionendurchmesser von U^{IV+} 0,89 Å, von Th^{IV+} 0,95 Å.[1])

Sie kommen in den gesteinsbildenden sowie auch in den akzessorischen Mineralien der Massengesteine vor. Infolge der Verwitterung werden die radioaktiven Elemente der II. Mendelejew-Gruppe zusammen mit Barium und Calcium aufgelöst und gelangen in die Sedimente der Biosphäre. Die Geochemie des „Spuren-Thoriums“ ist noch gänzlich unbekannt. Th in Form von unlöslichem Oxyd bildet Lagerstätten. W. J. Wernadski behandelt in seiner „Geochemie“ die

[1]) Ionenradien von U^{III+} 1,04 Å, von Th^{III+} 1,08 Å, von La^{III+} 1,04 Å.

radioaktiven Elemente besonders eingehend. Wir haben die Verteilung von Radium, Thorium und Uran hauptsächlich in Böden der russischen Tiefebene untersucht. Die ersten Bestimmungen über den Radium- und Thorium-Gehalt des Bodens wurden von W. J. BARANOW und S. G. ZEITLIN und über Uran von M. P. BELAJA durchgeführt.

Zunächst sei der Radium-Gehalt des Bodens behandelt. Die Tabelle 115 enthält den Gehalt an Radium, Thorium, Uran im A-Horizont verschiedener Bodentypen. Der Radium-Gehalt schwankt zwischen 2,8 und 9,5 · 10^{-11}%.

Tabelle 115

Radioaktive Elemente im A-Horizont verschiedener Bodentypen

Profil-Nr.	Bodentyp	Ra 10^{-11}%	U 10^{-5}%	Th 10^{-5}%	U[1]) 10^{-5}%	Q[2])	Th : U
42	Gebirgstundra	7,5	8,8	4,1	22,6	2,5	4,7
35	Mittlerer Podsol . . .	8,9	1,2	4,8	26,6	22,0	40
46	Podsole	—	1,3	—	—	—	
37	Podsole auf Bänderton	9,5	1,2	4,8	28,4	23,7	40
61	Graue Waldböden . .	2,8	1,2	6,0	8,4	7,0	50
23	Graubraune Waldböden	7,5	3,4	6,0	22,3	6,6	16
15	Helle kastanienbraune Böden.	8,2	2,2	5,6	24,7	11,5	25,4
5	Anlehmige Schwarzerde	9,1	9,3	5,2	27,2	2,8	5,7
19	Grauerde der Wüste. .	5,1	1,6	3,1	15,2	9,0	19
32	Roterde	6,7	1,2	9,2	20,1	16,8	78
34	Roterde	3,0	3,5	2,6	8,8	2,5	7,1

Den Gehalt an radioaktiven Elementen in den *verschiedenen* Horizonten gibt die folgende Tabelle 116 an. Sandige Böden (Profil Nr. 61) sind an Radium verarmt, lehmige dagegen (Profil Nr. 37) sind reicher daran. Die grauen Waldböden (Profil Nr. 61) weisen im Untergrund den höchsten Radium-Gehalt auf; die oberen Horizonte enthalten nur $^1/_3$ davon. Dasselbe gilt auch für die ausgelaugte Schwarzerde (Profil 64/38). Die anderen Bodentypen (Profile 62/15, 63/144 und 65/36) weisen einen deutlichen Gehaltsanstieg an Radium in den oberen Horizonten auf. Wie der Vergleich mit den Analysen dieser Bodentypen zeigt, hängt der Radium-Gehalt der verschiedenen Horizonte nicht vom Kalziumgehalt ab. Diese Tatsache kann nur dadurch erklärt werden (Profil 65/36), daß $CaCO_3$ bei der Verwitterung ausgewaschen wird, Radium dagegen zusammen mit $BaSO_4$ zurückbleibt.

Angaben über den Radium-Gehalt der Stoklaz-Böden (35) der Tschechoslowakei weisen einen Gehalt von 3,8 · 10^{-10} bis 1,0 · 10^{-11}% nach, also im Durchschnitt

[1]) Errechnet aus $U = Ra \cdot 3 \cdot 10^6$.

[2]) Quotient aus errechnetem und bestimmtem U-Gehalt.

Tabelle 116

Verteilung der radioaktiven Elemente in den Bodenprofilen

Profil-Nr.	Bodentyp	Tiefe in cm	Ra x10^{-11}	U x10^{-5}	Th x10^{-5}	Errechn. U x10^{-5}	Errechn. U : direkt bestimm-tem U	$\frac{Th}{U}$
3a	Mittl. Podsol . . .		8,9	1,2	4,8	26,6	22	40
			—	13,5	—	—	—	—
			—	4,75	—	—	—	—
			—	8,0	—	—	—	—
46	Podsol		—	1,25	—	—	—	—
			—	0,98	—	—	—	—
			—	1,45	—	—	—	—
			—	9,55	—	—	—	—
61	Grauer Waldboden	0—0,2	2,8	1,12	6,0	8,4	7,5	5,4
		2—22	4,8	1,15	6,0	14,0	12	5,2
		22—48	6,2	1,11	10,0	18,0	15	9,0
		48—95	8,6	1,22	8,7	26,0	21	7,0
		95—201	9,3	3,30	14,5	28,0	8,4	4,4
62/15	Graubrauner Waldboden auf Diorit	0—10	3,2	—	2,2	9,6	—	—
		50—55	2,2	—	2,1	6,6	—	—
		—	1,1	—	0,6	3,0	—	—
63/144	Graubrauner Boden auf Diorit .	0—10	—	9,2	—	3,2	27,0	—
		40—60	—	6,0	—	2,3	18,0	—
		—	—	2,1	—	4,1	6,0	—
64/38	Ausgelaugte Schwarzerde auf vulkan. Gestein	0—11	—	4,1	—	5,6	12,0	—
		20—26	—	3,5	—	4,7	10,5	—
		—	—	5,2	—	3,3	15,0	—
65/36	Roterde	0—11	—	19,0	—	6,5	30,0	—
		20—30	—	13,4	—	12,1	40,0	—
		35—50	—	8,3	—	9,1	25,0	—
	Kalkgestein . . .	—	—	2,9	—	0,15	8,7	—

etwa $1{,}5 \cdot 10^{-10}$ %. Böden auf Massengesteinen, wie z. B. auf Granit, sind radiumreicher als Sandböden. Die oberen 50 cm des Bodens sind in der Regel etwas reicher an Radium als der Untergrund. Im allgemeinen ist der Radium-Gehalt der Böden etwas niedriger als der der Gesteine. Zwar liegen Angaben von Jung, Gockel und Jussupowa über einen höheren Radium-Gehalt im Löß bis $5 \cdot 10^{-10}$ % vor; aber diese Frage ist noch nicht erschöpfend genug untersucht worden und muß deshalb offen bleiben.

Wir kommen später auf das Verhalten des Radiums im Boden zurück. Hier kann zunächst festgestellt werden, daß die Radioaktivität des Bodens proportional dem

Gehalt an kolloidalen Fraktionen ist. Zweifellos ist, daß unter bestimmten Bedingungen Radium aus dem Boden sowohl ausgewaschen wird, als auch von den Tonfraktionen sorbiert werden kann. Da bekanntlich zwischen Radium und Uran radioaktives Gleichgewicht besteht, kann auf Grund des Radium-Gehaltes des Bodens auch der Uran-Gehalt errechnet werden: $U = Ra \cdot 3 \cdot 10^6$. Diese Errechnung liegt den Tabellen 115 und 116 zugrunde. Unmittelbare Bestimmungen des Uran-Gehalts sind bisher nicht bekannt geworden. Wir haben deshalb den U-Gehalt der Böden auch direkt bestimmt. Dadurch wurde festgestellt, daß der Gehalt zwischen $1 \cdot 10^{-5}$ bis $1{,}8 \cdot 10^{-4}$% liegt, im Durchschnitt also $n \cdot 10^{-5}$% ist. Er ist also wesentlich niedriger als der der Erdkruste. Alle direkten Bestimmungen über den U-Gehalt des Bodens liegen wesentlich niedriger als die errechneten, oft um das Zwanzigfache.

Dadurch wird bewiesen, daß im Boden kein radioaktives Gleichgewicht zwischen Ra und U besteht. Auf diese Unstimmigkeit kommen wir später noch einmal zu sprechen. Interessant ist, daß ein besonders labiles Gleichgewicht zwischen beiden Elementen in den oberen Horizonten der Podsole (Profile Nr. 35, 37, 61) festzustellen ist; im Muttergestein wird diese Tatsache scheinbar ausgeglichen. Der C-Horizont weist wie auch der B-Horizont (Profil Nr. 35) einen erhöhten Uran-Gehalt auf. Die Bedeutung der organischen Substanz für das Schicksal des Urans im Boden ist unbekannt. Das gesamte Bild der Ra- und U-Verteilung im Boden zeigt also kein radioaktives Gleichgewicht zwischen beiden Elementen. Außerdem wird Uran sehr leicht ausgewaschen oder aber auch aus den Lösungen zurückgehalten. Uns scheint, daß Uran unter Einwirkung von Bodenlösungen, die an Karbonaten, Bikarbonaten und organischer Substanz reich sind, leicht löslich ist und auch leichtlösliche komplexe Verbindungen bildet. U^{IV+} wie auch $UO_2K(CO_3)_3$ wird aus den Mineralien leicht ausgewaschen. Außerdem wird Jonium vermutlich durch Eisenhydrate aufgenommen und im Boden festgelegt. Im Boden fixiertes Jonium ist die Quelle des Radiums, das sich in keinem Gleichgewicht mit U befindet. Einerseits ist der Gehalt an Radium und Uran des Süßwassers der Seen und Flüsse deshalb unausgeglichen: Der Ra-Gehalt ist höher als er dem Gleichgewicht entspricht, im Durchschnitt $< 10^{-13}$%, der U-Gehalt beträgt dagegen $\leq 10^{-8}$%. Andererseits dagegen ist der Gehalt an Uran, das vom Festland in das Meerwasser fortgeführt worden ist, um das Fünffache höher, als es dem Gleichgewicht entspricht. Der Radium-Verlust des Meerwassers infolge des radioaktiven Zerfalls wird durch das vom Festland zugeführte Radium nicht ausgeglichen. Der Radiumgehalt des Meerwassers stammt allein aus dem Zerfall des Urans im Meerwasser.

Die Auswaschung des Urans erfolgt besonders intensiv in den oberen Horizonten der Podsole, Roterden und Waldböden.

Der Thorium-Gehalt der Böden der russischen Tiefebene und der Böden aus der Krim schwankt zwischen $2{,}3 \cdot 10^{-4}$% und $14 \cdot 10^{-4}$%. Wenn man den grauen

Waldboden ausschließt (Profil Nr. 61), dessen Thorium-Gehalt in den tieferen Horizonten und im Muttergestein sowie im B-Horizont (Profil Nr. 65/36) zunimmt, so ist der Thorium-Gehalt im A-Horizont der Böden hervorzuheben. Das ist insbesondere bei den Roterden, deren Muttergestein Kalk ist, deutlich zu erkennen (Profil Nr. 65/36). Der Thorium-Gehalt steigt hier bis auf das Vierzigfache an. Sein Gehalt steigt parallel mit den Sesqui-Oxyden vom Muttergestein in Richtung der oberen Horizonte an. Vermutlich verbleibt Thorium mit den Sesqui-Oxyden und dem Eisen der akzessorischen Mineralien nach der Auflösung der Kalkgesteine als Terra rossa im Boden und wird in einem von seinen Horizonten angereichert. Da ThO_2 im Boden unlöslich ist und bei der Verwitterung von bodenbildenden Gesteinen die thoriumhaltigen Mineralien nur schwer einer Verwitterung unterliegen, ist die Erhöhung des Thorium-Gehalts in den Horizonten auf den Gehalt an diesen Produkten zurückzuführen. Das Verhältnis Th: U der Massengesteine ist nahe 3,5, wird aber in den Sedimentgesteinen infolge Verschiedenheit der Eigenschaften beider Elemente, Auswanderung des Urans und Konzentrierung des Thoriums durch die Sandfraktion, stark beeinflußt. Nach Baranow und Lahner schwankt das Th : U-Verhältnis in Dolomiten und Kalkgesteinen sehr stark, von 3 bis 80. Dasselbe wird auch in Böden beobachtet, wo das Verhältnis Th: U zwischen 4,4 und 78 liegt. Die höchsten Werte dieses Verhältnisses sind in podsolierten Böden festgestellt worden (Profile Nr. 35, 37, 61 und 78). Bei intensiver Verwitterung wird Uran in größeren Mengen ausgewaschen. Thorium verbleibt zum größten Teil im Boden. Es ist nicht ausgeschlossen, daß unter bestimmten Bedingungen das Verhältnis Th: U des Bodens als Anzeiger der Verwitterungsintensität dienen könnte. Bezeichnend ist das Maximum des Verhältnisses Th: U im B-Horizont (Profil Nr. 61) und seine Abnahme im Untergrund.

Zusammenfassung

Bei der Untersuchung der allgemeinen Radioaktivität des Bodens stellte es sich heraus, daß die feinen Fraktionen am stärksten radioaktiv sind. Eine Korrelation der Radioaktivität mit dem $CaCO_3$-Gehalt ist nicht vorhanden. Das Verhältnis der Radioaktivität zur organischen Substanz ist nicht geklärt. Auf Grund der allgemeinen Radioaktivität des Bodens ist es schwer oder gar nicht möglich, das Mutter-Element zu erkennen. Nur eine direkte Bestimmung dieser Elemente erlaubt, den besonderen Charakter der Radioaktivität des Bodens zu klären. Die Geochemie der radioaktiven Hauptelemente Thorium, Jonium, Uran und Ra ist grundverschieden. In jedem Bodentyp ist ihr Schicksal ein anderes. Der Gehalt an Ra sowie an anderen radioaktiven Elementen hängt nicht nur vom Bodentyp, sondern auch von dem Verwitterungscharakter der Muttergesteine ab. Der Boden

— ähnlich wie auch der Seeschlamm — hat je nach seiner Herkunft einen verschiedenen Ra-Gehalt. Böden auf sauren Gesteinen sind Ra-haltiger als die auf basischen; tonige Böden sind reicher an Ra als sandige. Der Ra-Gehalt nimmt vom Untergrund zu den oberen Horizonten ab. Die Sorption des Radiums durch den Boden aus den Gewässern ist noch nicht erforscht, obwohl sie durchaus möglich ist. Die Löslichkeit des Radiums ist bedeutend; bei Gegenwart von $BaSO_4$ bleibt seine Löslichkeit jedoch klein. Aus dem radioaktiven Gleichgewicht kann auch der Uran-Gehalt des Bodens errechnet werden. Direkte Uran-Bestimmungen zeigen einen durchschnittlich niedrigeren Gehalt im Vergleich zu den Gesteinen an. Weiter erwies sich sein Gehalt um das Drei- bis Zwanzigfache erniedrigt, als das radioaktive Gleichgewicht vermuten ließ. Ein radioaktives Gleichgewicht zwischen Radium und Uran existiert im Boden nicht. Infolge der Bildung von leichtlöslichen Verbindungen mit Bikarbonaten und organischen Substanzen wird Uran in der Zone der vollständigen Durchlüftung leicht und schnell aus dem Boden ausgewaschen. Jonium wird durch Sesqui-Oxyde im Boden fixiert und stellt damit eine Radium-Quelle dar. Dadurch wird der Radium-Gehalt im Boden erhöht und das Gleichgewicht gestört. Dieser Vorgang findet auch in Seen statt, wo der Uran-Gehalt um das Fünffache höher ist als das Gleichgewicht erfordert. Der Untergrund und das Gestein sind reicher an Uran.

Das Verhältnis $\frac{\text{errechnetes U}}{\text{direkt bestimmtes U}}$ ist in den stark durchspülten Böden am höchsten.

Die Geochemie von Thorium der Biosphäre wird vom Wasser nicht beeinflußt. Thorium verbleibt in den unverwitterten Gesteinsresten, z. B. in der „Terra rossa" der Kalkgesteine zusammen mit den akzessorischen Mineralien. Seine Neigung zur Ansammlung in den oberen Horizonten ist deutlich ausgeprägt. Das Verhältnis Th: U im Boden ist von dem Verhältnis in den Massengesteinen stark unterschiedlich und weist eine Ansammlung an Thorium und einen Schwund an Uran auf. Diesen Vorgang zeigen insbesondere die Podsole und gleichartige Bodentypen, wo das Verhältnis Th: U maximal ist. Durch die Größe des Verhältnisses könnte bedingt die Verwitterungsintensität des Bodens gemessen und ausgedrückt werden.

VI. Die restlichen Spurenelemente

Diese Elemente sind als wahre Spurenelemente zu bezeichnen. In den Massen- und Sedimentgesteinen sind sie nur in geringen Mengen zu finden.

	Ga in %	Ge in %	Jn in %	Tl in %
Granit	$3 \cdot 10^{-3}$	$5 \cdot 10^{-4}$	—	$3 \cdot 10^{-4}$
Basalt	10^{-3}	$5 \cdot 10^{-4}$	—	$3 \cdot 10^{-4}$
Lehm	10^{-3}	10^{-3}	—	—
Mittlerer Gehalt der Erdkruste	$1,5 \cdot 10^{-3}$	$7 \cdot 10^{-4}$	10^{-5}	$6 \cdot 10^{-5}$

Gallium, Germanium, Indium und Thallium finden sich in der Regel in den Zinksulfiden angereichert.

1. Gallium

Aluminium wird meist von Gallium in allen Alumosilikaten im Verhältnis Ga: Al = 5000, mit einem Gehalt von etwa $2 \cdot 10^{-3}$% begleitet.[1]) Also überall, wo Aluminium vorhanden ist, kommt auch eine gewisse Anreicherung von Gallium vor. Durch Spektral-Analyse ist stets Gallium im Boden festgestellt worden. Wir schätzen den Gehalt im Boden mit 10^{-3}% ein. Auch MITCHELL und CLAFFY geben für Böden aus Schottland und für Kalkgestein dieselbe Zahl an. Genaueres teilt PELIŠEK für die tschechoslowakischen Böden mit, obwohl er nur ein qualitatives Bild von der Galliumverteilung im Boden gibt. In 60 Proben fand er stets Gallium. Lediglich Serpentinböden und zum Teil $CaCO_3$-haltige Rendzina wiesen wenig Gallium auf. Schwarze tonige Bodentypen sind reich an Gallium. Die Horizonte der Podsole weisen einen unterschiedlichen Galliumgehalt auf. Der A-Horizont ist an Gallium verarmt, der B-Horizont dagegen zeigt eine Anreicherung, was auf eine gewisse Wanderfähigkeit des Galliums hinweist. Andere Bodentypen zeigen keine Unterschiede in den Horizonten. Ein Hinweis:
Der Galliumgehalt der Böden scheint etwas höher zu sein als der Germaniumgehalt.

2. Germanium

Germanium ist ein Verwandter des Siliziums. Bei der Gesteinsverwitterung wird Germanium teilweise mit den Hydraten des Eisens und anderer Metalle

[1]) Ionenradius von Ga 0,62 Å, von Al 0,57 Å.

mitgerissen. Insbesondere ist die Germaniumansammlung in der Steinkohle gut bekannt. Nach unseren Bestimmungen beträgt der Germaniumgehalt des Bodens $10^{-4}\%$, nach MICHELL bis $10^{-3}\%$. GOLDSCHMIDT stellte im Sand $4 \cdot 10^{-4}\%$ und im Humus vom Eichenlaub $6 \cdot 10^{-3}\%$ Germanium fest. Im Humus wird Germanium angereichert. Dieser Prozeß ist vermutlich in chemischer Hinsicht der Ansammlung im Torf und in der Kohle ähnlich.

3. Indium und Thallium

Es sind nur vereinzelte, durch Spektral-Analyse erfolgte Hinweise über das Vorkommen von Thallium im Boden vorhanden. Indium ist im Boden niemals festgestellt worden. Der Thalliumgehalt des Bodens ist vermutlich höher als der wahrscheinliche Indiumgehalt und beträgt schätzungsweise $10^{-5}\%$.

4. Beryllium

Bei der Verwitterung der Massengesteine verbleibt Beryllium zusammen mit Aluminium im Ton und Bauxit bis $10^{-3}\%$. Darum ist sein Gehalt in lehmigen Böden höher, in Kalkböden dagegen geringer. CLAFFY wies einen Gehalt von $7 \cdot 10^{-4}\%$ an Beryllium im Kalkboden nach. In den Gebieten der Lagerstätten von Beryllium-Mineralien sind Böden mit höherem Berylliumgehalt bekannt. Auf diesen Böden ist der Ausbruch der sogenannten „Beryllium-Rachitis“ möglich. Reichliche Ernährung des Viehs mit Beryllium-Salzen führt zur Bildung von Berylliumphosphat, das vom Darm ausgeschieden wird. Dadurch entsteht ein erhöhter Verlust an Phosphat, der die „Rachitis“ verursacht.

5. Quecksilber

Die Verbreitung des Quecksilbers im Gestein ist jetzt völlig geklärt. Der mittlere Gehalt beträgt etwa $7 \cdot 10^{-6}\%$. Den Hg-Gehalt der Böden geben STOCK und CUCUEL wie folgt an:

Humusschicht der Waldböden	3,0	bis	$8,1 \cdot 10^{-6}\%$
Waldböden	10,0	„	$29,0 \cdot 10^{-6}\%$
Ackerböden	3,0	„	$7,0 \cdot 10^{-6}\%$
Ackerböden			$14 \cdot 10^{-6}\%$
Lehmiger Boden	3,0	„	$3,4 \cdot 10^{-6}\%$
Sand	0,1	„	$2,9 \cdot 10^{-6}\%$

Im allgemeinen weist der Boden nicht unbeträchtliche „Spuren“ von Quecksilber auf.

6. Gold, Silber und Platin

Systematische Bestimmungen des Gold-, Silber- und Platin-Gehalts im Boden sind nicht bekannt. In den Gebieten der Goldfelder sind die Böden selbstverständlich goldhaltig. Unter normalen Bedingungen ist Gold vermutlich löslich. Der Einfluß des Humus insbesondere auf die Löslichkeit des Goldes ist bekannt. Der Gehalt an Gold, Silber und Platin normaler Böden kann exakt zur Zeit nicht angegeben werden. GOLDSCHMIDT z. B. stellte im Humus des Birkenwaldes $5 \cdot 10^{-5}\%$ Gold und $5 \cdot 10^{-4}\%$ Silber fest, was bedeutend höher ist als der normale Gehalt der Erdkruste. BABICKA weist auf den allgemeinen Goldgehalt der Pflanzen hin. Wir stellten Gold oft in Maiskörnern und anderen Pflanzen aus dem Kaukasus, Swanetien und anderen Gebieten fest. In der Asche dieser Pflanzen wurde Gold als winzige Körnchen, 0,1 mm im Durchschnitt, vorgefunden, die unter dem Mikroskop eine ausgesprochene Dendritstruktur aufwiesen. Wir sprechen dieses Gold als Verunreinigung der Pflanzen mit Staub, also nicht als durch die Pflanze aus der Bodenlösung aufgenommen, an. Silber wurde von ROGERS, REMAGE u. a. im Boden festgestellt und scheint nicht selten vorzukommen. Platin dagegen ist im Boden noch nicht nachgewiesen worden.[1])

7. Wismut uud Antimon

Hinweise über das Vorkommen von Wismut und Antimon im Boden liegen vor. Es ist mit einem Gehalt an beiden Elementen im Boden von etwa $10^{-5}\%$ zu rechnen.

Niob, Tantal, Tellur, Hafnium, Rhenium, Wolfram und die Elemente der Platingruppe sowie Edelgase, mit Ausnahme von Helium und Argon, konnten bis jetzt im Boden nicht nachgewiesen werden. Doch ist ihr Vorkommen hier nicht zu bezweifeln. Ihr Nachweis kann nur eine Frage der Zeit sein.

[1]) In Südafrika ist von H. MERENSKY 1926 in einem Aueboden Platin neben Chromeisen nachgewiesen worden. Z. D. Geolog. Ges. 78. Bd., 1927, S. 311 (Anmerk. des Herausgebers).

VII. Die geochemischen Gesetzmäßigkeiten in der Verteilung der Spurenelemente im Boden

Wir haben uns davon überzeugt, daß der größte Teil der bekannten chemischen Elemente in verschiedenen Mengen im Boden vorkommt. Der Gehalt an seltenen Elementen in den Böden unterscheidet sich von ihrem Gehalt in den Muttergesteinen. Besonders groß ist dieser Unterschied zwischen dem Gehalt der oberen Horizonte und dem Untergrund. Mit zunehmender Tiefe gleicht sich dieser Unterschied allmählich aus. Der größte Teil der Bodentypen enthält Spurenelemente in bestimmten Mengen. Der Gehalt der zonalen Böden an Spurenelementen schwankt in der Regel im Bereich nur einer Größenordnung. W. W. DOKUTSCHAJEW schrieb: „Der Boden, wie auch jeder andere Organismus, besitzt in der Regel normale Struktur, Stärke und Lage". Deshalb bezeichnen wir den experimentell in vielen Böden der Erde festgestellten Gehalt an Spurenelementen als normal. Diese allgemeine Übereinstimmung der Zusammensetzung der Böden mit den Sedimentgesteinen ist auf ihre gemeinsame Geochemie zurückzuführen. Die Böden mit normalem Gehalt an Spurenelementen überwiegen.

Eine untergeordnete Rolle spielen:

1. Junge Böden, deren Gehalt an einem oder mehreren Spurenelementen um das Zehn- bis Hundertfache höher ist;
2. Böden mit einem niedrigeren Gehalt als normal.

Selbstverständlich kommen unter den genannten Böden auch sogenannte Übergangstypen vor. Böden mit einem Überschuß an Spurenelementen liegen meist in Gebieten der Erzlagerstätten. Es ist leicht, zwei Quellen der Spurenelemente zu nennen. Die erste, größere — ist das Muttergestein, die zweite Quelle sind die Niederschläge und Vulkangase. Die Beschaffenheit des Muttergesteins wirkt sich auf den Gehalt an Spurenelementen im Boden aus. Böden auf sauren Gesteinen sind an Li, Rb, Cs, Sr, Ra u. a. reich, dagegen arm an Ni, Co, Cu. Böden auf basischen Gesteinen sind meist an Ni, Cu, Co und ähnlichen Elementen reich, an Li, Rb, Ra dagegen arm. Böden in der Nachbarschaft von Erzlagerstätten werden infolge der Zerteilung der chemischen Verbindungen stark an diesen angereichert.

Die Abbildung 5 zeigt den Molybdängehalt von Pflanzen, die kreuz und quer über Molybdänadern den Boden 1 km lang bedecken. Das gleiche ist auch auf Kupfer-, Nickel- und anderen Erzlagerstätten festgestellt worden.

Die zweite Quelle — Gase, Niederschläge und Vulkanexhalationen — bereichert den Boden hauptsächlich an Spurenelementen von nichtmetallischer Art, also von Jod, Brom, Bor, Fluor, Selen sowie Arsen und anderen Elementen.[1]) Für mehrere Elemente, wie z.B. J, F, B (auch S, CO_2) ist das sogar die Hauptquelle.

In der Nachbarschaft der Geosynklinale liegende Böden werden stärker an B, F, Se angereichert, weil Wasser und Gesteine infolge früherer oder jüngster vulkanischer Tätigkeit an diesen Elementen reich sind. Wir sprachen darüber bereits bei der Behandlung der Geochemie des Bors. Das Muttergestein kann somit als

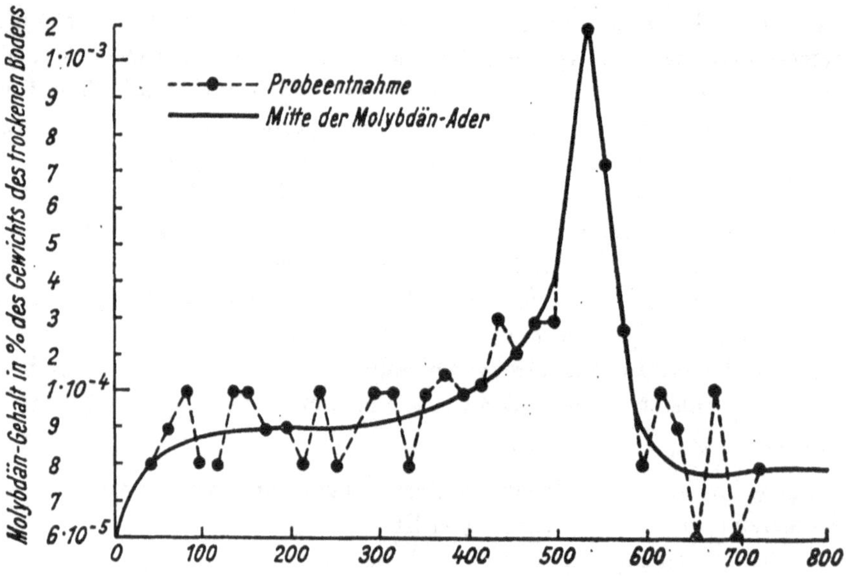

Abb. 5. Molybdän-Gehalt der eingesammelten Pflanzen rechts und links einer Molybdän-Ader

Hauptquelle betrachtet werden, aus der der Boden die chemischen Elemente schöpft. Das Substrat der Gesteine bestimmt den Gehalt an chemischen Elementen im Boden. Das Klima sowie der Prozeß der Boden bildungstören zum Teil den ursprünglichen Gehalt und die Verteilung und Art der Verbindungen dieser Elemente im Boden. Der Grad der Störung hängt von der Art der Bodenbildung, von der zonalen Lage des Bodens sowie von der Natur der Elemente selbst ab. Wir müssen nochmals wiederholen, daß sich dieser Prozeß auch im Untergrund, den das Muttergestein geschaffen hat, abzeichnet. In Abhängigkeit von der Tiefe der Verwitterung des Muttergesteins und der Art der Bodenbildung werden Spurenelemente entweder im Boden angereichert und fixiert, oder werden mobilisiert

[1]) Zum Beispiel: Cl, Stickstoff und Schwefel in verschiedener Form, CO_2.

und fortgespült. Man konnte feststellen, daß die Alkalien Li, Rb, Cs, Sr, auch Ra, aus dem Boden unabhängig von seiner Beschaffenheit abgegeben werden. Auch Schwermetalle sind zum größten Teil der Auswaschung unterworfen. Zu beachten sind die leichtlöslichen Spurenelemente, die unter passenden Bedingungen stark oxydierte und komplexe Verbindungen als Anionen wie U^{VI+}, Mo^{VI+}, Se^{VI+} bilden. Die aus der Atmosphäre zugeführten chemischen Elemente: B, Se, Br, J, F haben die Eigenschaft, sich im Boden, insbesondere im Humushorizont, anzusammeln. Sie alle bilden wasserlösliche Verbindungen, können daher im Boden und vom Grundwasser angesammelt werden und die Böden verseuchen, z. B. bei der Versalzung. Bei intensiver Durchspülung werden sie aus dem Boden leicht ausgewaschen. Auch schwerlösliche Verwitterungsprodukte werden im Boden angesammelt: Ba als $BaSO_4$, Th als ThO_2, Zr als ZrO_2, Ti als TiO_2, teilweise F als CaF_2 und Fluorapatit. Wir haben hier lediglich die Tendenz der beiden Gruppen geschildert, ihre Anreicherung in verschiedenen Bodentypen werden wir später ausführlich behandeln. Als allgemeines Merkmal, das die Intensität der Ansammlung oder Abgabe der Elemente im Boden bestimmt, gilt der sogenannte Koeffizient der Proportionalität der ähnlichen Elemente (vgl. Tabelle 117).

Tabelle 117

Das Verhältnis verwandter Elemente im Gestein und in verschiedenen Bodentypen

Verhältnis	Mittleres für Gestein	Mittleres für normale Böden	Bemerkungen
Cl : Br	300	100	Versalzte Böden an 10000
Sr : Ba	~ 1	1,0	Podsole 0,1
Ni : Co	4	4	Böden auf Nickellagerstätten 20
Ra : U	$3 \cdot 10^6$	—	Fehlen des radioaktiven Gleichgewichts

Viele seltene Elemente kommen in verschiedenen Formen vor. Für die Mehrzahl dieser Elemente ist die verbreitetste Form das Vorkommen als Beimischung in der festen Phase, in den Gittern der Alumosilikate, Silikate usw. So kommen z. B. Rb, Cs, Sr und Ba in Kaliglimmer, Ca, Mg, TR und F im Apatit vor. Während der Verwitterung der kristallinen Gitter der Mineralien gehen diese Elemente teils in Lösung, teils werden sie durch Bodenmineralien sorbiert.

Als eine andere Verbindungsform der Seltenen Elemente ist die Sorption ihrer Ionen auf der Oberfläche der Bodenkolloide zu nennen. Wir wissen bereits, daß Bodenkolloide bedeutend reicher an Spuren- und Seltenen Elementen sind als grobe Fraktionen. Das hängt vermutlich von der Absorption dieser Elemente durch die Kolloide ab. Dabei steigt der Gehalt der Kolloide nicht nur an Schwermetallen wie Cu, Ti, Mn, sondern auch an J, Br an. Daraus geht klar hervor, daß ein hoher Kolloid-Gehalt mit einem hohen Gehalt an Spurenelementen verknüpft ist. In dieser Richtung wurde die Sorption von J, Br, Sr, Ba, Rb sowie einer Anzahl von Schwermetallen wie Cu, Zn, Mn durch Tonmineralien und Bodenkolloide erforscht. Die Sorption ist ein komplizierter Vorgang, der unbedingt von großer Bedeutung für das Verhalten der chemischen Elemente im Boden ist. Auf die Austauschsorption wirken sich nicht nur die bereits erforschten Faktoren, wie Konzentration der chemischen Elemente, p_H und Bodentemperatur, sondern auch die Eigenschaften der Ionen und Böden aus. Darum sind die Folgerungen aus dem Verhalten der Schwermetalle mit wechselnder Valenz noch nicht einheitlich. Noch komplizierter ist die Bildung von Verbindungen von Ionen der Schwermetalle mit den Bodenkolloiden. Da ihre Struktur unbekannt ist, sind auch ihre Eigenschaften unbekannt. Dieses Gebiet, vielleicht von größter Bedeutung, ist vorläufig unerforscht. Ein Teil der Spurenelemente wird entweder durch Mikroorganismen und höhere Pflanzen absorbiert, oder ist an einfache und komplizierte organische Bodensubstanzen gebunden, deren chemischer Charakter nicht erschöpfend erforscht ist. Je reicher der Boden an organischer Substanz ist, um so höher ist der Gehalt an Spurenelementen, insbesondere an Halogenen. Im Grunde genommen ist die Struktur keiner Verbindung der Elemente mit der organischen Substanz des Bodens bis jetzt bekannt. Im allgemeinen wird von Cu-, Fe-, Ni-Humaten gesprochen. Dabei ist zu vermuten, daß gerade vom Charakter dieser Verbindungen die Löslichkeit dieser Elemente abhängt. Die höheren Organismen leisten die Arbeit des Entzugs dieser Elemente, wie z. B. Mn und Cu aus der Tiefe. Eine außerordentliche Rolle für das Wandern der chemischen Elemente im Boden spielen die Mikroorganismen. Sie nehmen viele Spurenelemente, z. B. Cu, Zn, J, B, auf, ohne die sie sich nicht entwickeln können. Nach ihrem Ableben verbleiben vermutlich die Spurenelemente eine Zeit lang als metallorganische Komplexe im Boden. Die Tabelle 118 gibt einen Überblick über die Löslichkeit eines Teiles mancher Elemente. Dieser Teil ist für verschiedene Bodentypen unterschiedlich groß. Ein Gehalt an diesen Elementen der Bodenlösungen ist leider nicht bekannt.

Tabelle 118

Gesamtgehalt und löslicher Teil einiger Elemente im Boden

Elemente	Gesamter Teil in % des Bodens	Löslicher Teil in % des Gehalts
B	$1 \cdot 10^{-3}$	an 10
Mn	$8{,}5 \cdot 10^{-2}$	1—10
Cu	$2 \cdot 10^{-3}$	an 1
Zn	$5 \cdot 10^{-3}$	an 1
As	$5 \cdot 10^{-4}$	an 5—10
Se	$1 \cdot 10^{-6}$	(>10)
J	$5 \cdot 10^{-4}$	an 10

Die horizontale sowie vertikale Anreicherung des Bodens an Spurenelementen wird erstens durch die löslichen Formen dieser Elemente und zweitens durch die Wasserführung des Bodens sowie durch die Intensität der biologischen Prozesse des Bodens bestimmt. Eine begrenzende Einwirkung auf die Anreicherung an Metallen mit wechselnder Valenz, wie z. B. Mn, Cu, V, As, Se, U u. a. üben p_H, Oxydierungspotential des Milieus und andere physikalische und chemische Bedingungen aus. Das Verhalten dieser sowie anderer chemischer Elemente in verschiedenen Bodentypen ist unterschiedlich. Vom geochemischen Standpunkt aus kann dieser oder jener Typ der Bodendynamik durch die Intensität der Verwitterung der mineralischen Substanz des Muttergesteins und durch die endgültige Struktur des Bodenprofils gekennzeichnet werden. Das Verhalten der Spurenelemente konnte zumindest in den Podsolen, Lateriten, Steppen-, Solonetz- und Moorböden beschrieben werden. Die Podsolierung besteht in einer tiefgründigen Zersetzung der mineralischen Bodensubstanz, die zur Bildung von freien Fe-, Al- und SiO_2-Hydraten führt. Infolge der absinkenden Tendenz der Bodenlösungen werden Fe und Al in die tieferliegenden Bodenhorizonte weitergeleitet, wo sie oft im Ortstein angesammelt werden. Na^+, Mg^{II+} und Ca^{II+} werden auch in beträchtlichen Mengen von diesen Böden abgegeben. Nur ein kleiner Teil des Mg^{II+} und Ca^{II+} ist in sorbierter Form vorhanden. Dabei ist der Humus von geringer Bedeutung. Darum erinnert das Verhalten selten vorkommender Rb-, Cs-, Li- sowie Sr- und Ba-Ionen der Podsole an das Verhalten von K und Ca. Der Rb- und Li-Gehalt der Horizonte dieser Böden entspricht dem K-Gehalt. Die physikalischen sowie die chemischen Hinweise lassen vermuten, daß Rb in kleineren Mengen als K vom Boden abgegeben wird. Die Analysen weisen allerdings auf die gleiche Abgabe von Rb und K hin. Das Verhältnis Sr : Ba in den Gesteinen ist annähernd 1. In den Podsolen ist dieses Verhältnis, insbesondere in den oberen Horizonten = 50. Im Boden erfolgt die Trennung dieser Elemente. Sr^{II+} zusammen mit Ca^{II+} wird intensiver abgegeben, die Abgabe von Ca erfolgt jedoch schneller als von Sr. Der Gehalt an Ba, in der unlöslichen Form von $BaSO_4$, sinkt nicht nur ab, sondern im Gegenteil, steigt sogar etwas an. Mit zunehmender Tiefe, im C-Horizont, gleicht sich das Verhältnis wieder bis annähernd 1 aus. Deshalb kann dieser Prozeß als Intensitätsanzeiger der Podsolierung dienen.

Genauso wird auch das radioaktive Gleichgewicht von Ra : U insbesondere in den oberen Horizonten der Podsole gestört, wobei ein Anstieg von Ra und eine Abnahme von U festzustellen ist. Das ist auf leichten U^{VI+}-Entzug durch alkalisches und bikarbonathaltiges Grundwasser zurückzuführen. Außerdem wandert Ra aus den Böden nur schwer aus, es wird durch $BaSO_4$ erheblich fixiert. Dieser Prozeß könnte nach gründlicher Untersuchung ebenfalls zur Intensitätsbestimmung der Podsolierung dienen. Der Gehalt an TiO_2 steigt im Humushorizont etwas an. Wie bekannt, ist auch der Gehalt an Quarz in den A- und B-Horizonten dieser Böden wesentlich höher. Also alle schwerlöslichen Verbindungen von $BaSO_4$, SiO_2, TiO_2 zeigen die Neigung zur Ansammlung in den oberen Horizonten des Podsols. Ein niedriger Gehalt an B, das leicht ausgewaschen und im Boden nicht angesammelt wird, ist für Podsole kennzeichnend.

Dasselbe gilt auch für J und Br, eine Ausnahme bildet lediglich der Humushorizont, der eine Ansammlung an beiden Elementen aufweist. Im Vergleich zu den anderen Bodentypen ist die Ansammlung von J in diesen Böden nur gering. In den Gebieten der Podsole und ihrer Gebirgs-Äquivalente ist wegen Jodmangel der endemische Kropf verbreitet.

Nun einiges über die Schwermetalle der Eisengruppe: V, Cr, Mn, Ni, Co sowie über Zn, Cu. Der Gehalt an diesen Elementen ist unter normalen Verhältnissen nur gering. Lediglich im Illuvialhorizont und im Ortstein der Podsole konnte eine Ansammlung von Cu, Cr, V, Ni erkannt werden. Das Verhalten der Spurenelemente der Podsole erinnert zum Teil an die grauen Waldböden. Alle diese geochemischen Eigenschaften der Spurenelemente bei der Podsolierung der gemäßigten Zonen sind in den Roterden der subtropischen Gebiete, insbesondere aber bei der Laterisierung in den Tropen stärker ausgeprägt. Infolge der schnellen Zersetzung der Alumosilikate und reichlicher Durchspülung werden in diesen Bodentypen schwerlösliche ThO_2-, TiO_2- usw. Verbindungen gebildet. Wir erinnern an die Zusammensetzung der „Terra rossa" auf Kalkgesteinen. Mit einem Anstieg an Al der Roterden steigt ebenfalls auch der Ga-Gehalt. Andererseits ist, wie wir bereits wissen, der Gehalt an Alkalien und alkalischen Elementen dieser Bodentypen gering. Das gleiche gilt auch für B, J, Br sowie für Se, As. Der Humushorizont weist, wie erwartet, eine Ansammlung an J und Br auf. Das Verhältnis Ra : U und Th : U ändert sich aus demselben Grunde. Entsprechend dem hohen Fe-Gehalt der Roterden steigt in der Regel auch der Gehalt an Schwermetallen: Mo, V, Co, Ni und Cu. Festzustellen bleibt allerdings noch, inwieweit die Beschaffenheit des Muttergesteins hier eine etwaige Ansammlung beeinflußt.

Eine ganz andere Richtung in der geochemischen Anreicherung der Spurenelemente konnte bezgl. der Dynamik der Steppenböden in den Schwarz- und Grauerden sowohl als in den kastanienbraunen Böden festgestellt werden. Diese kolloidreichen Bodentypen mit hohem Gehalt an organischer Substanz und mit neutraler Reaktion sind mit Basen gesättigt. Das alles verursacht den Verbleib der Spurenelemente im Boden. Aus diesem Grunde weisen auch diese Bodentypen keine Schwankungen im Gehalt an Spurenelementen in den Horizonten auf.

Das Verhältnis Sr : Ba, Ra : U weist lediglich auf eine normale, regelmäßige Verteilung ohne große Schwankungen wie bei den anderen Bodentypen hin. J, Br, vermutlich auch stellenweise As und Se werden besonders stark angereichert. Das

Verhältnis J : Br ist annähernd 1. Insbesondere weisen Grauerden unter Bedingungen des ariden Klimas eine Ansammlung an Se und As auf. Sie werden nicht ausgewaschen und verbleiben oft mit Hilfe der organischen Substanz im Boden. Cu, V, Zn, Cd bilden zweifellos mit der organischen Substanz der Schwarzerden feste Verbindungen, was den Verbleib im Boden begünstigt. Ihr Gehalt sowie auch der Bor-Gehalt dieser Bodentypen ist im Vergleich zu anderen Bodentypen hier am höchsten.

Schließlich einiges über Solonetz und versalzte Bodentypen.

Die Versalzung des Bodens wird durch arides und warmes Klima verursacht. Es sind dies die Gebiete der Steppen und Wüsten. Hier geht die Salzanhäufung im Boden vor sich. Die Versalzung erfolgt bei Dürre durch Salzaufnahme aus dem Grundwasser. Dieser Prozeß hängt von der ursprünglichen Bodenversalzung nicht ab. Es kommen vorwiegend die Gebiete der Kaspischen Senke und der Great American Desert in Frage. Die Versalzung unterscheidet sich nach Art der vorliegenden Salze: „Chloridsulfate", „Sulfatchloride". Bei den Solonetzböden handelt es sich nur um eine Versalzung von oben nach unten, weil sich das Bodenwasser in dieser Richtung bewegt. Bei der Versalzung der obengenannten Bodentypen ist ein gemeinsames geochemisches Merkmal vorhanden: Die Ansammlung von Bor, also Borversalzung. Eine ausführliche Behandlung dieser Frage erfolgte bereits. Solchen Borversalzungen begegnen wir in den Gebieten der Aralo-Kaspischen Senke und ähnlichen Gebieten anderer Länder. Böden in den abflußlosen Gebieten sammeln also Bor und vermutlich auch teilweise Li an, was zur Zeit noch geprüft wird.

Was nun Rubidium anbetrifft, so konnte seine mit dem Kalium erfolgende Auswaschung festgestellt werden.

Das Verhältnis Cl : Br steigt in den versalzten Steppen und Halbwüsten in der UdSSR oft bis auf 1000 an. Das weist auf kontinentale Versalzung, oder zumindest auf eine starke Vermengung vermutlich von Meersalzen mit NaCl-Lösungen hin. Das Verhältnis Sr : Ba ist annähernd 1.

Bezeichnend ist, daß Grauerden an Titan verarmt sind. Inwieweit seine Anreicherung von der Versalzung des Bodens abhängt, ist nicht klar; möglich ist, daß konzentrierte Salzlösungen, wie z. B. von Sulfaten und Chloriden, auf die Löslichkeit des TiO_2 sich auswirken.

Die Moorböden sind durch enorme Feuchtigkeit, die zur Bildung von Torf-Gley-Böden führt, gekennzeichnet. Die Verwesung der organischen Substanz geht nur langsam vor sich. Diese Böden bilden Moorböden und Torflagerstätten. Die Strömung des Grund- und Sumpfwassers ist langsam. In der Regel sind sie reich an organischer Substanz (an Torf), dagegen verarmt an mineralischen Stoffen.

Wenn man die Einwirkung des Charakters der Gesteine, z. B. der ultrabasischen, auf die Zusammensetzung dieser Böden nicht in Betracht zieht und nur ihre allgemeinen Merkmale betrachtet, so geht klar hervor, daß die organische Substanz besonders auf den Gehalt an Spurenelementen und ihre Verteilung einwirkt. Infolge eines hohen Gehalts an organischer Substanz der oberen Horizonte erfolgt auch eine enorme Ansammlung an J und Br. Es sind die an J und Br reichsten Bodentypen. Durch die organische Substanz gebundenes J und Br werden nur schwer abgegeben. Dieses Jod und Brom ist für Pflanzen vermutlich nicht zugänglich. Es ist zu vermuten, daß erst bei tiefgründiger Verwesung der organischen Substanz beide Elemente löslich werden. Moorböden, z. B. aus der Tundra, sind an Bor ausgesprochen verarmt. Das weist auf die Tatsache hin, daß die organische Substanz Bor nicht fixiert. Inwieweit diese Verarmung an Bor für Moorböden bezeichnend ist, ob es sich nicht speziell um saure Tundraböden und Podsole handelt, die an Ca verarmt sind, bleibt offen.

Moorböden sind in der Regel auch arm an Kupfer. Der Mangel an diesem Element wirkt sich auch auf die Vegetation aus. Das Verhältnis Sr : Ba und U : Ra ist praktisch beständig, obwohl die Beobachtungen noch nicht ausreichend sind. Moorböden verfügen über ein schwaches Oxydationspotential. Deshalb werden Mo, U, As u. a. regeneriert und schwer löslich; es bestehen hier also günstige Bedingungen für ihre Ansammlung.

Schlußzusammfassung

Es wurde die Verteilung von B, F, Br, J, As, Se, Li, Rb, Cs, Sr, Ba, TR, Ti, Zr, V, Cr, Mn, Co, Ni, Cu, Zn, Cd, Pb, Mo, Ra, Th, U u. a. in den Böden der russischen Tiefebene untersucht. Der Gehalt an Spurenelementen in den verschiedenen Bodentypen der russischen Tiefebene unterscheidet sich nur unbedeutend infolge der annähernd gleichen Zusammensetzung des Muttergesteins. Infolge der Bodendynamik und der Bodenbeschaffenheit schwankt der Gehalt an Spurenelementen jedoch in jeder Klimazone, insbesondere aber merklich in den Horizonten der Profile. Diese Tatsache beeinflußt nicht nur den absoluten Gehalt, sondern stört auch das Gleichgewicht in den Verhältnissen ähnlicher chemischer Elemente, wie z. B. Cl : Br, J : Br, Sr : Ba, Ni : Co, Ra : U, B : Cl und vieler anderer. Die Böden der russischen Tiefebene zeigen solche Abweichungen vom normalen Gehalt. Je näher die Randgebiete zu den Ursprungszentren liegen, um so stärker sind die Schwankungen im Gehalt an Spurenelementen. Die entlang des westlichen Abhanges des Uralgebirges ungefähr zwischen Kama und Ural vorkommenden Permgesteine sind hier oft das bodenbildende Ausgangsmaterial. Es sind kupferhaltige Sandsteine und Schiefer; die Böden auf diesem Material weisen deshalb einen erhöhten Kupfergehalt auf. Die Böden der Chibinsk-Tundra sind ein ähnliches Beispiel. Die Böden der Kaspi-Senke sind ein Beispiel für die Boranreicherung. Im Bereich unseres Untersuchungsgebietes haben wir keine Se- und As-reichen Böden feststellen können.

Von Bedeutung ist ein Vergleich der Bodeneigenschaften der russischen Tiefebene mit großen Flächen anderer Erdteile. Als eine verhältnismäßig gründlich untersuchte Fläche gilt die „Great American-Plain". Die Böden beider Flächen haben viele gemeinsame Merkmale. Sie können in zwei Gruppen geteilt werden: Die im Norden liegenden Podsole sind arm an Ca, die zentralen und südlichen Steppenböden reich an Ca. Infolge der andersartigen geologischen Herkunft der nordamerikanischen Böden schwankt der Gehalt an Spurenelementen stärker als in den russischen. Der späte Vulkanismus führte Selen, Arsen und Bor zu. Auch hier weisen die Randgebiete große Schwankungen in der Zusammensetzung auf. Im Bereich der „Great Plain" treten Böden auf, die mit Selen, Fluor sowie mit Bor verseucht sind, was auf den Gehalt an diesen Elementen im Muttergestein zurückgeführt werden kann. Die Böden Zentral-Europas stehen bezüglich ihres Gehaltes an Spurenelementen den Böden der russischen Tiefebene näher. Es ist klar, daß nicht nur solche ausgedehnten Flächen, wie Nordamerika und Europa, merkliche Unterschiede im Gehalt an Spurenelementen aufweisen. Es bestehen auch Unterschiede im B- und J-Gehalt zwischen den im Norden liegenden Böden, den Podsolen und den Grauerden sowie den Salzböden im Süden der UdSSR. Daraus entsteht die Frage über die Ausgrenzung solcher Gebiete, in denen für die Landwirtschaft wichtige Spurenelemente vorkommen. In Gebieten mit einem Überschuß oder Mangel an Elementen, die durch Pflanzen in verschiedenem Maße aufnehmbar sind, ist eine vielseitige biologische Reaktion der im und auf dem Boden lebenden Organismen festgestellt worden. Darum werden solche Gebiete, ganz gleich, wie groß sie sind, von uns als *biogeochemische* Provinzen bezeichnet. In solchen Gebieten treten oft typische Erkrankungen von Tieren und Pflanzen auf, sogenannte „biogeochemische Endemien". Solche Gebiete sind mindestens für 20 bis 30 Elemente, wie z. B. Li, Be, B, F, Mn, Co, Cu, Zn, Se, Sr, Mo, J bekannt.

Ihr Vorkommen oder auch ihr Fehlen verursacht das Auftreten der Endemien, was leicht einzusehen ist.

Der mittlere Gehalt an Spurenelementen, den die Tabelle 119 angibt, wurde folgendermaßen bestimmt: Da die Böden überwiegend einen normalen Gehalt an Spurenelementen haben, andere dagegen verarmt oder überreich an diesen sind, haben wir, um den mittleren Gehalt der Böden festzulegen, nur die normalen Bodentypen hauptsächlich von Europa und Nordamerika herangezogen. Ein Vergleich der vorliegenden Angaben über den Gehalt an Spurenelementen der Gesteine und Böden gibt einen gewissen Hinweis auf ihr Verhalten im Boden. Seltene Alkalien werden zusammen mit Natrium in beträchtlichen Mengen

Tabelle 119

Mittlerer Gehalt an chemischen Elementen des Bodens im Vergleich mit dem Gehalt der Lithosphäre

Element	Lithosphäre		Boden	
	Gehalt in Atom-Proz.	Gehalt in Gewichts-Proz.	Gehalt in Atom-Proz.	Gehalt in Gewichts-Proz.
O	58,0	47,2	62,6	49,0
H	(3,0)	(0,15)	?	?
Si	20,0	27,6	24,1	33,0
Al	6,6	8,80	5,4	7,13
Na	2,4	2,64	0,56	0,63
Fe	2,0	5,10	1,39	3,8
Ca	2,0	3,6	0,70	1,37
Mg	2,0	2,10	0,50	0,6
K	1,4	2,6	0,71	1,36
Ti	$2,5 \cdot 10^{-1}$	$6 \cdot 10^{-1}$	0,20	$4,6 \cdot 10^{-1}$
C	$(1,5 \cdot 10^{-1})$	$(1 \cdot 10^{-1})$	3,4	2,0
P	$5 \cdot 10^{-2}$	$8 \cdot 10^{-2}$	$5,3 \cdot 10^{-2}$	$8 \cdot 10^{-2}$
N	$(2,5 \cdot 10^{-2})$	$(1 \cdot 10^{-2})$	0,15	$1 \cdot 10^{-1}$
Mn	$3,2 \cdot 10^{-2}$	$9 \cdot 10^{-2}$	$3,2 \cdot 10^{-2}$	$8,5 \cdot 10^{-2}$
S	$3,2 \cdot 10^{-2}$	$9 \cdot 10^{-2}$	$3,2 \cdot 10^{-2}$	$8,5 \cdot 10^{-2}$
F	$2,8 \cdot 10^{-2}$	$2,7 \cdot 10^{-2}$	$2,1 \cdot 10^{-2}$	$2 \cdot 10^{-2}$
Cl	$2,6 \cdot 10^{-2}$	$4,5 \cdot 10^{-2}$	$6 \cdot 10^{-3}$	$1 \cdot 10^{-2}$
Li	$1,9 \cdot 10^{-2}$	$6,5 \cdot 10^{-3}$	$9 \cdot 10^{-3}$	$3 \cdot 10^{-3}$
Ba	$5,7 \cdot 10^{-3}$	$5 \cdot 10^{-2}$	$7 \cdot 10^{-3}$	$5 \cdot 10^{-2}$
Sr	$1 \cdot 10^{-2}$	$4 \cdot 10^{-2}$	$8,2 \cdot 10^{-3}$	$3 \cdot 10^{-2}$
Cr	$8 \cdot 10^{-3}$	$2 \cdot 10^{-2}$	$8 \cdot 10^{-3}$	$2 \cdot 10^{-2}$
V	$6 \cdot 10^{-3}$	$1,5 \cdot 10^{-2}$	$4 \cdot 10^{-3}$	$1 \cdot 10^{-2}$
Rb	$7 \cdot 10^{-3}$	$3,1 \cdot 10^{-2}$	$1,4 \cdot 10^{-3}$	$6 \cdot 10^{-3}$
Zr	$4 \cdot 10^{-3}$	$2 \cdot 10^{-3}$	$7 \cdot 10^{-3}$	$3 \cdot 10^{-2}$
Ni	$3,2 \cdot 10^{-2}$	$8 \cdot 10^{-3}$	$1 \cdot 10^{-3}$	$4 \cdot 10^{-3}$
Cu	$3,6 \cdot 10^{-3}$	$1 \cdot 10^{-2}$	$6 \cdot 10^{-4}$	$2 \cdot 10^{-3}$
Zn	$1,5 \cdot 10^{-3}$	$5 \cdot 10^{-3}$	$2 \cdot 10^{-3}$	$5 \cdot 10^{-3}$
Co	$1,5 \cdot 10^{-3}$	$3 \cdot 10^{-3}$	$7 \cdot 10^{-5}$	$8 \cdot 10^{-4}$
Be	$1,2 \cdot 10^{-3}$	$6 \cdot 10^{-4}$	$\cdot 10^{-4}$	$(\cdot 10^{-4})$
Sn	$7 \cdot 10^{-4}$	$4 \cdot 10^{-3}$	$\cdot 10^{-4}$	$(\cdot 10^{-3})$
Y	$6 \cdot 10^{-4}$	$2,8 \cdot 10^{-3}$	—	—
Ce	$6 \cdot 10^{-4}$	$4,5 \cdot 10^{-3}$	$7 \cdot 10^{-4}$	$(5 \cdot 10^{-3})$
B	$6 \cdot 10^{-4}$	$3 \cdot 10^{-4}$	$2 \cdot 10^{-3}$	$1 \cdot 10^{-3}$
Ga	$4 \cdot 10^{-4}$	$1,5 \cdot 10^{-3}$	$\cdot 10^{-4}$	$(\cdot 10^{-3})$
Nd	$3,5 \cdot 10^{-4}$	$2,5 \cdot 10^{-3}$	—	—
La	$2,5 \cdot 10^{-4}$	$1,8 \cdot 10^{-3}$	—	—
Sc	$3 \cdot 10^{-4}$	$6 \cdot 10^{-4}$	—	—
Ge	$2 \cdot 10^{-4}$	$7 \cdot 10^{-4}$	$\cdot 10^{-5}$	$(\cdot 10^{-4})$
Nb	$2 \cdot 10^{-4}$	$1 \cdot 10^{-3}$	—	—
Pb	$1,6 \cdot 10^{-4}$	$1,6 \cdot 10^{-3}$	$1 \cdot 10^{-4}$	$1 \cdot 10^{-3}$
As	$1,5 \cdot 10^{-4}$	$5 \cdot 10^{-4}$	$1 \cdot 10^{-4}$	$5 \cdot 10^{-4}$
Gd	$1 \cdot 10^{-4}$	$1 \cdot 10^{-3}$	—	—
Cs	$9,5 \cdot 10^{-5}$	$7 \cdot 10^{-4}$	$8 \cdot 10^{-5}$	$(5 \cdot 10^{-4})$
Pr	$9 \cdot 10^{-5}$	$7 \cdot 10^{-4}$	—	—
Sm	$9 \cdot 10^{-5}$	$7 \cdot 10^{-4}$	—	—

Fortsetzung von Tabelle 119

Mittlerer Gehalt an chemischen Elementen des Bodens im Vergleich mit dem Gehalt der Lithosphäre

Element	Lithosphäre		Boden	
	Gehalt in Atom-Proz.	Gehalt in Gewichts-Proz.	Gehalt in Atom-Proz.	Gehalt in Gewichts-Proz.
Mo	$6 \cdot 10^{-5}$	$3 \cdot 10^{-4}$	$6 \cdot 10^{-5}$	$3 \cdot 10^{-4}$
Th	$7 \cdot 10^{-3}$	$8 \cdot 10^{-4}$	$5 \cdot 10^{-5}$	$6 \cdot 10^{-4}$
Hf	$5 \cdot 10^{-5}$	$3{,}2 \cdot 10^{-4}$	—	—
Dy	$5 \cdot 10^{-5}$	$4{,}5 \cdot 10^{-4}$	—	—
Er	$5 \cdot 10^{-5}$	$4 \cdot 10^{-4}$	—	—
Br	$4 \cdot 10^{-5}$	$1{,}6 \cdot 10^{-4}$	—	—
Yb	$3 \cdot 10^{-5}$	$3 \cdot 10^{-4}$	—	—
Ta	$1{,}8 \cdot 10^{-5}$	$2 \cdot 10^{-4}$	—	—
U	$2 \cdot 10^{-5}$	$3 \cdot 10^{-4}$	$9 \cdot 10^{-6}$	$1 \cdot 10^{-4}$
Eu	$1{,}8 \cdot 10^{-5}$	$1{,}2 \cdot 10^{-4}$	—	—
Ho	$1{,}5 \cdot 10^{-5}$	$1{,}3 \cdot 10^{-4}$	—	—
W	$1 \cdot 10^{-5}$	$1 \cdot 10^{-4}$	—	—
Sc	$1{,}5 \cdot 10^{-5}$	$6 \cdot 10^{-5}$	$3 \cdot 10^{-7}$	$1 \cdot 10^{-6}$
Lu	$1 \cdot 10^{-5}$	$1 \cdot 10^{-4}$	—	—
Tb	$1 \cdot 10^{-5}$	$1{,}5 \cdot 10^{-4}$	—	—
Tl	$(3 \cdot 10^{-5})$	$(3 \cdot 10^{-5})$	—	—
Tm	$8 \cdot 10^{-6}$	$8 \cdot 10^{-5}$	—	—
Cd	$(7{,}6 \cdot 10^{-6})$	$(5 \cdot 10^{-5})$	$9 \cdot 10^{-6}$	$(5 \cdot 10^{-5})$
Sb	$(5 \cdot 10^{-6})$	$(4 \cdot 10^{-5})$	—	—
J	$4 \cdot 10^{-6}$	$3 \cdot 10^{-5}$	$8 \cdot 10^{-5}$	$5 \cdot 10^{-4}$
Bi	$(1{,}7 \cdot 10^{-6})$	$(2 \cdot 10^{-5})$	—	—
Ag	$1{,}6 \cdot 10^{-6}$	$1 \cdot 10^{-5}$	—	—
In	$(1{,}5 \cdot 10^{-6})$	$(1 \cdot 10^{-5})$	—	—
Hg	$7 \cdot 10^{-7}$	$7 \cdot 10^{-6}$	$\cdot 10^{-7}$	$(\cdot 10^{-6})$
Os	$5 \cdot 10^{-7}$	$5 \cdot 10^{-6}$	—	—
Pd	$1{,}6 \cdot 10^{-7}$	$1 \cdot 10^{-6}$	—	—
Te	$(1{,}3 \cdot 10^{-7})$	$(1 \cdot 10^{-6})$	—	—
Ru	$(1 \cdot 10^{-7})$	$(5 \cdot 10^{-7})$	—	—
Pt	$5 \cdot 10^{-8}$	$5 \cdot 10^{-7}$	—	—
Au	$5 \cdot 10^{-8}$	$5 \cdot 10^{-7}$	—	—
Rh	$1{,}7 \cdot 10^{-8}$	$1 \cdot 10^{-7}$	—	—
Re	$8{,}5 \cdot 10^{-9}$	$1 \cdot 10^{-7}$	—	—
Ir	$8{,}5 \cdot 10^{-9}$	$1 \cdot 10^{-7}$		—
Pa	$(\cdot 10^{-12})$	$(1 \cdot 10^{-10})$		—
Ra	$9 \cdot 10^{-12}$	$1 \cdot 10^{-10}$	$7 \cdot 10^{-12}$	$8 \cdot 10^{-11}$
Ac	$(2 \cdot 10^{-15})$	$(3 \cdot 10^{-14})$	—	—
Po	$(3 \cdot 10^{-15})$	$(3 \cdot 10^{-14})$	—	—
Pu	$7 \cdot 10^{-17}$	$1 \cdot 10^{-15}$	—	—
Rn	$(5 \cdot 10^{-17})$	$(7 \cdot 10^{-16})$	—	—

ausgewaschen. Strontium wird zusammen mit Ca ebenfalls häufig abgegeben. Bei den Schwermetallen treten besonders im Cu-, Co-, U-, Se-Gehalt in Gesteinen und Böden große Unterschiede auf. Das weist auf die Auswaschung von Cu und Co in Form von organisch gebundenen Komplexen, z. B. von Aminen hin. Bemerkenswert ist, daß der Gehalt an Elementen der Eisengruppe in den heutigen Böden nur um 1,1- bis 1,5mal niedriger als in den Gesteinen ist. Die anderen Gruppen der Elemente sind im Boden in derselben Menge vertreten wie auch im Gestein oder sogar merklich höher. P, S, N, Si, C, insbesondere aber J, Br und B werden im Boden angereichert, Chlor dagegen leicht ausgewaschen. Der Gehalt an As und F bleibt jedoch der gleiche. Man könnte ferner auch von einer Ansammlung oder von nur geringer Abgabe schwerlöslicher Verbindungen Seltener Elemente, wie Th, Zr und Ba sprechen. Die Geochemie dieser Tatsachen haben wir bereits besprochen. Der mittlere Gehalt an Spurenelementen in Böden der russischen Tiefebene gibt nur eine schwache Vorstellung von ihrer Wanderung. Der Versuch, einen Strich unter die Bilanz der Geochemie der Spurenelemente zu ziehen, würde noch weit umfangreicheres Material erfordern und müßte statistisch bearbeitet werden.

Literaturverzeichnis.

Афанасьева Г. А. (1947), Происхождение, состав и свойства черноземов стрелец. степи. Труды почв. инст. XXV, 131.

AFANASSJEWA, G. A. (1947), Herkunft, Zusammensetzung und Eigenschaft der Schwarzerden der Strelezkaja-Steppe. Arbeiten des Instituts für Bodenkunde, XXV, 131.

Антипов-Каратаев И. Н., Кадер Г. М. и Филиппова В. Н. (1947), О природе поглощения ионов глинами и почвами. III. Поглощение одновалентных и двухвалентных катионов черноземной почвой и гуминовой кислотой. Колл. журн.

ANTIPOW-KARATAJEW, J. N., KADER, G. M., und FILIPPOWA, W. N. (1947), Über die Natur der Aufnahme von Ionen durch Ton und Boden. III. Adsorption einwertiger und zweiwertiger Kationen durch Schwarzerde und Huminsäure. Kolloid-Zeitschrift IX, Nr. 5, 315—324.

Антипов-Каратаев И. Н. и Прасолов Л. И., Почвы Крымск. госуд. заповедника. Труды почв. инст.

ANTIPOW-KARATAJEW, J. N., und PRASSOLOW, L. J. (1932), Böden der Staatlichen Schonung der Krim. Arbeiten des Bodeninstituts, VII, 5.

Баранов В. И., Радиоактивные методы и их применение к исследованию почв. Руководство для полев. и лабор. исслед. почв. Изд. АН СССР.

BARANOW, W. J. (1947), Radioaktive Methoden und ihre Anwendung zur Untersuchung des Bodens. Gebrauchsanweisung zu Untersuchungen des Bodens im Freien und im Laboratorium. IV. Ausgabe, 2, 176—221. Verlag der Akademie der Wissenschaft der UdSSR.

Баранов В. И. и Цейтлин С. Г., Содержание радиоактивных элементов в некоторых почвах Союза ССР. ДАН СССР.

BARANOW, W. J., und ZEITLIN, S. G. (1941), Gehalt an radioaktiven Elementen mancher Bodentypen der UdSSR. Akademie der Wissenschaft der UdSSR. 30, Nr. 4, 328—331.

Быстров, Сборник академику Левинсон-Лессингу к 50-летию.

BYSTROW, Denkschrift zum 50. Jubiläum des Akademiemitgliedes Lewinsohn-Lessing. 204 S.

Бобко Е. В. и Панова А. В., О поглощении бора в почвах. Почвоведение.

BOBKO, E. W., und PANOWA, A. W. (1940), Über Boraufnahme durch Boden. Bodenkunde Nr. 12, 34—39.

Болотов М. П., О содержании свинца и меди в уличной пыли и в почве городов. Гигиена. и санитария.

BOLOTOW, M. P. (1938), Über den Gehalt an Blei und Kupfer im Straßenstaub und Stadtboden. Hygiene- und Sanitätswesen, Nr. 5, 49—55.

Борнеман-Старынкевич И. Д., Боровик С. А. и Боровский И. Б, Редкие земли в растениях и почвах. ДАН СССР.

BORNEMANN-STARYNKEWITSCH, J. D., BOROWIK, S. A., und BOROWSKIJ, J. B. (1941), Gehalt an seltenen Erden der Pflanzen und Böden. Akademie der Wissenschaft der UdSSR., 30, Nr. 3, 227—231.

Боровик-Романова Т. Ф, Рубидий в биосфере. Труды Биогеохим. лабор. АН СССР.

BOROWIK-ROMANOWA, T. F. (1946), Rubidiumgehalt der Biosphäre. Arbeiten des Biogeochemischen Laboratoriums, Akademie der UdSSR., 8, 143—180.

Буткевич В. С, Образование морских Fe—Mn отложений. Труды Морского научн. ин-та.

BUTKEWITSCH, W. S. (1928), Über die Bildung von Fe-Mn in marinen Sedimenten. Arbeiten des Wissenschaftlichen Instituts der Marine, 3, Ausgabe 3.

Вернадский В. И.. Титан в почвах. Почвоведение.

WERNADSKIJ, W. I. (1910), Titan im Boden. Bodenkunde, 255 S.

Вернадский В. И., К вопросу о химическом составе почв. Почвоведение.

WERNADSKIJ, W. I. (1913), Über die Frage der chemischen Zusammensetzung des Bodens. Bodenkunde Nr. 2—3, 1—21.

Вернадский В. И., Очерки геохимии.

WERNADSKIJ, W. I. (1934), Notizen über Geochemie.

Вернадский В. И., Заметка о титане в биосфере. Труды Биогеохим. лаб. АН СССР.

WERNADSKIJ, W. I. (1937), Notiz über Titangehalt der Biosphäre. Arbeiten des Biogeochemischen Labors der Akademie der Wissenschaft der UdSSR, **4**, 247—257.

Вернадский В. И., Об анализе почв с геохимической точки зрения. Почвоведение.

WERNADSKIJ, W. I. (1936), Über die Bodenanalyse vom Standpunkt der Geochemie. Bodenkunde Nr. 1, 8—16.

Вернадский В. И., Геохимия марганца в связи с учением о полезных ископаемых. Труды Конференции по генезису марганце-вых и железных руд.

WERNADSKIJ, W. I. (1937), Geochemie des Mangans in Verbindung mit der Lehre über nützliche Bodenschätze. Arbeiten der Konferenz über Herkunft des Mangans und der Eisenerze, 229—246.

Вернадский В. И. (1922). Sur le nickel et le cobalt dans le biosphère. C. r. Acad. Sci. **175**, 382-385.

WERNADSKIJ, W. I. (1922), Sur le nickel et le cobalt dans le biosphère. C. r. Acad. Sci., **175**. 382—385.

Виноградов А. П., Фтор в природе. Гигиена и санитария.

WINOGRADOW, A. P. (1935), Fluor im Gestein. Hygiene- und Sanitätswesen, Nr. 3, 11—25.

Виноградов А. П., (1935), Migration biogène des éléments chimiques rares. Труды Междунар. ассоц. почвоведов — Pedology in UdSSR, Sov. Sect., Moscow, 64—69.

Виноградов А. П., Иод в морских илах. О происхождении иодбромных вод нефтеносных районов. Труды Биогеохим. лаб. АН СССР.

WINOGRADOW, A. P. (1939), Jodgehalt des Meerschlamms. Über iodobromiertes Wasser der Erdölgebiete. Arbeiten des Biogeochemischen Laboratoriums, Akademie der Wissenschaft der UdSSR, **5**, 19—46.

Виноградов А. П., Содержание меди в различных почвах (К вопросу о происхождении так называемой «болезни обработки» злаков). ДАН СССР.

WINOGRADOW, A. P. (1940), Kupfergehalt verschiedener Bodentypen. (Zur Frage der Getreideerkrankung.) Akademie der Wissenschaft der UdSSR, **27**, Nr. 9, 1002—1006.

Виноградов А. П., Геохимия рассеянных элементов морской воды. Успехи химии.

WINOGRADOW, A. P. (1944), Geochemie der Spurenelemente des Meerwassers. Erfolge der Chemie, **13**, Heft 1, 3—34.

Виноградов А. П., О хлорбромном коэффициенте подземных вод. ДАН СССР.

WINOGRADOW, A. P. (1944), Über das Verhältnis von Chlor und Brom im Grundwasser. Akademie der Wissenschaft der UdSSR, **44**, Nr. 2, 74—77.

Виноградов А. П., К химическому познанию биосферы. Почвоведение.

WINOGRADOW, A. P. (1945), Zur chemischen Kenntnis der Biosphäre. Bodenkunde Nr. 7, 348 bis 354.

Виноградов А. П., Биогеохимические провинции. Труды Юбилейной сессии АН СССР, посвященной столетию со дня рождения В. В. Докучаева.

WINOGRADOW, A. P. (1946), Biogeochemische Provinzen, gewidmet von der Jubiläums-Session der Akademie der Wissenschaft der UdSSR zum 100. Geburtstag von W. W. Dokutschajew, 1949.

Виноградов А. П., Геохимическая обстановка в районах эндемического зоба. (К геохимии иода). Изв. АН СССР, серия геогр. и геофиз.

WINOGRADOW, A. P. (1946), Geochemie der Umgebung in den Gebieten der Endemieverbreitung des Kropfes. (Zur Jod-Geochemie.) Akademie der Wissenschaft der UdSSR, Serie Geographie und Geophysik **10**, Nr. 4, 341—356.

Виноградов А. П., Бор в почвах Союза. Почвоведение.

WINOGRADOW, A. P. (1947), Bor im Boden der Sowjetunion. Bodenkunde, Nr. 1, 82—95.

Виноградов А. П., As в почвах Союза. Почвоведение.

WINOGRADOW, A. P. (1948), Arsen im Boden der Sowjetunion. Bodenkunde, Nr. 1, 79.

Виноградов А. П. и Бергман Г. Г., Хром и ванадий в почвах Союза. Почвоведение.

WINOGRADOW, A. P., und BERGMAN, G. G. (1949), Chrom und Vanadium im Boden der Sowjetunion. Bodenkunde, Nr. 10, 569—573.

Виноградов А. П. и Боровик-Романова Т. Ф, К геохимии стронция. ДАН СССР.

WINOGRADOW, A. P., und BOROWIK-ROMANOWA, T. F. (1945), Zur Geochemie des Strontiums. Akademie der Wissenschaft der UdSSR, **46**, Nr. 5, 211—214.

Виноградов А. П. и Боровик-Романова Т. Ф., Щелочи Li, Na, K, Rb (и Cs) в почвах СССР. Почвенный ин-т АН СССР.

WINOGRADOW, A.P., und BOROWIK-ROMANOWA, T.F. (1949), Li, Na, K, Rb (und Cs)-Alkalien im Boden der Sowjetunion. Institut für Bodenkunde der Akademie der Wissenschaft der UdSSR, Nr. 15, 23—30.

Виноградов А. П. и Виноградова Х. Г., Молибден в почвах СССР. ДАН СССР.

WINOGRADOW, A. P., und WINOGRADOWA, C. G. (1948), Molybdän im Boden der UdSSR. Akademie der Wissenschaft der UdSSR, **62**, Nr. 5, 657—659.

Виноградов А. П. и Данилова В. В., Фтор в почвах СССР. ДАН СССР.

WINOGRADOW, A. P., und DANILOWA, W. W. (1948), Fluor im Boden der UdSSR. Akademie der Wissenschaft der UdSSR, **59**, Nr. 7, 1317—1319.

Виноградов А. П., Селиванов Л. С. и Данилова В. В., Содержание фтора в воде рек Союза. ДАН СССР.

WINOGRADOW, A. P., SELIWANOW, L. S., DANILOWA, W. W. (1937), Fluorgehalt des Flußwassers der UdSSR. Akademie der Wissenschaft der UdSSR, Nr. 6, 361.

Виноградова Х. Г., О содержании молибдена в растениях семейства *Leguminosae*. ДАН СССР, **40**, № 1, 31—34.

WINOGRADOWA, C. G. (1943), Über Molybdängehalt der Leguminosen. Akademie der Wissenschaft der UdSSR, **40**, Nr. 1, 31—34.

Власюк П. А. и Ленденская Л. Д., Содержание подвижн. формы Mn в почв. УССР. Почвоведение.

WLASSJUK, P. A., und LENDENSKAJA, L. D. (1950), Über Gehalt an löslichem Mangan im Boden der ukrainischen SSR. Bodenkunde 6, 321.

Власюк П. А. и Горная Е. Н., Определение Mn в почвах. Почвоведение.

WLASSJUK, P. A., und GORNAJA, E. N. (1943), Bestimmung von Mangan im Boden. Bodenkunde, Nr. 9—10, 75—76.

Геммерлинг Р. Р., Русский почвовед.

HEMMERLING, R. R. (1922), Russischer Bodenforscher. Nr. 4—5, 20—27.

Глинка К., Почвоведение. Москва и Труды почв. инст.

GLINKA, K. (1927), Bodenkunde. Arbeiten des Moskauer Instituts für Bodenkunde, Nr. 2, 199.

Гольдшмидт В. М., Сборник статей по геохимии редких элементов. (Перевод).

GOLDSCHMIDT, W. M. (1938), Zusammengefaßte Artikel über die Geochemie der Spurenelemente (Übersetzung).

Гордянин, Труды Об-ва естеств. при Казанск. ун-те.

GORDJANIN (1900), Arbeiten der Gesellschaft für Bodenkunde der Universität Kasan **34**.

Грабовская О. А. и Роде А. А., Почвы центральной части Валдайской возвышенности. Тр. ИП—АН.

GRABOWSKAJA, O. A., und RHODE, A. A. (1934), Böden des Mittelteils der Waldaj-Höhen, Arb. d. Inst. d. Ak. d. Wiss. d. UdSSR, **10**, Heft 1, Leningrad.

Данилова В. В., К геохимии рассеянного фтора, 1, Труды Биогеохим. лаб. АН СССР.

DANILOWA, W. W. (1944), Zur Geochemie des Spuren-Fluors. Arbeiten des Biogeochemischen Laboratoriums der Akademie der Wissenschaft der UdSSR, **7**, 76—82.

Докучаев В. В., Ход и главнейшие результаты предпринятого Вольным экономическим обществом исследования русского чернозема.

DOKUTSCHAJEW, W. W. (1881), Fortschritte und Hauptergebnisse bei Untersuchung der Schwarzerden durch die Freie Ökonomische Gesellschaft.

Драгомирова М. А., Содержание иода в питьевых водах. Труды Биогеохим. лаб. АН СССР.

DRAGOMIROWA, M. A. (1944), Jodgehalt des Trinkwassers. Arbeiten des Biogeochemischen Laboratoriums der Akademie der Wissenschaft der UdSSR, **7**, 5—18.

Драницын, Почвы западного Заангарья Енисейской губ. Труды Почв.-бот. эксп. по исслед. колон. р-ов Аз. России, ч. 1. Почв. исслед. 1910 г., в. 1.

DRANIZIN (1911), Böden der westlichen Saangarje im Jenissej-Gebiet, Arb. d. boden-bot. Exp. d. Erf. d. asiat. Geb. Rußlands, Bodenunters. 1910, Teil 1.

Жолцинский И. П., Журнал опытной агрономии.

SCHOLZINSKIJ, J. P. (1908), Zeitschrift für landw. Versuchswesen, **9**, 154.

Жорихов Е. А., Социалистич. сельск. хозяйство.

SCHORICHOW, E. A. (1939), Sozialistische Landwirtschaft, Nr. 3—4, 44.

Имшенецкий, Кубанские степи. Рост./Дон., 70.

IMSCHENEZKIJ (1924), Die Kuban-Steppen, 70.

Иванов Д. Н., Количественное определение меди в почвах спектральным методом. Почвоведение.

IWANOW, D. N. (1939), Spektralanalytische Bestimmungen über den Kupfergehalt des Bodens. Bodenkunde Nr. 11, 94.

Иванов Д. Н. и Седлецкий И. Д., К освоению торфяноболотных почв. Почвоведение.

IWANOW, D. N., und SEDLEZKIJ, J. D. (1946), Zur Erforschung der Moorböden. Bodenkunde Nr. 12, 745.

Иванова Е. Н. и Копосов Н. А., Почвы Хибинских тундр, часть II, СОПС. АН СССР, серия Кольская.

IWANOWA, E. N., und KOPOSSOW, N. A. (1937), Böden der Chibinsk-Tundra, II. Teil, Heft 13, 1—78.

Каминская Ш. Е., Титан в главных зональных почвах Европейской части СССР. ДАН. СССР.

KAMINSKAJA, S. E. (1941), Titan im Boden des europäischen Teils der UdSSR. Akademie der Wissenschaft der UdSSR, **33**, Nr. 1, 50—53.

Каталымов М. В., Значение бора в земледелии СССР. М.

KATALIMOW, M. W. (1948), Über die Bedeutung des Bors in der Landwirtschaft der UdSSR, Moskau.

Кирсанов А. Т., Материалы к новой постановке известкования. II. Роль Al, Fe и Mn в плодородии подзолистых почв и учет ее при известковании. Труды Почв. ин-та им. В. В. Докучаева АН СССР.

KIRSSANOW, A. T. (1940), Die Rolle der Al, Fe und Mn für die Fruchtbarkeit der Podsole und ihre Bedeutung für die Kalkung, Arb. d. Inst. f. Bod. d. Ak. d. Wiss. d. UdSSR, **21**, 7—33.

Коссович П. С. и Красюк А. А., Исследование почв земельных угодий Вологодского молочно-хоз. ин-та. Сообщ. Бюро по зем. и почв. Уч. ком. ГУЗ т. 3 № XIV, Спб.

KOSSOWITSCH, P. S., und KRASSJUK, A. A. (1914), Untersuchung der Böden auf dem Gut des Instituts für Milchwirtschaft in Wologda, Band III, Nr. XIV.

Ковда В. А., Солонцы. Почвы СССР.

KOWDA, W. A. (1939), Solonetz-Böden der UdSSR, Band I, 299—348.

Ковальский В. В. и Чебаевская В. С., Значение кобальта в питании романовской овцы. Докл. Всес. акад. с.-х. наук им. В. И. Ленина.

KOWALSKIJ, W. W., und TSCHEBAJEWSKAJA, W. S. (1949), Über die Bedeutung von Kobalt in der Fütterung der Schafe. Referat der Akademie der Wissenschaft der Landwirtschaft „W. I. Lenin", Ausgabe 2, 45—48.

Круглова Е. К., О действии борных и марганцевых удобрений на урожай хлопчатника в условиях Средней Азии. Применение микроудобрений ВАСХНиЛ.

KRUGLOWA, E. K. (1941), Über Einwirkung von bor- und manganhaltigen Düngemitteln auf den Baumwoll-Ertrag in Mittelasien, D. Anw. d. Mikrodüng. ВАСХНиЛ, 81—94.

Левин Ф. И., Перемещение Si, Al, Fe и Mn в профиле южных черноземов. Вестник Моск. ун-та.

LEWIN, F. J. (1947), Wanderung von Si, Al, Fe und Mn in den Profilen der Schwarzerden des Südens. Bericht der Moskauer Universität Nr. 5, 121.

Малюга Д. П., К вопросу о содержании кобальта, никеля и меди в почвах. ДАН СССР.

MALJUGA, D. P. (1944), Über die Frage des Kobalt-, Nickel- und Kupfergehalts des Bodens. Akademie der Wissenschaft der UdSSR, 43, Nr. 5, 216—220.

Малюга Д. П., К геохимии рассеянных никеля и кобалтьта в биосфере. Труды Биогеохим. лаб. АН СССР.

MALJUGA, D. P. (1946), Zur Geochemie der Spuren von Nickel und Kobalt in der Biosphäre. Arbeiten des Biogeochemischen Laboratoriums der Akademie der Wissenschaft der UdSSR, 8, 73—142.

Набоких А. Н., Светлосерые подзолистые суглинки лесостепи. Зап. Имп. Об-ва с.-х. Южн. России. Одесса.

NABOKICH, A. N. (1913), Hellgrauer podsolierter Geschiebelehm der Waldsteppe. Odessa.

Никитина А. И., О бурых лесных почвах горного Таджикистана. Труды почв. инст.

NIKITINA, A. J., Über graubraune Waldböden des Gebirgs-Tadschikistan. Arbeiten des Instituts für Bodenkunde, XXVIII, 196.

Ногина И. А., Влияние пород на подзолообразование в горной части ср. Урала. Труды почв. инст.

NOGINA, J. A. (1948), Einwirkung des Gesteins auf die Podsolierung des Gebirgsteiles des Ural. Arbeiten des Instituts für Bodenkunde, Band XXVIII, 105.

Огнев Г. Н., Почвы участка Петергофского н.-иссл. ин-та. Труды ИП — АН.

OGNEW, G. N. (1927), Böden des Petershofer Grundstücks des Versuchs-Instituts. Arbeiten des Instituts der Akademie der Wissenschaft der UdSSR, Ausgabe 2, 254—285, Leningrad.

Остряков А. Н., К познанию латеритных почв.

OSSTRJAKOW, A. N., Zur Erforschung der Laterite, Teil II, Kasan.

Павлов Е. Ф., Поглощенный марганец. Изв. Горского с.-х. ин-та.

PAWLOW, E. F. (1933), Adsorbiertes Mangan. Berichte des Gebirgslandwirtschaftlichen Instituts II (8). Ausgabe 2, 3—32,

Пейве Я. В. и Айзупиете И. П., О содержании кобалтьта в почвах Латвийской ССР. Latvijas PSR Zinātnu Akad. Vēstis, Nr. 5 (22).

PEIWE, JA. W., und AYSUPJETE, J. P. (1949), Über den Kobaltgehalt im Boden der Lettischen SSR.

Полынов Б. Б., Пески Донецк. отл. их почвы ... Труды почв. инст.

POLYNOW, B. B. (1927), Sande der Don-Ablagerungen und ihre Böden. Arbeiten des Instituts für Bodenkunde, 2.

Полынов Б. Б. и Лисовский (1930). Матер. Ком. исслед. Монг. и Тувинск. Нар. Респ. и Бурят-Монг. АССР, 9, 3.

POLYMOW B. B. und LISSOWSKI (1930), Materielle Gemeinde-Untersuchungen in den Tuwinski und Burjato-Mongol. Volksrepubliken. ASSR 9, 3.

Полынов Б. Б. и Тумилович Л., Титан в коре выветривания. Сборник акад. В. И. Вернадскому к 50-летию научной и педагогич. деят., 1.

POLYNOW, B. B., und TUMILOWITSCH, L. (1936), Titan in der Verwitterungsrinde. Gewidmet dem Akademiemitglied W.G.Wernadskij zum 50. Jubiläum der wissenschaftlichen Tätigkeit.

Пономарев Г. М. и Седлецкий И. Д., О генезисе почв черноземного и солонцового рядов в Черниговской лесостепи. Труды Почв. ин-та АН СССР.

PONOMARJEW, G. M., und SEDLEZKIJ, J. D. (1940), Über Herkunft der Schwarzerden und Solonetze der Waldsteppe im Tschernigow-Bezirk. Arbeiten der Akademie der Wissenschaft der UdSSR, **24**, 243—308.

Пономарев Г. М. и Антипов-Каратаев И. Н., Почвы степных типов etc. Труды Почв. инст.

PONOMARJEW, G. M., und ANTIPOW-KARATAJEW, J. N. (1947), Bodentypen der Steppe. Arbeiten des Instituts für Bodenkunde XXV, 29.

Порфирьев Н. А., Титан в почвах Татреспублики Сб. научн. статей Казанск. ин-та с. х. и лесоводства.

PORFIRJEW, N. A. (1925), Titan im Boden der Tatarischen SSR. Institut der Landwirtschaft in Kasan, Ausgabe 1, 33.

Порфирьев Н. А. и Троицкая К. В., К вопросу о нахождении никеля в некоторых типах почв. Уч. зап. Казанск. Гос. ун-та.

PORFIRJEW, N. A., und TROITZKAJA, K. W. (1937), Über die Frage des Nickelgehalts mancher Bodentypen. Ausgabe der Universität in Kasan, **97**, Nr. 1, 51—66.

Прасолов Л. И, Чернозем как тип почвообразования, Почвы СССР, т. I, 225—260. и Труды Почв. инст., XXV, 5 (1947).

PRASSOLOW, L. J. (1939), Schwarzerde als Bodenbildung. Arbeiten des Instituts für Bodenkunde, Band I, 225—260.

Прасолов Л И. и Антипов-Каратаев И. Н., Каштановые почвы. Почвы СССР.

PRASSOLOW, L. J., und ANTIPOW-KARATAJEW, J. N. (1939), Kastanienbraune Böden, Band I, 261—298.

Ремезов Н. П., Почвенный покров Долгопрудного опытного поля Тр. НИУ.

REMESOW, N. P. (1925), Bodenprofil des Versuchsfeldes Dolgoprudnoje. Ausgabe 30, Moskau.

Ремезов Н. П. и Голубев И. Ф., Почвенный покров Люберецкого опытного поля. Тр. НИУ.

REMESOW, N. P., und GOLUBJEW, J. F. (1930), Bodenprofil des Versuchsfeldes Ljuberezkoje. Ausgabe 77, Moskau.

Роде А. А., Подзолообразовательный процесс. Изд. АН СССР.

RHODE, A. A. (1937), Podsolierung. Akademie der Wissenschaft der UdSSR, Moskau.

Розанов А. Н. и Рашевская И. М., Результаты общего и пофракционного изучения химического состава светлых сероземов. Труды Почва. ин-та АН СССР.

ROSANOW, A. N., und RASCHEWSKAJA, J. M. (1948), Ergebnisse der allgemeinen und speziellen Untersuchung der chemischen Zusammensetzung der hellen Grauerden. Arbeiten des Instituts für Bodenkunde der Akademie der Wissenschaft der UdSSR, 29, 161 bis 178.

Самойлов Я. В. и Титов А. Г., Железомарганцевые желваки со дна Черного, Балтийского и Баренцова морей. Тр. Геол. и мин. музея, т. III, вып. 2, 1922.

SAMOJLOW, JA. W., und TITOW, A. G. (1917/18), Eisenmangan-Schlacke aus dem Meeresboden des Schwarzen Meeres, der Baltischen See und der Barent-See. Band III, Ausg. 2, 1922.

Седлецкий И. Д., Титан и коллоидно-дисперсные минералы зоны гипергенеза. Вопросы минералогии, геохимии и петрографии. Изд. АН СССР. М.

SEDLEZKIJ, J. D. (1946), Titan und die kolloiden Spuren-Mineralien in der Zone der Hypergenesis. Fragen über Mineralogie, Geochemie und Petrographie. Akademie der Wissenschaft der UdSSR, Moskau.

Седлецкий И. и Иванов Д., Распределение меди в главнейших типах почв Союза ССР. ДАН СССР.

SEDLEZKIJ, J., und IWANOW, D. (1941), Die Kupferverbreitung in den Haupttypen der Böden der UdSSR. Akademie der Wissenschaften der UdSSR, 30, Nr. 1, 51.

Селиванов Л. С. (1946), Геохимия и биогеохимия рассеянного брома. Тр. Биогеохим. лаб. АН СССР, 8, 5–72.

SELIWANOW, L. S. (1946), Geochemie und Biochemie der Spuren des Broms. Akademie der Wissenschaften der UdSSR, 8, 5–72.

Синякова С. И., Содержание бора в почвах СССР. Труды Биогеохим. лаб. АН СССР.

SINJAKOWA, S. J. (1939), Borgehalt des Bodens der UdSSR. Arbeiten des Biogeochemischen Laboratoriums der Akademie der Wissenschaften der UdSSR, 5, 151–159.

Синякова С. И., О распространенности свинца в почвах. ДАН СССР.

SINJAKOWA, S. J. (1945), Über die Verbreitung von Blei im Boden. Akademie der Wissenschaften der UdSSR, 48, Nr. 9, 677–679.

Синягин И. Н., Микроэлементы в почвах сероземной зоны. Проблемы Совесткого почвоведения.

SINJAGIN, J. N. (1946), Mikroelemente im Boden der Zone der Grauerden. Das Problem der sowjetischen Bodenkunde, Nr. 14, 125–137.

Смирнов И. И., Аналитические материалы по изучению почв опытных полей сети опытн. учр. Уральской обл. Пермск. с.-х. опытн. ст. Результ. раб. агрох. отд. за 1926 г. Пермь.

SMIRNOW, J. J. (1927), Analytisches Material über Untersuchung der Böden der Versuchsfelder in den Ural- und Perm-Gebieten. Ber. d. agrotech. Abt., 1926, Perm.

Соколовский, Грунтознавство, стр. 302. Харьков.

SOKOLOWSKIJ (1933), Die Lehre über den Untergrund. S. 302, Charkow.

Тюрин И. В., Песчаные почвы сосновых боров Казани. Вестн. Каз. обл. с.-х. опытн. ст., № 1-2, Казань.

TJURIN, J. W. (1922), Sandige Böden der Fichtenwälder im Kasan-Bezirk. Nr. 1–2, Kasan.

Тюрин И. В., Почвы Казанской обл. с.-х. опытн. ст. Бюлл. № 3 Каз. обл. с.-х. опыт. ст., Казань.

TJURIN, J. W. (1925), Böden des Kasan-Bezirks. Nr. 3, Kasan.

Толмачев Ю. М. и Филиппов А. Н., О нахождении Li, Rb и Cs в базальтах, гранитах, полевых шпатах и глинистых сланцах. Сб. академику В. И. Вернадскому к 50-летию научной и педагогической деятельности, 1.

TOLMATSCHEW, J. M., und FILIPPOW, A. N. (1936), Über das Vorkommen von Li, Rb und Cs im Basalt, Granit, Feldspat und lehmigen Schiefer. Zum 50. Jubiläum von W. Wernadskij. 1.

Тумин Г., Материалы к оценке земель Смоленской губ., 4, 5, 65. Смоленск.

TUMIN, G. (1909), Das Material zur Schätzung der Böden des Smolensk-Gouvernements, 4, 5, 65, Smolensk.

Ферсман А. Е., Геохимия

FERSMANN, A. E. (1933), Geochemie, Band I–IV.

Хализев А. А., Химические стимулянты (Mn, B, Zn и As). М

CHALISEW, A. A. (1934), Chemische Stimulantien (Mn, B, Zn und As), Moskau.

Цейтлин С. Г., Содержание бора в различных почвенных горизонтах и растениях. Труды Биогеохим лаб. АН СССР, 5, 161–169.

ZEITLIN, S. G. (1939), Der Borgehalt verschiedener Bodenhorizonte und Pflanzen. Arbeiten des Biogeochemischen Laboratoriums der Akademie der Wissenschaften der UdSSR, 5, 161–169.

Цейтлин С. Г., Содержание радиоактивных элементов в некоторых почвах Крымского полуострова. Труды Биогеохим. лаб. АН СССР.

Zeitlin, S. G. (1944), Der Gehalt an radioaktiven Elementen mancher Bodentypen der Krim. Arbeiten des Biogeochemischen Laboratoriums der Akademie der Wissenschaften der UdSSR, Band **7**, 128.

Ярилова Е. А., Исследования в области миграции в почвах. Сообщение 1. Окислительно-восстановительные и щелочно-кислотные условия существования марганца. Труды почв. ин-та им. В. В. Докучаева и Нижневолгопроекта Наркомзема СССР.

Jarilowa, E. A. (1940), Untersuchungen auf dem Gebiet der Anreicherung des Bodens, Bericht Nr. 1: Oxydation-Potentiale unter mangan-alkalischen und sauren Bedingungen Arbeiten des Instituts für Bodenkunde von W. Dokutschajew der UdSSR, XXIV.

Adolph, W. H., a. F. J. Prochaska (1929), An Iodine Survey of Nebraska. The Journ. of the Amer. Medic. Assoc., **92**, No 14, 2158.

Akhurst, C. G. (1933), A note on manganese in Malayan Soils. J. Rubber Res. Inst. Malaya, **5**, No 1, 29–34.

Alben, A. O., a. Boggs, H. M. (1936), Zinc content of soils in relation to pecan rosette. Soil Sci., **41**, No 5, 329.

Allison, R. V., a. Gaddum, L. W. (1940), The trace element content of some important soils a comparison. Proc. Soil Sci. Soc. Florida, **2**, 68–91.

Angel Hoyos de Castro (1945), The presence of Ti in soils from the Canary Islands. Anales fis. y. quim (Madrid), **41**, 1067–70.

Ancizar-Sordo, Jorge (1947), Occurrence of Selenium in Soils and plants of Colombia, South America. Soil Sci., **63**, No 6, 437–438.

Askew, H. O. (1930), Titanium in some New Zealand Soils and Pastures. New Zealand J. Sci. a. Techn., **12**, No 3, 173–179.

Askew, H. O. (1935), The New Zealand J. of Sci. a. Technol., **17**, 102.

Askew, H. O., a. Dixon, J. K. (1936), New Zealand J. Sci. Technol., **18**, 73 (84).

Atkinson, H. J., a. Wright, L. E. (1942), Studies on some Raspberry soils of British Columbia. Sci. Agr., **22**, 287.

Babička, J. (1942), Gold in Lebewesen. Mikrochemie, XXXI/4, 201–253.

Bălanescu, S. (1939), Jodine content of the soil. Analete Inst. Cercetări Agron. Roumănici, **11**, 314–319.

Balks, R. (1935), Untersuchungen zur Jodfrage in Westfalen. Landwirtschaftliche Jahrbücher, B. 81, H. 6.

Barshad, I. (1948), Molybdenium content of pasture plants in relation to toxitity to cattle. Soil Sci., **66**, No 3, 187–197.

Beath, O. A. (1936), Selenium in native range plants occurring on soils derived from Permian or Triassic sediments. Science, **83**, 104.

Beath, O. A. (1943), Toxic vegetation growing on the salt wash sandstone member of the Morrison formation. Amer. J. of Botany. **30**, 698–707.

Beath, O. A., Draize, J. H., Eppson, H. F., Gilbert, C. S., McCreary, O. C. (1934), Certain poisonous plants of Wyoming activated by selenium and their association with respect to soil types. Journ. of the Americ. Pharmac., **23**, No 2.

Beath, O. A., Eppson, H. F., a. Gilbert, C. S. (1935), Univ. Wyo. Agr. Expt. Sta. Bull., 206.

Beath, O. A., Eppson, H. F., a. Gilbert, C. S. (1937), Selenium distribution in a seasonal variation of type vegetation occurring on seleniferous soils. J. Amer. Pharm. Assoc., **26**, 394–405.

Beath, O. A., a. Gilbert, C. S. (1936), Selenium bearing vegetation during late cretaceous time. Science, **84**, No 2187, 484.

Beath, O. A., Gilbert, C. S., a. Eppson, H. F. (1937), Selenium in soils and vegetation associated with rocks of permian and triassic age. Amer. Journ. of Botany, **24**, No 2, 96.

Beath, O. A., Hagner, A. F., a. Gilbert, C. S. (1946), Some rocks and soils of high selenium content. Geol. Survey Wyoming, Bull., No 36, 1–23.

BECK, J. (1930), Beiträge zum Studium der Bindung der Jods im Boden. Zs. f. Pflanzenernähr., Düngung u. Bodenkunde, **16**, H. 1/2, 57.

BECK, J., a. SCHLACHT, K. (1930), Über die Verteilung des Jods in einigen klimat. Bodentypen. Zs. Pflanzenernähr. u. Düngung, **18** [A], 274.

BEESON, K. C. (1941), (Montana goitrous Soils). U. St. Dept. Agr. Misc. Publ., 369, p. 19.

BENGTSSON, B., KARLSSON, N., a. SANTE MATTSON (1943), The pedography of Hydrolytic soil, series IV. The distribution of Si, Al, Fe, Ti, Mn, Ca and Mg in the podzol of Unden and the brown earth of Dala. Lantbruks Högskolans Ann. 11, 172—189.

BENNETT, H., a. ALLISON, R. (1928), The soils of Cuba.

BENSON, W. N., a. CARTER, C. L. (1927), The geological distribution of iodine in the soils and natural waters of New Zealand. Amer. J. of Sci., **14**, No 79, 39.

BERTRAND, G. (1924), Sur le dosage des différentes formes du Mn contenues dans la terre arable. Bull. Soc. Chim. Biol., **35**, 522.

BERTRAND, G., a. BERTRAND, D. (1948), Sur la présence et le dosage du rubidium dans les terres arables. Ann. Agron., **18**, 1—3.

BERTRAND, G., et BERTRAND, D. (1949), Sur la présence et la teneur en césium des terres arables. C. r., p. 533.

BERTRAND, G., et MOKRAGNATZ, M. (1925), Sur la présence générale du nickel et du cobalt dans la terre arable. Bull. Soc. Chim. France, **4**, 37, 326.

BERTRAND, G., et SILBERSTEIN, L. (1928), Sur la présence ordinaire du Ba et probablement du Sr dans la terre arable. Bull. Soc. Chim., France, (4), **43**, 372.

BERTRAND, G., et YÔNOSUKE OKODA (1933), Sur l'existance du Pb dans la terre arable. Bull. Soc. Chim. France, (4), 53, 617.

BERTRAND, G., a. SILERSTEIN, L. (1939), Sur la teneur du sol en bore. C. r. **208**, **1453-1455**.

BERTRAND, D. (1940), Sur la diffusion du molybdène dans la terre arable et dans l'eau de mer. C. r., **211**, No 18, 406—408.

BERTRAND, D. (1942), Distribution du vanadium dans la terre arable. Bull. Soc. Chim., **9**, 133—135.

BIRRELL, K. S., SEELYE, F. F., a. GRANGE, L. J. (1939), Chromium in the soils of western Samoa and Nine Island. New Zealand J. Sci. a. Technol., **21**, A, 91—95.

BIRRELL, K. S., a. WRIGHT, A. C. S. (1945), A serpentine soil in New Caledonia. New Zealand J. Sci. a. Technol. **27** A, 72—76.

BLAIR, A. W., a. PRINCE, A. L. (1936), Manganese in New Jersey soils. Soil Sci., **42**, No 5, 327—334.

BLEYER, B. (1925), Zur Kenntnis des Jods als biogenes Element. I. Biochem. Zs., **170**, 370.

BOGGS, H., a. ALBEN, A. (1936), Determination of Zn in soils. J. Ind. Eng. Chem., Anal. Ed., 8, No 2, 97.

BONAME, P. (1909), Manganese in soils and plants. Sta. Agron. Mauritius Bul., **20**, 30—34.

BRUN, T. S. (1945), Bergens Museums Årbok Naturv. Rekke, No 6, 21.

BRYAN, O. C., a. BECKER, R. B. (1935), The mineral content of soil types as related to «salt sick» of cattle. J. Amer. Soc. of Agron., **27**, 123.

BRYNILDSEN, A. K. (1915), Determination of manganese in soils. Tid. skrift Kem. Farm. Terapi, **12**, 317—323.

BYERS, H. G. (1934), Selenium, Vanadium, Chromium and Arsenic in one soil. Ind. Eng. Chem., **12**, 122.

BYERS, H. G. (1935), Selenium occurrence in certain soils in the United States with a discussion of related topics. U. St. Dept. Agr. Techn. Bull., **428**, 1—48.

BYERS, H. G. (1936), Selenium Occurrence in certain soils in the United States with a discussicon of related topics. II. U. St. Dept. Agr., Techn. Bull., **530**, 78.

BYERS, H. G. (1936), The origin, distribution and effects of selenium. Soil Sci., Soc. Amer. Proc., **1**, 327.

BYERS, H. G., a. LAKIN, H. W. (1939), Selenium in Canada. Canad. J. of Research, **17**, No 11, 364.

BYERS, H. G., MILLER, J. T., WILLIAMS, K. T., a. LAKIN, H. W. (1938), Selenium occurrence in certain soils in the United States with a discussion of related topics. III. U. St. Dept. Agr., Techn. Bull., **601**, 1—74.

BYERS, H. G., WILLIAMS, K.-T., a. LAKIN, H. W. (1936), Selenium in Hawaii and its probable source in the United States. Ind. Eng. Chem., **28**, No 7, 821.

CARLYLE, E. C. (1931), Manganese in Texas soils and its relation to crops. Texas Sta. Bul., **432**, 37.

CARRIGAN, R. A., a. ROGERS, L. H. (1940), The trace element content of certain Florida Soils and related plant materials. Proc. Soil. Sci. Soc. Florida, **2**, 92, 92—103.

CARR, R. H., a. BREWER, P. H. (1923), Manganese, Aluminium and Iron ratio as related to soil toxicity. Ind. Eng. Chem., **15**, No 6, 634—637.

CASTRODE, A. H. (1945), La presencia de titana en sullos de las Islas Canarias Anales de fis. y quim t. XLI, 1067.

CAUER, H. (1939), Schwankungen der Jodmenge der Luft in Mitteleuropa, deren Ursache und deren Bedeutung für den Jodgehalt unserer Nahrung. Beihefte Z. angew. Chem., Nr. 34.

CHATIN, A. (1851), Recherches sur l'iode dans l'air, les eaux, le sol et les produits alimentaires des Alpes de la France et du Piémont. C. r. Acad. Sci., **35**, 529.

CHATIN, A. (1854), Recherches de l'iode dans l'air, les eaux, le sol et les produits alimentaires du Jura, du Valais, de la Lombardie, de l'Allemagne et de la Belgique. C. r. Acad. Sci., **38**, 83.

CLAFFY, E. W. (1947), Spectrochemical analysis of rocks and minerals. Amer. J. of Sci., **245**, No 1, 35.

CLARKE, F. W. (1924), The Data of Geochemistry. W.

COLEMAN, R. (1945), Boron content of Mississippi soils and plants. Better Crops with Plant Food, **29**, No 6, 11—13, 42—43.

CONNER, S. D. (1932), Factors affecting manganese availability in soil. J. Amer. Soc. Agron., **24**, No 9, 726—733.

CONTINO, A. (1911), The manganese content of Italian soils. Staz. Sper. Agr. Ital., **33**, No 1, 51—55.

COOK, F. C., a. WILSON, J. B. (1918), Boron and its effect on crops and its distribution in plants and soils in different parts of the United States. J. of Agric. Res., **13**, No 9, 451.

COPEMAN (1945—46), Determination of As in soils Union. South Africa. Dept. Agr. Sci. Bull., **252**, 5.

CORNER, H. H., a. SMITH, A. M. (1938), The influence of Co on pine disease in Sheep. Biochem. J., **32**, 1800.

CRAIG, N. (1935), Base-Exchange relations in Mauritius soils. Dept. Agr. Mauritius, Sugar Cane Research Sta. Bul. **9**, 25.

DAVIDSON, A. M. M., a. MITCHELL, R. L., (1940) The determination of cobalt and chromium in soils. J. Soc. Chem. Ind., **59**, 232—235.

DAVIES, E. B. (1945), Molybdenum deficiency in New Zealand. Nature, **156**, 392—393.

DEAN, L. A., a. TAÑADA (1940), Soil boron studies. Hawaii Agr. Expt. Sta., Ann. Rept., **34** (Pub. 1941).

DE LONG, W. A., SUTHERLAND, A. J., a. SALISBURY, H. F. (1940), Seasonal changes in easily soluble manganese in Appalachian podzol soil. Sci. Agr., **21**, 89—91.

DE TURK, E. E., a. OLSON, L. C. (1941), Determination of boron in some soils of Illinois and Georgia. Soil Sci., **52**, No 5, 351—357.

DINGWALL, A., a. BEANS, H. T. (1934), Studies in chromium. III. The occurrence of chromium in certain soils and plants in the Province of Quebec. J. Am. Chem. Soc., **56**, 1666.

DION, H. G., a. MANN, P. J. G. (1946), Threevalent manganese in soils. The Journ. of agric. Sci., **36**, part 3, 239—245.

DIXON, J. K. (1936), New Zealand J. Sci. a. Technol., **17**, 600.

DOHERTY, M. W. (1898), Australian Assoc. Ad. Sci. Rpt., 339.
DROSDOFF, M. a. NIKIFOROFF, C. C. (1940), Iron-manganese concretions in Dayton soils. Soil Sci., **49**, No 5, 333—347.
DUFILHO, E. (1936), Dosage de l'arsenic dans les terres. Bull. Soc. Pharm. Bordeaux, p. 22.
DULUGEA (1914), Le mangane dans le sol de la Roumania, 74.
DUMARESQ, J. A. (1943), Cm. Russell.
DUNN, J. T. a. BLOSCAM, H. C. L. (1932), The presence of lead in the herbage and soil. J. Soc. Chem. Ind., **51**, No 12, 100.
DUNNINGTON, F. B. (1891), Distribution of titanic oxide upon the surface of the earth. Am. J. Sci., **42**, 491.

EATON, F. M., a. WILCOX, L. V. (1939), The behavior of boron in soils. U. St. Dept. Agr. Techn. Bull., **696**, 57.
EDELMAN, C. H. (1939), De Voorziening van de Planten met Borium en het Cyclische Zaut. Landbouwk. Tijdschr., **51**, 650.
ENDREDY, ENDRE (1940), The exchangeable-manganese Content of Soils. Math.-naturw. Anz. Ungar. Akad. Wiss., **59**, 290—297.
ENGELHARDT (1936), Die Geochemie des Bariums. Chemie der Erde, **10**, 187—246.
ERGLE, D. R. (1940), Jodine content of some Texas soils. Soil Sci., **49**, No 5, 361—369.

FAILYER, G. H. (1910), Ba in soils. U. St. Dept. Agr. Bur., Soils Bull., **72**, 23.
FELLENBERG, TH. v. (1924), VII. Mitt. Über den Jodgehalt der Gesteine, der geologischen Formationen und der Mineralien und über die Bedingungen der Jodanreicherung in Erden. Bioch. Zs., **152**, 153.
FELLENBERG, TH. v. (1930), Über den Arsengehalt natürlicher und mit Arsenpräparaten behandelter Lebensmittel. Bioch. Zs., **218**, 300.
FERGUSON, W. S., LEWIS, A. H., a. WATTSON, S. J. (1940), Jealott's Hill. Res. Stat. Bull., No 1.
FORCHHAMMER, I. (1865), Pogg. Ann., **95**, 90.
FRAPS, G. S., a. FUDGE, J. F. (1940), Estimation of iodine in soils, plant material a. waters. J. Assoc. Official. Agr. Chemists, **23**, No 1, 164.
FRICKE, E. F. (1944), Mo-deficiency. Tasmanian J. Agr., **15**, 65—70.
FUJIMOTO, C. K., a. SHERMAN, G. D. (1946), The effect of drying, heating and wetting on the level of exchangeable manganese in Hawaiian soils. Soil. Sci. Soc. Amer. Proc. (1945), **10**, 107—112.
FUJIMOTO, CHARLES K., a. SHERMAN, G. DONALD (1948), Behavior of manganese cycle. Soil. Sci., **66**, No 2, 131—146.

GARDINER, J. G. (1940), CM. DENNIS, A. S., a. DENNIS, R. W. G., Boron a. Plant Life, **5**, 1943.
GAUD, M., CHARNOT, A., LANGLAIS, A. C. (1934), Le darmous humain. Bull. Inst. Hyg. Maroc., No 1—11, 5.
GAUS, W., und GRIESSBACH, R. (1929), Jod und Landwirtschaft. Zs. Pflanzenernähr., Düngung u. Bodenkunde, A **13**, 321.
GEILMANN (1920), Über die Verbreitung des Ti in Böden und Pflanzen. J. f. Landwirtsch., **68**, 107.
GEMMELL, G. D. (1946), Fluorine in New Zealand soils. New Zealand J. Sci. Technol., **27** B, 302—306.
GHANI, M. O., a. FAZLUL, A. K., M. HAQUE (1945), Boron status of some Bengal soils. Indian J. Agr. Sci., **15**, 257—262.
GISIGER, L. (1935), Der Mangangehalt der Böden und sein Einfluß auf die p_H-Bestimmung mit der Chinhydronelektrode. Landw. Jahrb. Schweiz, 735—748.
GREAVES, J. E. (1912—1913), The occurence of arsenic in soils. Biochem. Bull., II, No 5—8.
GREAVES, J. E. (1934), The arsenic content of soils. Soil Sci., **38**, 355.
GREAVES, J. E., a. ANDERSEN, A. (1936), Influence of soil and variety on the copper content of grains. J. Nutrition, **11**, 111—118.

GRIESSBACH, R., WOLFEN, I. G. Farbenindustrie (1929), Verteilung und Kreislauf des Jodes in ihrer Bedeutung für den Ackerboden. Ergebn. d. Agrikulturchemie, 1, 17–52.
GRIMMETT, R. E. R. (1939), Arsenical spots of Stock Poisoning at Reporoa. New Zealand J. Agr., 58, 383–391.
GRIMMETT, R. E. R., MC. INTOSH, FITCH, L. W. N., WALL, E. M., a. JONES, G. B. (1939), Occurrence of arsenic in soils and waters in the Waiotapu Valley and its relation to stock health. New Zealand. J. Sci. Technol., 21, No 3 A, 137 A–160 A.
GRUNNER (1910), Landwirt. Jahrb., 40, 517.
GUELBENZU, M. D., RUIZ, A. S., a. AZCONA, J. M. L. (1944), Estudio espectroquimico de algunos suelos espanoles. An. Inst. Edafol. Ecol. Fisiol. Veg., 3, 301.

HAAS, A. R. C. (1944), B in the palms and soils of date gardens in the Coachella Valley of southern California. Proc. Am. Soc. Hort. Sci., 44, 34–42.
HALL, A. L. (1938), Analyses of rocks, minerals etc., Pretoria.
HAMPL, J. (1931), Estimation of titanium in Moravian soils. Bull. Czech. Acad. Agric., 7, 924–928.
HARMER, P. M. (1942), The occurrence and correction of unproductive alkaline organic soils. Soil Sci., Soc. Amer. Proc., 7, 378–386 (Pub. 1943).
HARRASSOWITZ, H. (1926), Laterit. Geol. Paläontol., 4, 253.
HARRASSOWITZ (1930), Böden der tropischen Regionen. Handb. d. Bodenlehre (Blanck), III.
HARVEY, R. I. (1937), The Denmark Wasting Disease cobalt status of some West Australian soils. J. Dept. Agr. W. Australia, 14, 386–392.
HASLES, A. (1942), The boron content of soils and rocks. Landw. Jahrb. Schweiz, 56, 486 bis 498.
HASLER, A. (1943), Retention of Cu in soil. Mitt. Lebensm. Hyg., 34, No 1/2, 79–90.
HEADDEN, W. P. (1910), The occurrence of arsenic in soils, plants, fruits and animals. Proceed. of the Colorado Scient., Soc. IX, 345–360.
HEINTZE, S. G. (1938), Readily soluble manganese of soils and marsh spot of peas. J. Agric. Sci., 28, p. 2, 175–186.
HELBIG (1914), Naturw. Zeits. Fors. u. Landw., 12, 385.
HERCUS, C. E., AITKEN, THOMPSON, a. COX (1931), J. of Hyg. 31, 493.
HERCUS, C. E., BENSON, W. N., a. CARTER, C. L. (1925), Endemic Goitre in New Zealand and its relation to the soil iodine. J. of Hyg., 24, 321–402.
HERCUS und ROBERTS (1927), J. of Hyg., 26, 49.
HERRERA ALBAREDA, F. BURRIEL MUNOZ TABOADELA (1948), Anales Inst. espan. edafol. ecol. y fisiol. vegetal. (Madrid), 7, 439.
HERRMAN, R., a. LEDERLE, P. (1942), Methods for the determination of the trace elements in soils. II. The determination of chromium Bodenkunde u. Pflanzenernähr., 28, 291–324.
HEYMANN, J. A. (1925), Iodium in het waterleidingbedrif. Water en Gas, No 4.
HIBBARD, P. L. (1938), Estimation of Copper, Zinc and Cobalt (with Nickel) in soil Extracts-Dithisone methods particularly adapted to examination of soils. Ind. Eng. Chem., Anal. Ed., 10, 615–618.
HIBBARD, P. L. (1940), A soil zinc survey in California, Soil Sci., 49, No 1, 63–73.
HIBBARD, P. L. (1940), The chemical status of Zinc in the soil with method of Analysis. Hilgardia, 13, 1.
HIBBARD, P. L. (1943), Comparative amounts of Zn extracted from soils by a chemical solvent and by plants. Soil Sci., 56, 433–442.
HILGARD, E. W. (1892), Report on the relations of soils toclimate. Bull. No 3, U. S. Weather Bureau.
HIRAI, KEIZO (1937), Rarer elements in soils I. Vanadium contents in soils. J. Sci., of Soil and Manure, Japan, 11, No 3, 278–284.
HIRAI, KEIZO, a. BUICHIRO TAKAGI (1937), The iodine contents in the soils. Bul. Sci. Fakultat, Terkultura Kjusu Imp. Univ., 7, 245–253.

HIRAI, KEIZO a. BUICHIRO TAKAGI (1937), Certain rarer elements in soils. Bul. Sci. Fakultat, Terkultura, Kjusu Imp. Univ., 7, 239–244.

HIRAI, K., a. I. KANNO, Rarer elements in soils. II. J. Sci. of Soil and Manure, 282.

HOFFMANN, W. (1941), Vegetationsversuche mit Humus und Sandböden, ein weiterer Beitrag zur Frage des Kupfermangels als Ursache der Urbarmachungskrankheit. Bodenkunde u. Pflanzenernähr., **25,** 121–136.

HOLMES, R. S. (1943), Copper and zinc contents of certain. United states soils. Soil. Sci., **56,** 4–6, 359–370.

HOOGTEIJLING, P. J., a. SIZOO, G. J. (1948), Radioactivity and grain size of soil. Physica, **14,** No 2–3, 65–73.

HOON, R. C., a. DHAWAN, C. L. (1943), The occurrence and significance of trace elements in relation to soil determination. Indian J. Agr. Sci., **13,** 601–608.

HOPKINS, E. E., PAGAN, V., a. F. J. RAMIRES, SILVA (1944), Iron and its importance in Puerto Rico. J. Agr. Univ. Puerto Rico, **28,** No 2, 93–101.

HOPKIRK, C. S. M., DAYUS, C. V., SIMPSON, B. W., a. GRIMMETT, R. E. R. (1930), N. Z. J. Agric., **40,** 226.

HOUGH, G. (1937), Chemical and physical studies of certain hawaiian soil profiles. U. St. Dept. Agr. Technol. Bull., 584 u. 752 (1941).

ICHIKAWA, C. (1934), Manganese Compounds in Japanese soils. The relation of manganese Compounds to the fertility of the soil. J. Agric. Chem. Soc. Japan, **10,** 323–329.

ITANO, A., a. TUZI (1934), Proc. Imp. Acad. (Tokyo), **10,** 524.

ITANO, A., a. TUZI (1934), Investigation on the iodine contents in the soil in Japan, Journ. of the Sci. of Soil a. Manure, Japan, **8,** 417.

ITIKAWA, T. (1934), Investigation of the Mn and Ti composition of Manchurian Soils. J. Sci. Soil Tokyo, **8,** 285–296.

IYER, C. R., HARIHARA, a. RAJAGOPALAN, R. (1936), Determination of manganese in soils. J. INDIAN Inst. Sci., A **19,** Pt 7, 57–66.

JACOBSON, H. G. M., a. SWANBACK, T. R. (1932), Manganese content of certain Connecticut soils and As relation to the growth of Tobacco. J. Am. Soc. Agron., **24,** 237–245.

JOFFE, J. S., a. PUGH, A. J. (1934), Soil profile studies VI. Distribution of Titanium in soils with special reference to podsols. Soil Sci., **38,** 245–257.

JORDAN, J. V., a. POWERS, W. L. (1946), Status of boron in Oregon soils and plant nutrition. Soil Sci. Soc. Am. Proc., **11,** 324–331.

JONES, H. W. (1934), The occurrence and behavior of Zinc in soils. Florida Sta. Rept., pp. 47 bis 50, 91–93, 94.

JONES, J. S., a. HATCH, M. B. (1937), The significance of inorganic spray residue accumulations in orchard soils. Soil Sci., **44,** No 1, 37–65.

JOURISSEN a. PROST (1899), The presence of Zinc in the soil and the products of the soil from different parts of the Province of Liège. Bull. Assoc. Belge Chim., **16,** No 6, 272–278.

KAWAMURA (1934), Studies on the Soil collrids of our Country. J. Sci. Soil. a. Manure Japan, **8,** 406.

KELLEY, W. P. (1909), J. Ind. Eng. Chem., 533–535.

KELLEY, W. P., MCGEORGE, W. M., a. THOMPSON ALICE R. (1915), The soils of the Hawaiian Islands. Hawaii agric. experim. stat. Bull., No 40.

KELLEY, W. P., a. BROWN, S. M. (1928), Boron in the soils and Irrigation Waters of Southern California and its relation to Citrus and Walnut Culture. Hilgardia (California Sta.), **3,** No 16, 445–458.

KIDSON, E. B. (1937), Cobalt status of New Zealand soils. New Zealand J. Sci. a. Technol., **18,** No 9, 694–707.

KIDSON, E. B. (1938), Some factors influencing the cobalt contents of soils. J. Soc. Chem. Ind., **57,** 95, No 3.

KNIGHT, H. (1935), The selenium Problem. Assoc. of off. Agric. Chem., **18,** 1, 103.

KNIGHT, S. H., a. BEATH, O. A. (1937), The occurrence of selenium and seleniferous vegetation in Wyoming. Univ. of Wyoming Agr. Exp. Sta. Bull., No 221.

KOBLIE (1941), Vápenec 2 Jemnice na Morave obsahujici stroncium. Zpràvy geol. Ustavu-Cechy-Moravu, 17, 2–17.

KÖHLER, R. (1929), Zur Kenntnis des Jodes in Boden und Pflanzen. Zs. angew. Chem., **42**, 192.

KOMROFF, M. (1926), The travels of Marco Polo (The venetian), pp. 369, N. J.

KÔHN, M. (1949), Über den Jodgehalt von Böden usw. Zeit. f. Pflanz., Düngung u. Bodenkunde, 148.

KOPPOVA, A., u. DUCHOŇ, F. (1949), Sbornik Českoslov. Akad. Zemědčl 22 (Бор и йод в почвах).

KORINEK, J. (1936), The microflora of a natural copper soil. Mem. Soc. Sci. Boheme, **2**, 1–7.

KOVACK, E. M. (1944), An experimental study of the Rn content of soil gas. Trans. Am. Geophys. Union, 563–571.

KRÜGEL, C., DREYSPRINGT, C., u. LOTTHAMMER, R. (1941), Beitrag zum Borproblem. Zs. analyt. Chem., **123**, 15.

KRUL, W. (1933), The iodine content of Soil Solution as related to the hydrological history, Ingénieur, **48**, A, 216.

KRUMINS, K. I. (1931), Latvijas Universitates Raksti. Lauksaimniecibas facultates, ser. II, 2, S, 61–108.

LAHNER, ILSE (1939), Uran- und Thoriumbestimmungen an Kalken und Dolomiten und die Frage des radioaktiven Gleichgewichtes in diesen Gesteinen. Sitzungsberichte, Abt. IIa, 148, H. 3–4, 149.

LAKIN, H. W., WILLIAMS, K. T., a. BYERS, H. G. (1938), «Nontoxic» seleniferous soils. Ind. Eng. Chem., **30**, No 5, 599.

LAKIN, H. W., a. BYERS, H. G. (1941), Selenium occurrence in certain soils in the United States, with a discussion of related topics: 6-th report. U. St. Dept. Agr., Tech. Bull., **783**, 26.

LANDERGREN, S. (1945), Geochemistry of boron. I. Spectrochemical determination of boron in silicate rocks and sediments. Arkiv Kemi, Mineral, Geol., **19** A, No 25, 7.

LANDERGREN, STURE (1945), Contribution to the Geochemistry of boron. II. The distribution of boron in some swedish sediments, rocks, and iron ores. The boron cycle in the upper Lithosphere. Arkiv för Kemi, Mineralogi och Geologi, **19** A, No 26–31.

LEDERE, M. A. (1872), Manganese content of soils and plants. C. r., **75**, 1209–1214.

LEE, C. K. (1941), Chemical characteristics of some important soil types in China. J. Chinese Chem. Soc., **8**, 160–169 and Soil Sci. 1943, 55, 343.

LEEPER, G. W. (1947), The forms and reactions of manganese in the soil. Soil Sci., **63**, No 2, 79–95.

LEHMANN, K. B. (1896), Hygienische Studien über Kupfer. IV. Der Kupfergehalt von Pflanzen und Tieren in kupferreichen Gegenden. Arch. f. Hygiene. **27**, 1.

LEITMEIER, H., a. BARBER, H. (1947), Manganese content of some Tertiary soils in Austria. The chemistry of manganese. Monatsh., **77**, 264–281.

LEPAPE, Annal. Agronom., 1934–1935.

LEROUX, D. (1944), «Available» manganese in soil. C. r. Acad. Agric., **30**, 255–259.

LEWIS, A. H. (1943), The Teart pastures of Somerset. II. Relation between soil and Teartness. J. Agr. Sci., **33**, 52–57.

LILLIG, R. (1920), Pharm. Ztg., **55**, 500.

LOCKEMANN, G. (1929), Chemische Untersuchungen zur Haffkrankheit. Bioch. Ztg., **207**, 194.

LUCAS, ROBERT E. (1948), Chemical and physical behavior of copper in organic soils. Soil Sci., **66**, No 2, 119–130.

LUCHETTI, G. (1938), Ricerche sui terreni della zona boracifera di Larderello. Annali (già Bolletino) della Facoltà di Agraria della R. Università — Pisa Nuova Serie, I, 177 bis 196.

LUNDE, GULBRAND (1928), Über das Vorkommen des Platins in norwegischen Gesteinen und Mineralen. Zs. anorg. allg. Chem., **161**, Heft 1—2, B 172, 127, S. 16—102.

LUNDALAD, K., SVANBERG, O., a. IKMAN, P. (1949), The availallify a. fixaf von of cupper in Swedish Soils Plant a. Soil. I, 277.

LUNDEGÅRDH, H. (1948), Some aspects of the determination and distribution of zinc. Kgl. Lantbruks-Hogskol. Ann., **15**, 1—36.

MALAČ, B. (1931), Zur Frage des Titans in den mährischen Böden. I. Mittlg. Věstnik čsl. acad. zeměd. Prag., **7**, 665.

MANN, P. J. G., a. QUASTEL, J. H. (1946), Manganese metabolism in soils. Nature, **158**, 154 bis 156.

MANNS, T. F., a. R. RUSSELL (1935), Analysis of soils for Copper. Dep. Agr. Expt. Sta. Bull., **192** (Ann. Rep. 1934) 50—51.

MAQUENNE, L. et DEMOUSSY, E. (1920), Le cuivre dans la terre et les plantes. Bull. Soc. Chim. d. Fr. **27**, 266.

MARBUT, C. F. (1935), Soils of the United States. Atlas of Americ. Agricult.

MARSDEN, E., a. WATSON-MUNRO (1944), Radioactivity of New Zealand Soils a. rocks. New Zealand. J. Sci. Technol., **26**, 99—114.

MARSH, A. W., a. POWERS, W. L. (1945), Responses of plants to additions of manganese to some Oregon Soils. J. Am. Soc. Agron., **37**, 1—8.

MASON, E. (1933), Trans. Proc. Roy. Soc., N. Z., **63**, 373.

MAUNSELL, P. W. (1945), The cobalt content of some North Island (New Zealand) limestones. New Zealand J. Sci. Technol., (A) **27**, 42—44.

MAUFE, H. B. (1928), Cm. Hall.

MAZZOCCO, P. (1929), Teneur en iode de l'air, du sol, de l'eau et des aliments dans une région a goitre endémique. C. r. Séances Soc. Biol., C II.

MCDONALD, J. A., a. RODRIGUEZ (1935), The manganese content of West Indian Cacao soils. Imper. Coll. Trop. Agr. (Trinidad) 4-th Ann. Rpt. Cacao Res. 93—97.

MCGEORGE (1912), Ann. Repp. of the Hawaii Agr. Exp., 41.

MCCARRISON, R., NEWCOMB, C., VISWANATH, B., a. NORRIS, R. V. (1927), Relation of endemic goiter to the iodine content of soil and drinking water. Ind. J. Med. Res., **15**, 207.

MCHARGUE, J. S. (1913), The occurrence of Barium in tobacco and other plants. J. Am. Chem., Soc., **35**, No 6, 826.

MCHARGUE, J. S. (1925), The occurrence of copper, manganese, zinc, nickel and cobalt in soils, plants and animals and their possible function as vital factors. J. agric. Res., **30**, 193.

MCHARGUE, J. S. (1934), Iodine content of corn produced in 19 eastern Kentucky counties. Ky. Agr. Exp. Sta., **46**, Annual Rept., 44—45.

MCHARGUE, J. S. (1943), Iodine in soils, waters and farm products of Kentucky. Ky. Agr. Exp. Sta., Bull., **447**, 24.

MCHARGUE, J. S., a. HODGKISS, W. S. (1942), Report on the determination of boron and fluorine in soils. J. Assoc. Offic. Agr. Chem., **25**, No 1, 311—313.

MCINTIRE, W. H. (1945), Soil content of fluorine and its determination. Soil Sci., **59**, 105 bis 109.

MCNAUGHT, K. J. (1937), Cobalt content of Limonites used in the treatment of Bush Sickness. New. Zealand J. Sci. Technol., 18, No 8, 655—661.

MCNAUGHT, K. J., a. PAUL, G. W. (1940), Cobalt deficiency on limestone soil. New Zealand J. Sci. Technol., **21**, A, 343—344.

MCVICKAR, M. H. (1942), Manganese status of some important Ohio soil types and uptake of manganese by Kentucky blue grass. J. Am. Soc. Agron., **34**, 123—128.

MIDGLEY, A. R., a. DUNKLEE, D. E. (1947), Boron for Vermont soils and crops. Vermont Agr. Expt. Sta. Bull., **539**, 3, 19.

MIDDLETON, H. E., SLATER, C. S., a. BYERS, H. G. (1932), Physical a. Chemical characteristics of soils from the erosion experiment stations. U. St. Dept. Agr., No 316.

MILLER, J. T., a. HORACE G., BYERS (1937), Selenium in plants in relation to its occurrence in soils. J. Agr. Res., **55**, 59.

MINAMI, E. (1935), Selen-Gehalte von europäischen und japanischen Tonschiefern. Nachr. Ges. Wiss. Göttingen, N. F., **1**, No 12, 143—145.

MINAMI, E. (1935), Gehalte an seltenen Erden in europäischen und japanischen Tonschiefern. Nachr. Ges. Wiss. Göttingen, N. F., **1**, No 14, 155.

MITCHELL, J. H. (1929), Study of iodine in South Carolina. Science (n. s.), **69**, 650—651.

MITCHELL, R. L. (1939), Soil analysis. Spectrographic analysis in Great Britain, London, p. 58.

MITCHELL, J. H. (1941), Sources and distribution of iodine in South Carolina with special reference to types of soil and rocks. Soil. Sci., **52**, 5, 365.

MITCHELL, R. L. (1944), The Distribution of Trace Elements in Soils and Grasses. Proceedings of the Nutrition Society, **1**, 183—189.

MITCHELL, R. L. (1945), Cobalt and Nickel in Soils and Plants. Soil. Sci., **60**, No 1, 63—70.

MITCHELL, R. L. (1946), Applications of spectrographic Analysis to soil Investigations. The Analyst, **71**, No 845, 361—368.

MITCHELL, WARNER, a. MORROW (1928), S. Carolina Agr. Expt. Sta. Clemson Agr. Coll. Bull., 252.

MOXON, AL. (1937), Alkali Disease or Selenium poisoning. Agr. Expt. St. S. Dak. St. College Bull., 311.

MOXON, A. L., a. OLSON, O. E. (1940), Se-content of plants and soils. S. Dak. Agr. Expt. Sta. 53-rd Ann. Rept., **15.**

MOXON, A. L., SEARIGHT, M. V., OISON, O. E., a. SISSON, L. L. (1944), Arsenic content of South Dakota Cretaceous Formations. S. Dak. Acad. Sci. Proc., **24**, 68—81.

MULDER, E. G. (1938), Over de beteekenis van coper voor de groei van plantes en microorganismen en het bijzonder een onderzoek naar de oorzoek der ontginningszickte. Wageningen.

MUIR, A. (1934), The soils of the Teinlands state Forest. Forestry, **8**, 25.

MUSIEROWICZ, A., u. BUT, W. (1948), Polish Agr. Forest, Ann. **50**, 71.

NETTO DE PAIVA, I. E. (1942), Manganese in the soils of the State of São Paolo (Brazil). Anais assoc. quim. Brasil. **1**, 42—54; 126—152; 159—189.

NICHOLS, M. L., a. ROGERS, L. H. (1944), Determination of small amounts of Mo in plants and soils. Ind. Eng. Chem., Anal. Ed., **16**, 137—140.

NIEL, v.C. B. (1935), A note on the apparent absence of Azotobacter in soils. Arch. f. Mikrobiol., **6**, H. 3, 215.

NIGGLI, CM. OLAF TAMM (1930—1931).

NODA, a. SAI, C. (1938), Relation between the iodine content of Manchurian soil a. endemic goiter. Jap. J. Med. Sci., **8**, Intern. Med. Pediat., Psysiat., **5**, Proc. 55.

NOLL, W. (1934), Geochemie des Strontiums. Chemie der Erde, **8**, 507—600.

NORRIS, R. V., a. RAMA RAO, D. A. (1928), The estimation of iodine in soils. J. Ind Inst. Sci., **11**, A (p. 7), 75—79.

OLSON, O. E., a. JENSEN, C. W. (1940), The absorption of selenate and selenite selenium by colloidal ferric hydroxide. S. Dak. Acad. Sci. Proc., **20**, 115—121.

OLSON, O. E., SISSON, L. L., a. MOXON, AL. L. (1940), Absorption of selenium a. arsenic by plants from soils under natural conditions. Soil. Sci., **50**, 115.

OLSON, O. E., WHITEHEAD, E. I., a. MOXON ALVIN L. (1942), Occurrence of soluble selenium in soils and its availability to plants. Soil. Sci., **54**, No 1, 47.

ORR, J. B., KELLY, F. C., u. STUART, G. L. (1928), J. Agr. Sci., **18**, 159.

ORR, J. B., a. LEITH, I. (1929), Med. Res. Council., Spec. rep., Ser., No 128.

PATTERSON, J. B. E. (1938), Empire J. Exp. Agr., **6**, 262.

PEECH, MICHAEL (1939), Chemical Studies on soils from Citrus groves in Florida. Florida Agr. Expt. Sta. Techn. Bull., **340**, 50.

PELIŠEK, JOSEF (1940), Výskyty vzácheno proku gallia v moravských půdách Sborník České

akademie Zemělěské Rocnik, 15, 1. Sesit 1, 61—64. (Über Galliumgehalt des Bodens in Mähren.)
Pelišek, Josef (1940), Rozšíření baria a. stroncia v moravských půdách. Sborník České Acad. Zeměd. Ro'nik, 15, Se'it 3, 222—232. (Barium- und Strontiumverbreitung im Boden in Mähren.
Pelišek, Josef (1940), The distribution of Li, Rb and Cs in Moravian soils. Sborník Československ. Akad. Zemědělské, 15, 402—405.
Pelišek, J. (1941), Roršiřeni Cr, Zn, Ni a Co v moravských půdách Sborník Českí akad. zeméd. XVI, 50. (Cr, Zn, Ni und Co im Boden in Mähren.)
Pelišek, J. (1942), The occurrence of the microelement tin in West Moravian soils. Sborník Československ. Akad. Zemědělské, 17, 46—49.
Pellet, N., a. Fribourg (1905), Ann. Sci. Agr., 2 ser., 19, 11, No 1, 20—84.
Perrin, D. D. (1946), Determination of molybdenum in soils. New. Zealand J. Sci. Technol., 28, A, 183—187.
Porlezza, C., e. Donati, A. (1924), Atti Acad. d. Lincei, (5), 33 R., 235.
Powers, W. L. (1939), Science, 89, 434.
Powers, W. L., a. Pang, T. S. (1947), Status of Zinc in relation to Oregon soil fertility. Soil Sci., 64, No 1, 29—37.
Prat, S., a. Komarek, K. (1934), Vegetace u měděnych dolů. Sborník MAP ročník VIII, 8, 1—15.
Prince, A. L., a. Toth, S. I. (1938), Studies on the behavior of manganese in Soils. Soil. Sci., 46, No 2, 83—94.
Pritzker (1923), Techn. Ind. Schweiz. Chem. Ztg., 17, 185.
Purvis, E. R., a. Ruprecht, R. W. (1934), Occurrence and behavior of less abundant elements in soils. Fla. Agr. Exptl. Sta. Ann. Rep. 50.
Rankama, K. (1941), On the use of the trace elements in some problems of practical geology. Bull. d. l. Commiss. Géolog. de Finlande, No 126, 90—106.
Reith, J. F. (1933), Jodgehalte von niederländischen Böden im Zusammenhang mit einigen geologischen und landwirtschaftlichen Fragen. Zs. Pflanzenernähr., Düngung und Bodenkunde, H. 4/6, B. 31, 215.
Reith, I. F. (1933), The iodine problem and the Soil. Landbowk Tijdschr., 45, 271—284.
Remington, R. E., Bartow-Culp, F., a. Kolnitz, H. v. (1929), The potato as an index of iodine distribution. J. Am. Chem. Soc., 51, 10, 1942.
Riechert, F., a. Trelles, R. A. (1921), Presence of arsenic as a normal element in vegetable soils. An. Assoc. Quim. Argentina, 9, No 42, 89—95.
Rigg, Th. (1940), Mineral content of pastures Cobalt investigation at the Cawthron Institute. 1939—1940. New Zealand Dept. Sci. Ind. Research, Ann. Rept., 14, 41—44.
Rigg, T., a. Askew, H. O. (1934), Soil a. mineral supplements in the treatment of bush-sickness. Emp. J. Exp. Agr., 2, No 5, 1—8.
Robinson, W. O. (1914), The inorganic composition of some important American soils. Bull. U. St. Dept. Agr., No 122, 1—27.
Robinson, W. O. (1919), The water soluble manganese of soils. Science, 50, 123.
Robinson, W. O. (1929), Detection and significance of manganese dioxide in the soil. Soil. Sci., 27, No 5, 335—351.
Robinson, W. O. (1943), The occurrence of rare earths in plants and soils. Soil. Sci., 56, No 1, 1.
Robinson, W. O. a. Glen Edgington (1946), Fluorine in soils. Soil Sci., 61, No 5, 341-355.
Robinson, W. O., Steinkoenig, L. A., a. Miller, C. F., The relation of the rarer elements in soils and plants. U. St. Dept. Agr. Bull., No 600, 1917.
Robinson, W. O., Whetstone, R. R., a. Byers, H. G. (1938), Studien on infertile soils. II Soils high in Barium. Soil Sci. Soc. Am. Proc., 3 (1939) 87.
Robinson, W. O., Whetstone, R. R., a. Bayers, H. G. (1939), Determination and distribution of boron in soils. A preliminary report., Amer. Fert., 91, No 6.

ROGERS, L. G., et al. (1939), Distribution of macro- and microelements in some soils of Peninsular Florida. Fla. Agr. Exp. Sta. Techn. Bul., **341**, 17, 18, 21.

RUSSEL a. MANN (1933), Hort. Soc. Trans., **235**, 51.

SAHAMA, TH. G., a. VÄHÄTALO, V. (1941), X-ray- spectrographic study of the rare earths in some Finnish eruptive rocks and minerals. Bull. Comm. Géol. de Finlande. **14**, No 126, 50–83.

SALMINEN, A. (1936), Titanin Rikastuminen saveen. Suomen Kemistilehti, A **9**, 1, 1 und Ann. Acad. Scient. Fennical, Ser. A, t. 44, 6 (1935).

SALMINEN, ANTTI (1938), The presence of Titania in chemically unweathered soils. Soil. Sci., **46**, No 1, 41–49.

SALTO, L. (1939–1940), Boron content of Italian Soils. Rend. ist. Lombardo Sci., **73**, 623 bis 632.

SAMUEL a. PIPER (1928), J. Dept. Agr. Sci. Australia, **31**.

SARATO UITIRO (1938), XXXVI Solution of copper in soils. Japan. J. Med. Sci. II Biochem. 4, 199–202.

SATTERLY, I. (1911), The quantities of Ra a. Th Emanations Contained in the air of Certain Soils. Proc. Cambridge Phil. Soc., **16**, 360.

SCHARRER, K. (1935), Über den Jodgehalt südenscher Böden. Zs. Pflanzenernähr., **39**, 315.

SCHALLER, F. W. (1948), Boron Content and requirements of west virginia Soils. Soil Sci., **66**, No 5, Str. 335.

SCHRECKENTHAL, G. (1927), Über Nickelbestimmungen in der Erde. Zs. Pflanzenernähr., Düngung u. Bodenkunde, (A) **10**, 104–107.

SCOTT (1932); J. Dept. Agr. Sci. Austr., **35**, 776.

SCOTT, W. W., a. WEBB, S. K. (1932), Determination of minute amounts of boron in soils. J. Ind. Eng. Chem., Anal. Ed., **4**, No 2, 180.

SCRIBNER, B. F. (1939), Spectroscopic detection of rare earths in plants Proceed 6th Summer Confer. Spectroscop., 10.

SEARIGHT, W. V., a. MOXON, A. L. (1945), Selenium in glacial and associated deposits. S. Dak. Agr. Expt. Sta., Tech. Bull., No 5, 33.

SEARIGHT, W. V., MOXON, A. L., HILMOC, R. J., a. WHITEHEAD, E. I. (1946), Occurrence of selenium in Pleistocene in deposits and their derivatives South Dakota. Soil. Sci., **61**, 455–463.

SHEDD, O. M. (1914), The occurence of manganese in Kentucky soils and its possible significance. J. Ind. Eng. Chem., **6**, No 8, 660–664.

SHERMAN, G. D., MCHARGUE, J. S., a. HODGKISS, W. S. (1942), Determination of active manganese in Soil. Soil. Sci., **54**, No. **4**, 253–258.

SHERMAN, G. D., a. HARMER, P. M. (1941), Manganese deficiency of oats on alkaline organic soils. J. Am. Soc. Agron., **33**, No 12, 1080–1092.

SHERMAN, G. D., a. HARMES, P. M. (1943), The manganous-manganic equilibrium of soils. Soil Sci., Soc. Amer. Proc. (1942), **7**, 398–405.

SHORE a. ANDREW (1934), New Zealand Dept., Health. Bull., **45**.

SIZOO, G. J., a. HOOGTEIJLING, P. J. (1947), Radioactivity and granular composition of soil. Physica, **13**, No 9, 517–529.

SKAPTASON, J. B. (1940), Copper Content of Long Island soils in relation to tuber rot of potatoes. Amer. Potato Jour., **17**, 88–92.

SLATER, C. S., HOLMES, R. S., a. BYERS, H. G. (1937), Trace elements in the soils from the erosion experiment stations, with supplementary data on other soils. U. St. Dept. Agr., Techn. Bull., **552**, 23.

SMOLIK, L. (1938), Titan und Jod in tschechoslowakischen Böden. Verh. Kommiss. Int. Bodenkund. Ges. 2. Kommiss. Ber. A, 57–59.

SMOLIK, L. (1933), Beitrag zur Chemie des Mangans in Böden. Bull. Tschech. landw. Akad. Nr., 9, 134.

SMOLIK, L. (1936), O jodu v Československijch půdach. Zemsky výzkumný ústav zemědělsky v Brně Sekce Orgopedologická. Roch. 10, sešit 1, 36, Sborník Československe Akademia Zemedĕl. (Über den Jodgehalt des Bodens der Tschechoslowakei.)

SORNAY, P. DE (1912), The Solubility of manganese in Soils. Bull. Assoc. Chim. Sucr. et Distill., 30, No 3, 96–100.

STANFIELD, K. E. (1935), Determination of Mo in Plants and Soils. Ind. Eng. Chem., Anal. Ed., 7, No 4, 273.

STANTON, D. J. (1944), The Co content of some South Island (New Zealand) limestones. New Zealand J. Sci. Technol. 25 A, No 5, 221–224.

STANTON, D. I., a. KIDSON, E. B. (1939), Cobalt Status of soils and pastures in the Sherry and Wangapoka Districts Nelson. New Zealand J. Sci. Technol., 21, B, 65–76.

STEENBJERG, F. (1933), The manganese content of Danish Soils. I. Exchangeable manganese. Tidsskr. Planteavl., 39, 401–436.

STEENBJERG, F. (1934), Manganese Content of Danish Soil. II. The exchangeable manganese and its dependence on fertilizing and soil treatment. Tidskr. Planteavil., 40, 337–365.

STEENBJERG, F. (1935), The exchangeable manganese in Danish soils and its relation to plant growth. Trans. 3-rd Int. Congr. Soil Sci. Oxford, 1, 198–201.

STEENBJERG, F. (1940), Copper in Soils and Cultivated plants with special reference to White-Tip Disease. Tids. Planteavl., 9–106.

STEENBJERG, F. (1940), Kobber i jord og Kulturplanter med saerligt henblik paa gulspidssyge. Tidskr. Planteavl., 118 pp.

STEENBJERG, F. (1943), Cu in soil and cultivated plants. II. Tids Planteavl., 47, 557–598.

STEENBJERG, F., a. BOKEN, E. (1950), Copper content a. copper deficiencyin, Danish Soil types. Plant a. Soil II, 195.

STEIN, A. (1912), Ruins of desert Cathay. Personal narrative of explorations in Central Asia and Westernost China, London.

STEINKOENIG, L. A. (1915), Lithium in Soils. J. Ind. Eng. Chem., 7, No 5, 425–426.

STEINKOENIG, L. A. (1919), Relation of fluorine in soils, plants and animals. J. Ind. Eng. Chem., 11, 463.

STEWART, J., MITCHELL, R. L., a. STEWART, A. B. (1941), Empire J. Exp. Agric., 9, 145.

STEWART, J., MITCHELL, L. L., a. STEWART, A. B. (1942), Pining in sheep. Empire J. Exp. Agric., 10, 57.

STOCK, A., u. Cucuel (1934), Die quantitative Bestimmung kleinster Quecksilbermengen. Naturwissenschaften, H. 22/24, 390.

STOKLASA, J. (1932), Biologie des Radiums und Uraniums. I. Band.

STOKLASA, J. (1927), Zs. angew. Chem., 7–19.

STOLZE, E. (1936), Über die Bestimmung kleinster Mengen Kupfer, vornehmlich in Pflanzen. Bodenkunde und Pflanzenernähr., 1 (46), 1/2.

STREMME, CM., OLAF TAMM (1930–1931).

SVANBERG, O. (1938), Lantbrukshögsk., Ann. 5, 355.

SVANBERG, O., a. EKMAN, P. (1949), Some analytical work on cobalt in swedish hay a. soils. Kgl. Lantbruks–Hogskol, Ann. 16, 558.

TAKAZAWA, FUTOSHI, a. SHERMAN, G. D. (1947), The polarographic determination of zinc in soil. J. Assoc. Offic. Agr. Chem., 30, No 1, 182–188.

TAKAMORI, T. (1938), Endemien in Mandschukuo. Jap. Journ. Med. Sci. VIII, 129.

TAMM, O. (1925), Sverig. geol. a. ser. C., No 333.

TAMM, OLAF (1930–1931), Studier över Jord–manstyper och deras Förhållandetill Markens Hydrologi i nordsvenska Skogsterränder. Meddeland. Från. Stat. Skogsforrsöksanstalt, H. 26, 163.

TANADA, T., a. DEAN, L. A. (1942), Boron in some Hawaiian soils and crops. Hawaiian Planters Record, 46, 65–74.

TERLIKOWSKI, F., NOWICKI, B. (1932), Zawartos'č boru w niktórych glebach roólinach i nawozach. potasowych. Roczdiki Nauk Rolniczych i lešných, 28, 1–2, 135.

TER-MEULEN, H. (1931), Sur la repartition du Mo dans la nature. Rec. Trav. Chim. Pays-Bas, **50,** No 4 (4 ser. XII), 491.

THOMAS, W. (1923), Ultimate analysis of the mineral constituents of a Hagerstown silty-clay loam soil and occurrence in plants of some of the elements found. Soil. Sci., **15,** No 1, 1–18.

THORNE, D. W., DERBY LAWS, W., a. WALLACE, ARTHUR (1942), Zinc relationships of some Utah soils. Soil. Sci., **54,** No 6, 463–468.

TINELLI, R. (1948), Sur la présence du chrome dans les sols de France. C. r. Acad. Sci., **227,** 608–610.

TRELLES, R. A., a. AMATO, F. D. (950), As, V, a. Mo in the Soils and certain strata of the Argentina Republic. Anales Sol. cient. argent. 149, 93.

TRUCHOT, P. (1874), De la présence de la lithium dans le sol de la Limagne et dans les eaux minérales d'Auvergne. C. r., **78,** 1022.

TRUNINGER (1922), Landw. Jahrb. d. Schweiz.

TSCHIRCH, A. (1893), Das Kupfer vom Standpunkte der gerichtlichen Chemie, Toxikologie und Hygiene. Stuttgart.

TWYMAN (1944), Mn-deficient Soils. Nature, **154,** 336.

UNDERWOOD, E. I., a. HARVEY, R. I. (1938), Enzootic marasmus: the cobalt content of soils, pastures and animal organs. Australian Vet. J., **14,** 183–189.

URZUA, H. H. (1939), Quantitative determination of Iodine, copper and boron in cultivated soils. Bol. Min. Agric. Chile, **6,** No 19, 61–67.

VAN DER MERWE (1924), CM. Hall.

VAN DER MERWE, D. I. (1942), The occurrence, characteristics and function of manganese in soil and plant. Farming S. Africa, **17,** 360–364.

VAN DER WALT, C. F. J., a. VAN DER MERWE, A. J. (1938), Colorimetric determination of Chromium in plantash, soil, water a. rocks. Analyst, **63,** 809.

VEDRÖDI, V. (1894), Das Kupfer als Bestandteil der Sandböden und unserer Kulturgewächse. Chem. Centralbl., **1,** 432.

VLAMIS, J., a. JENNY, H. (1948), Calcium deficiency in serpentine soils as revealed by adsorbent technique. Science, **107,** 549.

VOGT, TH., a. BERGH, H. (1946), Geochemical and geobotanical methods fore one prospecting. X. Determination of copper in soil samples. Kgl. Norske Videnskab. Selskab Forh., **19,** No 21, 76–79.

VOGT, TH., a. BERGH, H. (1947), Geochemical and geobotanical ore prospecting. XI. Zinc and lead in soil. Kgl. Norske Videnskab. Selskab Forh., **20,** No 26, 100–105.

VOGT, TH., BRAADLIE, O., a. BERGH, H. (1942), Bestemmelse Cu, Zn, Pb, Mn og Fe i planter fra Rorosfeltet. Kgl. Norske Videnskab. Selskab. Forh., **15,** 55–58.

WAIN, R. L. (1938), Manganese in Soils and herbage at Wye. J. Southeastern Agr. Coll. Wye. Kent., No 42, 146–153.

WALKER, O. J., HARRIS, W. E., a. ROSSI, M. (1941), Selenium in Soils, grains and plants in Alberta. Canad. J. Res., **19,** No 8, Sect. B, 173–178.

WARREN, H. V., a. HOWATSON, C. H. (1947), Biogeochemical prospecting for copper and zinc. Bull. Geol. Soc. Am., **58,** 803–820.

WESTER, D. H. (1923), Über den Mangangehalt einiger holländischer Bodenarten und einige Bemerkungen dazu. Intern. Mitt. f. Bodenkunde, **13,** 1–2, 1–6.

WHETSTONE, R. R., ROBINSON, WN. O., a. BYERS, H. G. (1942), Boron distribution in soils and related data. U. St. Dept. Agr. Techn. Bull., **797,** 32.

WILLIAMS, K. T. (1938), Selenium in soils. U. St. Dept. Agr. Year-book, 830–834.

WILLIAMS, K., a. BYERS, H. (1934), Occurrence of Se in Pyrites. J. Ind. Eng. Chem., Anal. Ed., **6,** No 4, 297.

WILLIAMS, K. T., a. BYERS, H. G. (1935), Selenium in deep sea deposits. Ind. Eng. Chem., News Ed., **13,** No 17, 353.

WILLIAMS, K. T., a. BYERS, H. G. (1936), Selenium Compounds in Soils. Ind. Eng. Chem., **28**, No 8, 912.

WILLIAMS, KENNETH T., a. WHETSTONE, R. R. (1940), Arsenic distribution in soils and its presence in certain plants. U. St. Dept. Agr. Techn. Bull., **732**, 20.

WILLIAMS, K. T., LAKIN, H. W., a. HORACE, G. BYERS (1940), Selenium occurrence in certain soils in the United States with a discussion of related Topics; 4-th report. U. St. Dept. Agr. Techn. Bull., **702**, 59, 758 (1941).

WINTERS, E. (1938), Soil Sci., **46**, No 1, 33.

WOOD, L. K. (1945), Copper studies with Oregon soils. J. Am. Soc. Agron., **37**, 282–291.

WOODBRIDGE, C. G. (1940), The boron Content of some okanagan soils. Sci. Agr., **20**, 257–265.

ZUCCARI, G. (1913), The presence of arsenic as a normal element of soil. Gaz. Chim. Ital., **43**, 11, No 4, 398–403.

Sachverzeichnis.

Geographisches Verzeichnis.

Druckfehlerberichtigung

Seite 17 Überschrift: lies statt: physikal-chemischen
physikal.-chemischen

Seite 18—24 laufender Titel lies statt: physikal-chemischen
physikal.-chemischen

Seite 21 8. Zeile von unten lies statt: pBeschränkung
Beschränkung

Seite 23 7. Zeile von oben lies statt: Fe^{+II}
Fe^{II+}

Seite 23 10. Zeile von unten lies statt: eine komplexe organische Substanz
einer komplexen organischen Substanz

Seite 28 6. Zeile von oben lies statt: $1{,}2 \cdot p10^{4-}\%$
$1{,}2 \cdot 10^{-4}\%$

Seite 28 16. Zeile von unten lies statt: $1{,}2 \cdot p10^{3-}\%$
$1{,}2 \cdot 10^{-3}\%$

Seite 37 4. Zeile oberhalb Tabelle lies statt: Sequioxyden
Sesquioxyden

Seite 48 2. Zeile unterhalb Tabelle lies: (mit $5 \cdot 10^{-5}\%$ im Trinkwasser)

Seite 69 Tabelle letzte Zeile lies statt: 0,002
$<0{,}002$

Seite 105 9. Zeile von oben lies statt: Ba_4-Gehalt
Ba-Gehalt

Seite 111 Fußnote lies statt: Lantham
Lanthan

Seite 111 Fußnote lies statt: Scadium
Scandium

Seite 137 15. Zeile von oben lies statt: mn^{II+}
Mn^{II+}

Seite 164, Tabelle 98 zu Nr. 23, lies in Spalte Organ. Subst. 1,46%

Seite 166, Tabelle 100 zu Nr. 19, lies bei A, B, C $\cdot 10^{-3}$

Seite 166, Tabelle 100 lies statt Nr. 14 Nr. 16

Seite 180, Tabelle 106 lies statt Nr. 37 Nr. 38

füge ein

Profil Nr.	Bodentyp	Horizont	Zn in %	Cd in %	Verhältnis Zn:Cd
37	Podsol auf	A_1	$6{,}7 \cdot 10^{-3}$	$2{,}0 \cdot 10^{-6}$	3350
	Geschiebe-	A_2	$5{,}7 \cdot 10^{-3}$	$1{,}5 \cdot 10^{-6}$	3100
	mergel	B	$7{,}4 \cdot 10^{-3}$	$1{,}0 \cdot 10^{-6}$	7400

Seite 191, Tabelle 112, lies statt $6{,}9 \cdot 10^{-4}$ $5{,}9 \cdot 10^{-4}\%$

MIX
Papier | Fördert gute Waldnutzung
FSC® C083411

Zeitfracht Medien GmbH
Ferdinand-Jühlke-Straße 7
99095 Erfurt, Deutschland
produktsicherheit@kolibri360.de